U0195389

# 计算河流动力学
# Computational River Dynamics

黑鹏飞　　假冬冬　　尚毅梓
周　刚　　冶运涛　　关见朝　编著

海洋出版社

2017 年·北京

## 内 容 简 介

本书系统构建了计算河流动力学基本理论框架。构建原则力求从理论上更严密、准确性更高、更具一般性的模型入手，通过理论推导或经验假设得出一般性可能适度降低但计算效率更高、应用可行性增加的模型。全书共分 10 章。前 4 章介绍了水沙两相流运动力学基础理论。第 5 章至第 7 章系统介绍河流动力学数学模型的构建，包括含沙水流运动、河床冲淤、河岸崩塌等数学模型构建及理论体系。第 8 章至第 10 章分别介绍了一维、二维和三维（包括全三维和准三维）河流动力学模型的具体应用。

本书可作为水利、水电、土木、环境、生态以及其他涉及河流动力的学科教材或参考书。本书有助于广大河流动力和河流生态环境研究人员提高对河流动力的认识，从多相流体力学角度深入理解河流动力过程，并根据具体问题提出具体假设对模型进行简化，进一步实现模型的可行性。

**图书在版编目（CIP）数据**

计算河流动力学/黑鹏飞等编著. —北京：海洋出版社，2016. 11
ISBN 978-7-5027-9588-7

Ⅰ.①计…　Ⅱ.①黑…　Ⅲ.①河流–流体动力学–研究　Ⅳ.①TV143

中国版本图书馆 CIP 数据核字（2016）第 248713 号

责任编辑：高朝君
责任印制：赵麟苏

海洋出版社　出版发行

http://www.oceanpress.com.cn
北京市海淀区大慧寺路 8 号　邮编：100081
北京画中画印刷有限公司印刷　新华书店发行所经销
2017 年 8 月第 1 版　2017 年 8 月北京第 1 次印刷
开本：787mm×1092mm　1/16　印张：14.5
字数：340 千字　定价：48.00 元
发行部 62132549　邮购部 68038093　总编室 62114335
海洋版图书印、装错误可随时退换

# 前　言

　　河流动力学是研究河道水流运动、泥沙输移和河床演变规律的科学。从远古开始，人类在探索河流运动规律的过程中逐渐积累了大量河流动力学知识和治河经验。物理模型和实验观测方法出现后，泥沙动力、河床演变研究发展迅速，河流动力学理论进一步系统化，逐渐成为一门独立的学科。

　　20 世纪 60 年代计算机出现后，计算流体力学理论和方法迅速地应用于河流动力研究中。随着河流数学模型应用范围拓展以及计算机快速发展，河流数学模型理论体系的系统性、准确性和应用可行性也不断提高，逐渐形成了一个独立的分支——计算河流动力学。

　　计算河流动力学是以经典河流动力学、计算流体力学和计算土力学为理论基础，以河流动力数学模型为基本工具，研究河道水沙动力及其与河流边界相互作用规律的科学。

　　计算河流动力学与经典河流动力学虽然在研究对象方面一致，但在理论基础、方法、研究尺度和精度方面却不尽相同。经典河流动力学的基本特点是从对象的时空平均特征入手，研究对象的概化特征，而计算河流动力学以微观特征入手，研究对象的时空变化；经典河流动力学水沙动力和河床演变计算以经验公式为主，而计算河流动力学基于宏观上无限小的控制体，控制方程建立后采用数值方法求解，因此在研究方法上与计算流体力学和计算土力学相似。但是，计算河流动力学物性参数和边界条件基于河流具体特征给定，用到经典河流动力学内容，因此计算河流动力学是计算流体力学和计算土力学的具体应用。20 世纪 90 年代以后，许多在准确性方面已获得证明的理论，如多相流体力学模型、湍流模型、新的数值算法、边界拟合技术等都迅速应用于河流模拟中。但这绝非简单地应用，即使同一控制方程，在不同边界下计算量常存在量级上的差异，应用可行性差异非常大。计算机运算速度的限制使得许多更具一般性的理论和准确性更高的模型无法直接应用于河流中，每一次应用都需根据河流特性进行新的优化。而计算速度的飞速发展，使得大量理论更完善、准确性更高、尚未得到应用的模型，有希望将来应用于计算河流动力学中。

　　计算河流动力学的基本特征，使我们必须警觉到，在构建计算河流动力学理论体系时，切不可简单总结或概括当前已获得应用的数学模型和理论，以避免理论同步或滞后于模型应用的问题，使学科产生倦怠。计算河流动力学理论研究必须重视计算流体力学和计算土力学发展，提高准确性更高的模型在河流动力学中的应用可行性；必须重视经典河流动力学研究方法，一方面提高模型物性参数和动力学参数准确性，更重要的是"三相-两界面"间的经验概化。只要计算流体力学、计算土力学、计算机技术不停滞，计算河流动力学的研究就远不停止，更何况河流动力学本身的神秘面纱还远未揭开，河流动力学在诸多环境问题（如内源污染等）尚未承担应尽责任。迫切需要计算河流动力学在理论方面敞开门户，在应用领域提供更多接口。

本书旨在尝试统观经典河流动力学、计算流体力学、计算土力学整体理论框架，构建计算河流动力学中水沙运动的理论体系，指出目前所用模型及相应理论所处的位置。最后在模型应用部分，给出不同维度数学模型的具体工程应用。但鉴于计算河流动力学内容的复杂性，本书尚属浅薄，需有志之士进一步完善。对于书中疏漏和不当之处，敬请读者不吝赐教。

最后，特别感谢我的博士生导师陈稚聪教授多年教导，同时感谢王兴奎教授、方红卫教授、邵学军教授、韩其为教授和李丹勋教授的精心指导。本书受国家自然科学基金（51209239、51579248）以及水体污染与治理科技重大专项（2017ZX07108-001）资助，一并致谢。

黑鹏飞

2017 年 7 月于北京

# 目　录

第1章　绪论 ································································································· （1）

1.1　河流动力研究的重要性 ············································································· （1）

1.2　计算河流动力学简介 ················································································ （6）

1.3　计算河流动力学的理论体系框架 ································································ （8）

1.4　计算河流动力学的复杂性 ········································································· （9）

1.5　计算河流动力学的发展制约因素 ······························································ （11）

1.6　本书内容安排 ······················································································· （11）

第2章　河流动力学基础理论 ·········································································· （12）

2.1　含沙水流的基本物理特性 ········································································· （12）

2.2　含沙水体运动基本特性 ············································································ （15）

2.3　描述泥沙的基本参数 ················································································ （18）

2.4　河流泥沙运动基本方式 ············································································ （25）

2.5　河流泥沙运动基本特性 ············································································ （26）

2.6　河流分类和相应的水沙过程 ······································································ （27）

2.7　冲积型河流的河岸变形 ············································································ （29）

第3章　单相流数学模型 ················································································ （30）

3.1　质点的引入和连续介质假定 ······································································ （30）

3.2　描述流体运动的两种方式——拉格朗日法和欧拉法 ······································· （31）

3.3　牛顿流体运动的数学模型 ········································································· （33）

3.4　湍流模型 ······························································································· （37）

3.5　单组分浓度输运方程 ················································································ （43）

3.6　单相流控制方程通式 ················································································ （44）

3.7　控制方程的曲线坐标转化 ········································································· （44）

3.8　初始条件和边界条件 ················································································ （54）

第4章　含颗粒固-液两相流数学模型 ······························································ （56）

4.1　模型分类和选择 ····················································································· （56）

4.2　拟流体模型 ··························································································· （58）

4.3　轨道模型 ······························································································· （69）

第5章　河流动力数学模型 ············································································· （76）

5.1　河流动力数学模型基本特点 ······································································ （76）

5.2　河流水沙多相流动的控制方程 ··································································· （76）

5.3　当前悬沙水流运动模型 ············································································ （77）

5.4 悬移质浓度输运模型 ………………………………………………… (82)

5.5 推移质数学模型 ……………………………………………………… (85)

5.6 河道纵向演变数学模型 ……………………………………………… (88)

5.7 非均匀输沙模型 ……………………………………………………… (89)

5.8 河道横向演变模型 …………………………………………………… (93)

第6章 河流动力数学模型的数值求解 ………………………………… (106)

6.1 数值方法简介 ………………………………………………………… (106)

6.2 水沙控制方程的离散 ………………………………………………… (110)

6.3 代数方程组求解 ……………………………………………………… (122)

第7章 河流动力数学模型的空间维度简化 …………………………… (130)

7.1 准三维河流动力数学模型 …………………………………………… (130)

7.2 平面二维河流动力数学模型 ………………………………………… (133)

7.3 一维河流动力数学模型 ……………………………………………… (141)

第8章 一维河流数学模型及应用 ……………………………………… (150)

8.1 一维水动力模型 ……………………………………………………… (150)

8.2 泥沙要素计算 ………………………………………………………… (159)

8.3 应用实例 ……………………………………………………………… (163)

第9章 二维河流数学模型及应用 ……………………………………… (167)

9.1 水动力模型构建 ……………………………………………………… (167)

9.2 泥沙数学模型构建 …………………………………………………… (176)

9.3 边岸崩塌模型构建 …………………………………………………… (179)

9.4 模型验证和应用 ……………………………………………………… (183)

第10章 三维河流数学模型及应用 …………………………………… (191)

10.1 河流水动力三维数学模型 ………………………………………… (191)

10.2 泥沙输移及河床变形方程 ………………………………………… (194)

10.3 河道摆动模型验证 ………………………………………………… (199)

10.4 典型弯道摆动模拟:石首河段 …………………………………… (202)

10.5 准三维模型应用 …………………………………………………… (208)

参考文献 …………………………………………………………………… (217)

# 第 1 章　绪　论

河流是水沙和河床相互作用的产物，维系这一过程的是河流动力作用，包括水动力、泥沙动力以及水沙和河床相互作用力。河流动力表现形式为水流、泥沙运动以及河床、河岸的冲淤过程。习惯上将泥沙的运动分为悬移质运动和推移质运动，其中悬移质运动是悬浮于水体的泥沙运动，而推移质运动是床面泥沙以滚动、跃移或滑移运动。河床、河岸的冲淤变形除了包括泥沙在静止状态和运动状态间的转化过程，还包括河岸崩塌等过程。

## 1.1　河流动力研究的重要性

### 1.1.1　河流动力对人类文明发展的影响

人类和河流的关系可以追溯到古代，最早的人类文明都是沿着河流或河谷发展的，如四大文明古国中尼罗河流域的古埃及文明、黄河流域的古代中国文明以及印度河流域的古印度文明等。

（1）埃及——"尼罗河的赠品"

埃及处于尼罗河流域的下游，全年降水稀少，气候干燥，尼罗河河谷的两侧都是沙漠，西侧利比亚沙漠，东侧阿拉伯沙漠。尼罗河的动力过程营造了尼罗河河谷。埃及绝大多数人口（现今95%的人口）都分布在尼罗河河谷中，而尼罗河80%的水源都来自于上游埃塞俄比亚草原的降水，尼罗河从7月开始涨水，8月出现洪水，9、10月洪水淹没整个河谷，11月洪水必退。这种洪水动力过程，不仅在这个荒漠中开辟了特殊地貌，而且给河谷覆盖了厚厚的腐殖质，形成了"世界最大的绿洲"。

尼罗河的动力过程也促进了埃及几何学的产生。希腊历史学家希罗多德（Herodotus，约公元前484年—公元前425年）写到，尼罗河两岸的农田是按面积征税的，当每年河水泛滥破坏了一部分土地后，土地所有者请求相应减少其税额。收税官必须确定损失了多少土地，需要整修和重新丈量土地。这一需求促进了测量法的产生，现代几何学的英文名称"geometry"就是由"geo"和"metry"组成的，意义为"土地测量"。现在发现的埃及纸皮书中，关于数学最重要的是兰德纸草书。这些材料来自埃及王国时代的一份原件（公元前2000—前1800年），主要由一系列的问题及答案组成，其中大约有20道题与田地面积和粮仓体积计算有关。

可以说，正是尼罗河的河流动力过程，才创造了古埃及文明，也正因为如此埃及人称"埃及——尼罗河的赠品"。

（2）黄河文明及其南迁

中国古代文明诞生于黄河流域，常称黄河是中华文明的摇篮。黄河流域曾经因其优越的自然条件，在唐、宋以前一直是中国古代政治中心，是生产力水平最为发达、人口较为密集的区域。但后来农耕强度的增加和不合理的过度砍伐，"黄河屡次泛滥"导致文明逐渐南迁。

秦汉时期因关中营建都城，大量砍伐附近森林，加重原始森林的破坏，使黄土高原的侵蚀显著加剧，黄河泥沙加大。西汉时期，中游人口迅速增加，乱垦滥伐使黄河泥沙含量增多，下游堤岸增高，"黄河"的称谓已正式出现，黄河开始成为高于平地的"悬河"。王莽始建国三年（公元 11 年），黄河在魏郡（今河南安阳，河北邯郸一带）决口。考古发现的内黄三杨庄水灾遗址，深埋距现今地表 5 m 以下，可见西汉时期黄河泥沙含量之多。黄河中游生态环境的变化，使黄河文明中心东移豫西的洛阳。

东汉至隋朝的 500 多年间，见于记载的黄河河溢仅有 4 次。唐代前期农耕政策开明，西安附近地区的经济迅速发展起来，重新确定了黄河中游的文明中心地位。特别是关中地区作为唐代的政治中心，其经济文化首先得到恢复和发展。为了满足粮食供应，唐代农民在黄河中游地带大量垦殖。从唐朝中期起，黄河泛滥又明显增加。据统计，从"安史之乱"到唐末，黄河在下游决溢 16 次，进入了黄河历史上的第二个泛滥期。

在唐代后期，关中因人口增多粮食不能自给，而开封由于处于水运中枢成为南粮西运的中转站。当时黄河由今河南荥阳市广武向东北方向流去，距开封较远，不过黄河中的船运，由汴河到达开封。汴河自河南荥阳引黄河河水，东南至今江苏盱眙县北入淮河，流经开封，使开封成为水运要塞。北宋时开封周围的水运交通非常发达，惠民河、汴河、五丈河和金水河从城中穿过，史称"四水贯都"。开封因其水运价值而成为北宋国都，因其水生态环境发达而成为黄河文明中心。北宋初期华北平原湖泊众多，曾是千湖之乡。较大的湖泊有河南的荥泽、圃田泽、孟诸泽，河北的大陆泽、鸡泽、黄泽，山东的大野泽、菏泽等。且水运系统发达，黄河蜿蜒于这些湖沼之中，有着广阔的淤沙空间。但中游植被的破坏导致中下游洪水泛滥、湖泊萎缩。泥沙的淤积使荥泽、圃田泽、大陆泽、菏泽等先后消亡，剩余的湖泊也日益萎缩。北宋 160 余年间，黄河决溢达 80 多次，曾三次南流夺淮入海，二次北流天津入渤海，平均两年一次。1048 年发生的黄河商胡改道，是黄河历史上的第三次大改道。此后三四十年间，北宋王朝并未因势利导，曾多次堵塞决口，但屡堵屡决，人为地造成新的洪灾。频繁的河患与决口，严重破坏了黄河下游的水系，使漕运受到严重堵塞。宋天禧三年（1019 年）六月黄河走汴河泛滥，危及京师开封。河水虽未淹没都城，但也淤塞了汴河等四条河流。黄河文明中心地位发生动摇，经济中心也逐渐从黄河中下游地区移向长江中下游区域和广大的江南地区。

历史发展说明，河流动力对于人类文明的发展具有决定性作用。研究河流动力规律对于人类文明具有重要作用。

## 1.1.2　河流动力相关问题

（1）河流防洪问题

河流的洪水位不仅与洪水流量有关，而且与河流动力所导致的河势演变有关。

1998 年长江荆江以下最大洪峰流量和最大 60 天洪量对比表明，1998 年洪水总体上小于 1954 年洪水，但 1998 年长江中下游洪水水位大大超过了 1954 年的实测水位，其中一个重要的因素是河流泥沙的淤积。长江宜昌至城陵矶段（荆江段）和大通河以下的长江口段 1957—1986 年间泥沙淤积最为严重，荆江每年淤积沙量达 1.64 亿 t，平均每千米淤沙 48 万 t，河床日益增高，汛期洪水水位高出堤内地面 10 ~ 14 m，形成"万里长江，险在荆江"的局面。

黄河下游防洪问题主要产生于泥沙淤积。根据实测资料分析，1950—1998 年下游河道共淤积泥沙 92 亿 t，与 20 世纪 50 年代相比，河床普遍抬高 2 ~ 4 m。在每年进入下游的 16 亿 t 泥沙中，有 4 亿 t 淤积在河床中，使河底以平均每年 10 cm 的速率抬高，给防洪带来很大的压力。现行河道滩面高出背河地面 4 ~ 6 m，局部河段高出 10 m 以上。1996 年 8 月，花园口站洪峰流量 7 600 m³/s，但水位比 1958 年的 22 300 m³/s 大洪水还高 0.91 m。

此外，江堤溃决也是防洪的主要问题，主要包括三种类型：一是突发性窝崩，一次崩岸就直接使防洪堤出现溃口；二是连续多年崩岸，没有及时控制，崩岸直逼堤脚，出现溃口；三是崩岸减小了堤外滩地宽度，在堤内外一定水头下，渗透路径缩短，加速堤基渗漏，易出现管涌险情。

河势变迁增加了堤防建设的难度。防洪的常用手段是加高堤防、控制河势、分流以及加固河岸。在堤防建设中，如不考虑河势变化，则常常发生堤防刚修，主槽易位，发生堤防跟着主槽跑的现象。新中国成立初期不考虑河势的变化规律，哪里吃紧就在哪里修工、抢护。有时工程修好不久，河又走了，只好放弃另修新工。而新工修建不久，河势又发生变化，甚至有时又回到老险工。周而复始，恶性循环。历史上不少险工就是这样形成的。如花园口至中牟河段，保合寨以下堤线长 49 km，其中险工长度就达 41 km，占堤线长度的 83.6%，但由于险工多系临时应急所成，无系统规划，因此河势依然无法固定。如 1964 年汛期由于高水量持续时间长，含沙量较低，造床作用强，滩岸坍塌严重，仅从京广铁桥至位山河段就坍滩 18 万亩[①]，坍塌长度两岸总计超过 240 km，造成河势剧烈变化；而小水时期含沙量却又偏高，致使主槽淤积，加剧主流的摆动。该河段在 1964 年河势变化十分剧烈，京广铁桥以下，原阳马庄湾坍塌后退 1 400 m，致使花园口老险工几乎全部脱河。据不完全统计，在位山以上河段 50 余处险工和控导工程中，汛期脱河者达 15 处，出现 6 处险工。抢险次数达 1 400 多次，抢险用石近 17 万 m³。历史代价说明，防洪抢险必须清楚河流动力作用规律，预测河势变化趋势，因势利导，统一规划。

（2）水库泥沙问题

全世界坝高超过 15 m 的水库总库容为 14 913 km³（ICOLD，1998）。截至 2010 年年底，我国建成水库 87 873 座，水库总库容 7 162 亿 m³。水库具有发电、防洪减灾、改善通航等条件。以三峡水库为例，三峡水库满负荷运行时发电量为 4.3 亿 kW·h，每天替代燃烧原煤 20 万 t，减少 40 万 t $CO_2$ 排放。此外，三峡水库可缓解中下游的洪水威胁，可保护下游江汉平原和洞庭湖地区 1 500 万人口的生命财产安全。经过三峡水库的调蓄，能有效控制荆江河段的水位，使其防洪标准由十年一遇提高到百年一遇（83 700 m³/s 流量），沙市水位不超过 44.5 m，保证荆江河段和江汉平原防洪安全，可不启用荆江分洪区（如启用，约 60 万人将需要紧急搬迁）。对千年一遇或 1870 年洪水，则需配合荆江分洪区运

---

① 亩为非法定计量单位，1 亩 ≈ 666.7 m²。

用，使沙市水位不超过 45.00 m。

水库所产生的泥沙问题主要是库区的泥沙淤积和下游的床岸冲刷问题。但由表 1-1 可以看出，全球年均库容损失约 450 亿 m³，占水库余库容的 0.5%~1%，我国水库年淤损率为世界之最，达 2.3%。表 1-2 统计了部分国内水库淤积情况。泥沙淤积造成水库库容损失，水库淤积会影响水库的发电、航运效益，而且加重洪水发生几率，增加淹没损失。因此必须结合防洪要求，实现水库的合理联合调度、蓄清排洪。

表 1-1　世界水库淤积统计

| 地区或国家 | 大型大坝数量（座） | 库容（km³） | 年淤损率（%）（占剩余库容） |
|---|---|---|---|
| 世界 | 45 571 | 6 325 | 0.5~1 |
| 欧洲 | 5 497 | 1 083 | 0.17~0.2 |
| 北美洲 | 7 205 | 1 845 | 0.2 |
| 中、南美洲 | 1 498 | 1 039 | 0.1 |
| 中东 | 895 | 224 | 1.5 |
| 亚洲（不含中国） | 7 230 | 861 | 0.3~1.0 |
| 中国 | 22 000 | 510 | 2.3 |

表 1-2　国内部分水库淤积统计

| 流域 | 水库 | 总库容（×10⁴ m³） | 年淤积库容（×10⁴ m³） | 年淤积率（%） | 统计时间 |
|---|---|---|---|---|---|
| 松花江 | 沟家店 | 662 | 9.78 | 1.48 | 1963—1990 |
| | 马鞍山 | 108 | 3.75 | 3.47 | 1978—1994 |
| 海河 | 官厅 | 227 000 | 1 446.1 | 0.64 | 1953—1997 |
| | 庙宫 | 18 300 | 240 | 1.31 | 1960—1999 |
| 黄河 | 三门峡 | 964 000 | 17 540 | 1.82 | 1960—2000 |
| | 青铜峡 | 60 600 | 2 002.5 | 3.30 | 1967—1996 |
| | 巴家嘴 | 51 100 | 792.9 | 1.55 | 1962—2003 |
| | 盐锅峡 | 23 200 | 630 | 2.70 | 1958—1998 |
| | 黑松林 | 860 | 20 | 2.29 | 1961—1977 |
| | 三盛公 | 9 525 | 148 | 1.55 | 1961—1999 |
| | 天桥 | 8 346 | 316.4 | 3.79 | 1973—1991 |
| 长江 | 丹江口 | 1 605 000 | 3 677.3 | 0.21 | 1960—2003 |
| | 碧口 | 53 750 | 1 270.1 | 3.36 | 1975—1996 |
| | 龚嘴 | 37 370 | 867.9 | 2.32 | 1971—1998 |

（3）河岸冲刷变形问题

河岸冲刷变形在我国河流普遍存在。据统计，1964 年汛期，黄河下游仅从京广铁桥至位山河段就塌滩 18 万亩，坍塌长度两岸共计 240 km 余，原阳马庄湾坍塌后退 1 400 m。

长江中下游崩塌也十分严重，崩岸长度约占长江中下游全部江岸的35.7%，其中，安徽省两岸崩岸长度占总岸线的45%。湖北境内崩岸现象也较为严重，1994年6月，湖北境内长江大堤有近100 km堤段后退400 m，最大后退速率达55 m/h。崩岸现象在水库运行初期尤为严重。水库运行初期，清水下泄，下游河道下切，河岸冲刷加剧，崩岸频繁发生。据统计，黄河三门峡水利枢纽蓄水拦沙期（1960—1964年）花园口至高村河段约有200 km$^2$发生崩塌；三峡工程蓄水以来，水库下游河床冲刷强度加剧，并由蓄水前的"冲槽淤滩"转变为"滩槽均冲"，局部崩岸时有发生，较为典型的是长江南京河段三江口窝崩（图1-1）。此外库区消落带河岸处于干湿交替环境中，也容易产生崩岸。

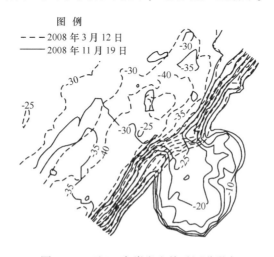

图 例
--- 2008年3月12日
—— 2008年11月19日

图1-1 三江口窝崩发生前后河道形态

崩岸不仅造成河岸土地丧失和短期堤防威胁，更为严重的是将长期破坏河道稳定，造成治河工程中难以补救的后果。长江下游规模较大的崩岸中窝崩占15%~20%，每次崩塌均会造成巨大的经济损失，例如1996年1月3—8日长江彭泽河段马湖堤突然发生两次大规模窝崩，造成数十人伤亡和近百间房屋倒塌，直接经济损失达4 000多万元（张幸农等，2007）；2008年11月18日，长江南京河段发生崩岸，形成长约340 m，崩进230 m的崩窝（见图1-2），崩岸面积约5.3×10$^4$ m$^2$，崩塌土方量约110× 10$^4$ m$^3$，约200 m长的主江堤遭到破坏。

崩岸的机理极其复杂，受河流水沙动力特性及河岸土力学特性的双重影响。正确认识这些影响因素及其对崩岸的作用机理，对研究崩岸发生机理以及制定有效的预测预防措施具有重要意义。

（4）环境污染问题

泥沙作为化学物质在河流中输运和转化的源和汇，对河流生态系统构成潜在威胁。一方面，泥沙悬浮和解吸会释放营养物质、重金属和其他微量污染物，造成河流污染或水体富营养化。研究表明，即使外源强度消除，内源污染也会导致淡水系统营养元素增加，并将持续数十年（6 years, Kohler et al, 2005; 10 years, Søndergaard et al, 2005; Welch and Cooke, 1999; 20 years, Søndergaard et al, 1999）。内源污染使当前富营养化湖泊在消除外源污染情况下，研究重点不再是富营养化"是否（whether）"会发生，而是"何时和何程度（when and to what extent）"的问题（Cooke et al, 1993）；另一方面，泥沙吸附或沉降可以降低水体污染物和营养物质浓度，对化学污染来说，可以起到缓冲作用，但对于营养物质而言，浓度过低却可能给河流生态系统造成负面影响。

随着人类对河流水沙调控能力的增强，全球河流水库日渐增多，泥沙对于河流生态环境的影响变得更为突出。水库蓄水期间，库区流速减缓，物质输运能力降低，泥沙淤积加快，污染物浓度升高，经常导致富营养化问题。水库蓄水的另一个问题是导致下游营养物质过低。蓄水期间，虽然水库下游冲刷量增加，但水体含沙量依然会减小，营养物质降低，其中对磷的影响尤为突出。Zhou 等（2015）研究发现，三峡水库运行以来长江下游（鄱阳湖下游）含沙量急剧下降，导致长江中游（宜昌到鄱阳湖）磷降低达91%，总磷和颗粒态磷年降低77%和83.5%，枯季时分别降低75%和92%。由此表明，水库运行明显降低泥沙对营养物质的正常调节作用，增加上游发生富营养化的几率，降低下游初级生产力。

河流动力学模型是河流环境污染物输运模型的重要组成部分（图1-2），对河流环境数学模型的发展具有决定作用。

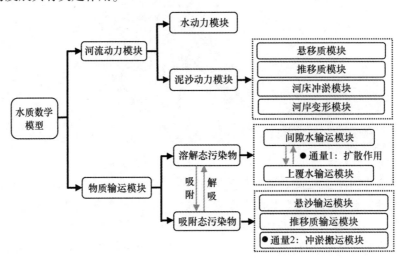

图1-2 地表水环境模型的基本框架

## 1.2 计算河流动力学简介

随着计算机和数值算法的发展，河流数学模型在河流动力研究领域获得了迅速发展。早在1989年第四次河流泥沙国际学术研讨会上，当时的国际水力学会主席 Kennedy 在书面发言中指出泥沙研究的10个重要进展之一就是河流数学模型，并且是20世纪70年代以后的唯一重要进展。数学模型在河流动力研究领域逐渐成为与理论推理和物理模型同等重要的方法之一。随着河流数学模型应用范围拓展以及计算机快速发展，河流数学模型理论体系的系统性、准确性、严谨性和应用可行性也不断提高，逐渐形成了一个独立完整的分支——计算河流动力学。

## 1.2.1　概念

计算河流动力学是以河流动力学、计算流体力学和计算土力学为理论基础，以河流动力数学模型为基本工具，研究河道水沙动力及其与河流边界相互作用规律的科学（黑鹏飞等，2016）。

河流是由含沙水体及其边界组成，其中边界为床面（河道底部和河漫滩）和河岸。河流计算中常分为定床和动床，在河床和河岸冲刷不是很大的时候，不考虑河床的变化，仅涉及含沙水流及其两界面的计算；而当河床冲刷较大或属重点研究对象时，还需进行河床和河岸冲淤计算。在河流的计算中还涉及另一重要界面，就是自由表面。因此，计算河流动力学研究对象涉及"三相－两界面"，不同部分各相比例全然不同，导致材料和力学特性完全不同，研究方法也不同。如河岸土体随着含水率的增加，黏性土颗粒可从固体过渡为半固体，后变为可塑状态，最后可变为液态。即使同为河流含沙水体，随着含沙量的变化也会导致流体特性、甚至本构关系的变化，如水流含沙量增加到一定程度会变为非牛顿流体。河岸土体含水量变化也会对土颗粒间应力状态产生直接影响，进而影响到土体的抗剪强度等宏观力学行为，河流水位变化导致岸坡失稳就是典型的例子。除此之外，不同粒径、级配的土体，其材料性质与动力学特性也有很大差异。计算河流动力学对以上各相的运动、应力和应变的描述用到水、沙、土体的材料变量、状态变量，以及变量与现象间的本构方程，因此计算河流动力学的发展与河流动力学、计算流体力学和计算土力学等学科的基础理论紧密相关。

计算河流动力学与经典河流动力学虽然在研究对象方面一致，但在理论基础、研究方法方面都不尽相同。从 20 世纪 60 年代起，计算机和数值算法的快速发展，使得计算流体力学和计算土力学中的模型在河流动力的研究中应用具有了可行性。特别是 20 世纪 90 年代以后，许多在准确性方面已获得证明的理论，如多相流体力学模型、湍流模型、新的数值算法、边界拟合技术等都迅速应用于河流模拟中。但这并非简单应用，即使同一控制方程，在不同边界下计算量常存在量级上的差异，应用可行性差异非常大。计算机运算速度的限制使得许多更具一般性、准确性最高的理论无法直接应用于河流中，每一次应用都需根据河流特性进行新的优化。计算速度的飞速发展，使得大量理论更完善、准确性更高、尚未得到应用的模型，也有希望在不远的将来应用于计算河流动力学中。可以说，计算河流动力学是计算流体力学在河流动力学中的具体应用，是传统河流动力学的进一步发展。

## 1.2.2　研究内容

计算河流动力学主要内容包括三部分：①河流动力作用机理的定量研究；②河流动力过程数学模型的构建和求解；③数学模型具体应用。

理论基础主要包括河流动力基本规律的数学抽象，包括基本物理属性和动力过程的数学抽象，如粒径、级配、沉速、起动流速等；计算河流动力学数学模型构建是基于质量守恒、动量守恒和能力守恒等基本定理，针对流体质点或泥沙建立质量、动量和能量输运方程，针对天然河流动力和水体运动特性，基于特定假设对于控制方程简化及修正；与计算流体力学一样，河流动力方程一般无法直接获得解析解，因此必须采用数值方法求解，将微积分控制方程转化为离散节点上的代数方程组，并基于计算机求解；河流模型应用是计算河流动力学的终极目标，通过对河流动力过程的模拟，研究河流动力规律，为工程决策提供依据。

### 1.2.3　理论基础

经典河流动力学依然是计算河流动力学的基础。除了宏观上介绍水流运动的基本特征和河床演变特征，还介绍了含沙水体性质、泥沙级配、泥沙沉速、泥沙起动、水流挟沙力、非均匀输沙等方面的基础理论。这些内容一方面为河流数学模型框架的构建、方法理论的选择、模型的优化提供依据，另一方面在模型具体构建中为数学模型提供物性参数、应力参数，如泥沙沉速、起动切应力或起动流速等。虽然多基于（空间上）均匀、（时间上）平衡，但工程应用已经证明其一定的合理性。

含沙水流属于含颗粒多相流，计算流体力学中理论基础和数学模型可直接应用于河流动力模拟。包括描述流体运动的基本变量，其中材料变量主要是密度、黏性等，应力变量主要是压力、黏性力等，变形变量主要用到速度应变张量、压力应变等；其次需要吸收计算流体力学关于连续介质输运的基本概念和方法，如质点、连续介质假定、各向同性假定、欧拉（Eulerian）法和拉格朗日（Lagragian）法，以及控制体及其大小、微观尺度和宏观尺度、多相流的微观尺度、细观尺度及宏观尺度大小的界定，以及应力和应变的本构方程。然而，相对于工业生产中的多相流模拟，河流计算空间范围变化大、泥沙级配宽且作用机理复杂，计算流体力学模型无法直接应用于河流模拟，需要通过模型简化以增加应用的可行性。通常基于河流动力学中水沙特性及边界特征进行简化：首先是含沙多相流模型的简化，其次在空间维度上对模型予以简化。

此外，河岸的横向变形还用到土体剪切应力及抗剪强度、黏性和无黏性土稳定性分析、土体固结等土力学中的相关内容。

### 1.2.4　研究工具

计算河流动力学的研究手段主要是数学模型。目前数学模型将水流运动、悬移质运动、推移质运动以及河床纵向和横向变形进行分离模拟。悬移质输运模型目前采用近似单相多组分输运方程，只是考虑了泥沙沉速进行修正。推移质运动规律及其复杂性，目前模型常采用质量守恒原理简单建立，相关变量多采用经验公式概化，不同公式间计算结果相差较大。河床垂向变形是根据垂向悬移质和推移质变化总量，基于质量守恒确定。河床横向变形影响因素更为复杂，包括水动力、河岸土体组成和结构。目前横向变形模型仍采用相对简单的经验模型，水动力-河岸变形的交互作用模拟也尚未深入，但随着计算机技术和计算土力学的结合，有望获得突破性的发展。

## 1.3　计算河流动力学的理论体系框架

由前面内容可知，不同维度水流模型、河床变形和泥沙动力学模型都是一个互相联系的整体，形成了一个独立完整的理论体系。图 1-3 以常用经典模型为例，给出具体的理论体系框架。

## 1.4　计算河流动力学的复杂性

（1）学科交叉性和综合性

不同物理过程所涉及的主要学科不同。水流运动主要涉及单相流体力学，悬移质运动主要涉及多相流体力学，推移质运动涉及非牛顿多相流体力学，河床演变过程涉及结构力学和土力学。数值模型构建过程中涉及微分方程，数值求解中涉及方程离散、代数方程数值解法。

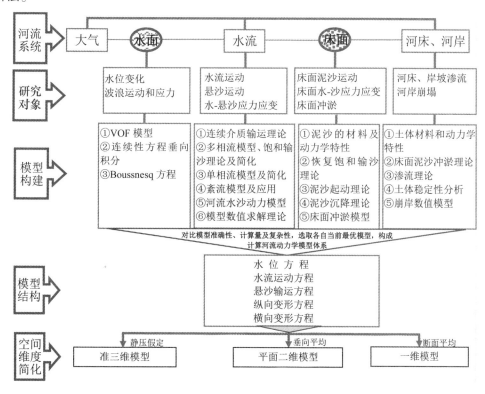

图 1-3　计算河流动力学理论框架

（2）湍流和颗粒物质流

湍流及转捩是流体力学中一个重要而古老的问题，一直是流体力学中心问题之一，它曾经吸引了不少最著名的力学和物理学家参与研究，但至今仍是流体力学中有待进一步研究的最重要问题之一。1932 年诺贝尔物理学奖得主、量子力学创始人之一、著名的"测不准关系"提出者海森堡临终前欲问上帝两个问题，其一是为何要有相对论；其二是为何有湍流。1992 年，在美国工程湍流模拟工作会议上，J. Cole 说了一句话："Solve now, worry later"。20 世纪由于计算机和计算方法的发展，曾经有人认为力学问题几乎都可以用计算方法解决。但实际上由于湍流问题没有解决，使得很多问题无法精确计算。虽然直到现在为止，人们都认为 Navier-Stokes（N-S）方程可以用以湍流计算，但因计算量太大，因此如果不用湍流概化模型就无法用现有计算机来计算。2005 年《科学》杂志（Science）把湍流作为 100 个科学难题之一，与其并列的还有颗粒物质力学等。由于湍流的复杂性，计算河流动力学一直移用计算流体力学成果，尚无针对河流动力具体特征的实质性优化。

（3）多尺度性

工业过程和自然界的流动现象实际上大多属于复杂流动——多相流、多组分、湍流和非牛顿流普遍存在。在流体的研究中，仅从微观上描述这些结构即使可能也是不经济的，而仅从宏观上描述精度又是不够的。多尺度方法是解决这一难题的实用手段。多尺度方法总体上在 20 世纪 90 年代后才引起广泛关注，目前应用也还相当有限。多尺度方法大致有 3 种类型：描述型，即在模拟过程中对不同时空区域采用不同尺度的描述；关联型，即由小尺度模拟为上一尺度的模拟提供本构关系；变分型，即不同尺度上的模型通过稳定性条件相关联给出系统的总体描述。按上述顺序，它们的侧重点也从数值方法转向系统机理的理论阐述。其中关联型方法的历史相对较长，如大涡模拟（large eddy simulation，LES）和雷诺应力模型在湍流模型封闭中的应用。

（4）计算机语言实现

数学模型构建实质上是自然规律转换为数学语言的数学抽象过程。计算机语言编译则是数学语言转换为计算机语言的过程。除了不同语言所表述的专业性知识外，语言转换过程本身就具有一定的复杂性。

模型数值求解都依赖于计算机语言。这实际上是对河流动力过程的二次抽象过程，程序代码的编写需要大量工作量，包括程序结构设计、编译、调试工作，往往需要具有数百名专业知识的工作人员协作完成。模型程序语言数量庞大，代码阅读和程序语言编写本身需要大量时间。

不同语言的转化过程，一定程度上制约着计算河流动力学的发展进程。专业融合以及合理分工和协助是解决这一问题的关键。

（5）质量保证问题

质量保证过程涉及模型选择、模型验证、参数率定、模型边界条件确定、模型求解等每一环节。任一环节出问题，都将影响模型结果的正确性。

其中，模型选择主要是模型空间维数、湍流模型、泥沙输运模型、模型网格类型、模型离散网格的确定；模型率定和验证分别是根据实测资料确定模型参数和模型的准确性；模型边界条件不但包括水文、气象条件，还包括边界条件数值实现过程的表现形式等；模型求解涉及代数方程的耦合和矩阵的数值解法等。要实现模型应用的正确性，必须建立合理的模型应用质量保证体系。

在具体方法的选择中，相对于问题本身的复杂性，不同关键问题处理方法在准确性、计算效率、复杂性方面必须同一量级。类似 Liberg 最小限制法则，模型准确度和计算量常常由最差的那个所限制。如果问题的处理方法准确度较低，局部提高某一问题准确性、增加问题复杂性往往是没有必要的。具体量级评定可采用专家打分定量化，当问题复杂和重要时，可以采用层次分析法等方法。当某一方法相对于研究问题复杂性在准确性、计算量、复杂性存在量级上的差异时，需要考虑对此方法进行调整。

## 1.5 计算河流动力学的发展制约因素

（1）理论的准确性及可行性

计算河流动力学重点研究变量在时间或空间上的变化，涉及微分方程的数值求解。因此，理论获得应用的前提不仅是其正确性，更重要的一点是当前理论应用的可行性，且二者之间常常存在冲突。可行性主要决定于模型计算量与计算机速度的对比。最早产生的、准确性较高的、最具一般性的理论往往是最晚甚至在目前还没有得到使用的。但不可忽视这些理论的价值，因为获得应用的理论往往是这些理论基于经验性假设简化所得到的。考虑到理论的严谨性以及发展的长远性，本书对模型进行了系统的介绍和对比。

由于应用可行性的限制，河流动力模拟中采用控制方程的空间维数、湍流模型、水沙运动模型简化时，都一定程度上降低或牺牲了准确性和一般性。如当前悬移质模型更接近于单相流多组分输运模型，相较于多相流中的多流体模型在理论上存在一定滞后性。但目前更多影响悬移质计算精度的是床面泥沙的交换量，关系到床沙、推移质和悬移质之间转换通量的计算准确性。虽然 20 世纪 70 年代以来国内外学者在此领域做了大量研究，但目前仍多采用经验公式，且不同公式甚至存在量级的差异。即使是多沙河流，水动力和悬移质输沙也仅停留在单相多组分计算阶段，而实质上，多相流体的研究已远远领先于此，在工业中含颗粒多相流的模拟已多数不承认单相多组分的模拟结果。

但另一方面，在解决应用可行性问题的同时，产生了许多新的模型和技术，最大限度提高计算速度和准确度，丰富了计算流体力学内容，如表面控制方程的提出，$\sigma$ 坐标的转换等。

（2）计算资料

准确模拟河流动力，必须掌握详细的河流地形、地质、水文、气象等实测资料。这是河流模型验证、参数率定以及边界条件正确性的基本保障，也为进一步深化河流动力理论提供数据保障。

## 1.6 本书内容安排

本书尝试统观河流动力学、计算流体力学整体理论框架，构建计算河流动力学中水沙运动的理论体系，并在书中指出当前所应用的理论所处位置及发展方向。本书第 1 章至第 7 章为河流模型的基本理论（黑鹏飞），第 8 章至第 10 章为当前河流动力学数学模型的应用实例（用到黑鹏飞、假冬冬、周刚、冶运涛和关见朝的研究内容成果）。

特别说明：如果不做特别说明，第 3 章至第 5 章以小写字母 $i$、$j$、$k$、$m$、$l$ 作为角标时表示张量运算，其余角标为自由指标，第 6 章至第 10 章以小写字母 $i$、$j$、$k$、$m$、$l$ 作为角标时表示离散空间单元或节点。当存在新旧坐标系转换时，为了便于区分，角标加"′"表示新坐标系。

# 第 2 章　河流动力学基础理论

## 2.1　含沙水流的基本物理特性

### 2.1.1　含沙水流的含沙量和容重

含沙量是单位体积水流中固体泥沙所占的比例，用来衡量河流含沙量的大小。常用表示参数是体积比浓度（$\alpha_s$）和质量浓度（$S$）：

$$\alpha_s = \frac{V_s}{V_f + V_s} \tag{2-1}$$

$$S = \frac{M_s}{V_f + V_s} \tag{2-2}$$

式中：$V_s$ 为泥沙颗粒体积；$V_f$ 为水体的体积；$M_s$ 为泥沙质量。

颗粒物质密度 $\bar{\rho}_s$ 和水体物质密度 $\bar{\rho}_f$ 分别定义为

$$\bar{\rho}_s = \frac{M_s}{V_s}, \qquad \bar{\rho}_f = \frac{M_f}{V_f} \tag{2-3}$$

含沙水流容重（$\gamma_m$）是单位体积含沙水流的重量，单位为 N/m³。$\gamma_m$ 与 $\alpha_s$、$S$ 的关系为

$$\gamma_m = Sg + (1 - \alpha_s)\gamma \tag{2-4}$$

式中：$\gamma$ 为水体容重；$g$ 为重力加速度。$\alpha_s$、$S$ 的关系为

$$S = \alpha_s \bar{\rho}_s \tag{2-5}$$

### 2.1.2　含沙水流的流变特性

相邻流体作剪切运动时，在相反方向会产生切应力阻止其运动变形。流体的这种减小相对运动的属性称为黏性。牛顿在 1687 年建立了切应力和剪切变形速度之间的关系。

对于笛卡儿坐标，设 $x$ 方向流速 $u$ 仅为垂向 $y$ 的函数，即 $u = u(y)$，且 $y$、$z$ 方向流速 $v = w = 0$，则 $x$ 方向剪切应力 $\tau_x$ 为

$$\tau_x = \frac{\partial u}{\partial y} \tag{2-6}$$

对于流体切应力和剪切变形速度符合式（2-6）的流体，称为牛顿流体。地表水和空气多属于牛顿流体。但式（2-6）并非适用于所有流体，常将不符合式（2-6）的流体称为非牛顿流体，如工业中经常用到油漆、橡胶以及河流动力过程涉及的推移质运动等。根据 $\tau_x \sim \dfrac{\partial u}{\partial y}$ 的关系不同，可将非牛顿流体分为宾汉塑性体、屈服伪塑性体、伪塑性体。其

流变曲线如图 2-1 所示，$\tau_x$ 与 $\dfrac{\partial u}{\partial y}$ 的具体关系见表 2-1。

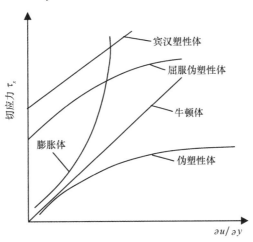

图 2-1　不同流型流体的流变曲线

表 2-1　含沙水体的流型

| 流体类型 | | 剪切应力变化规律定性说明 | 流变方程 |
|---|---|---|---|
| 牛顿流体 | | — | $\tau_x = \mu \dfrac{\partial u}{\partial y}$ |
| 非牛顿流体 | 流型不随时间改变 | | |
| | 宾汉流体 | — | $\tau_x = \tau_B + \eta \dfrac{\partial u}{\partial y}$，$\tau_B$ 为屈服应力，$\eta$ 为刚度系数 |
| | 伪塑性流体（剪切稀薄流体如橡胶、尼龙等高分子化合物的溶液） | 剪切应力的增加率随切变率的提高而减小 | $\tau_x = K\left(\dfrac{\partial u}{\partial y}\right)^n$，$K$ 为稠度系数，$n < 1$ 为流动指数 |
| | 膨胀体（剪切浓稠流体，如生稠面粉团） | 剪切应力的增加率随切变率的提高而增加 | $\tau_x = K\left(\dfrac{\partial u}{\partial y}\right)^n$，$n > 1$ 为流动指数 |
| | 具有屈服应力的伪塑性体 | — | $\tau_x = \tau_B + K\left(\dfrac{\partial u}{\partial y}\right)^n$，$n < 1$ 为流动指数 |
| | 流型与时间有关　触变体 | 固定切变率下剪切应力随时间减小 | |
| | 凝胶体 | 固定切变率下剪切应力随时间增加 | |

不同流变方程中，黏性系数的确定具有重要意义，但由于含沙流变特性的复杂性，目前仍无统一的公式，而且大多公式没有考虑泥沙级配影响。

（1）含非黏性沙水流的黏性系数

含非黏性沙水流一般都属于牛顿流体。费俊祥（1994）统计了此类水流黏性系数 $\mu_m$ 的代表性公式，其中包括著名的 Einstein 公式，见表 2-2。由表可以看出，即使对于非黏性沙，水体黏性系数也都随着体积比浓度的增加而增加。

表 2-2　含非黏性沙水流的黏性系数

| 含沙浓度 | 研究者 | 黏性系数公式 |
|---|---|---|
| 极稀 | A. Einstein | $\mu_m/\mu_0 = 1 + 2.5\alpha_s$ |
| 稀 | H. DeBruijin 等 | $\mu_m/\mu_0 = 1 + 2.5\alpha_s + 2.5\alpha_s^2$ |
| | E. Guth 等 | $\mu_m/\mu_0 = 1 + 2.5\alpha_s + 14.1\alpha_s^2$ |
| | D. G Thomas | $\mu_m/\mu_0 = 1 + 2.5\alpha_s + 14.1\alpha_s^2 + 0.00273\exp(16.6\alpha_s)$ |
| 较高 | Eiler | $\mu_m/\mu_0 = \left(1 + \dfrac{2.5\alpha_s}{1 - \alpha_s/\alpha_{smax}}\right)^2$ |
| | R. Rose | $\mu_m/\mu_0 = (1 + 1.35\alpha_s)^{-2.5}$ |

注：上述各式中，$\alpha_s$ 为体积比浓度，$\alpha_{smax}$ 为水体黏性最大时体积比浓度。当泥沙颗粒浓度不大时，两相流体的黏度 $\mu_m$ 近似等于水体黏度 $\mu_0$，即 $\mu_m = \mu_0$；当浓度增大时，含沙水体的黏度增加。

（2）含黏性泥沙颗粒水流的黏性系数

黏性泥沙颗粒对水体黏性系数和流变特性的影响原因如下：①流线在固体颗粒附近的变形。非球形颗粒，特别是片状和棍状的颗粒，在流体受剪切力后，将重新安排它们之间的位置，使长轴平行剪切力方向。②细颗粒之间因絮凝作用而形成絮团、集合体或网架结构。这种絮团结构很脆弱，对剪切作用很敏感，一方面它们在剪切作用下很容易被破坏，另一方面又很容易恢复和重新形成。③颗粒（特别是棍状的颗粒）及其吸附水膜，以及因絮凝作用形成的链或框架具有一定的弹性。

含沙水流并非都是牛顿流体，特别是含高浓度细颗粒泥沙的水流，甚至可能成为流型随时间有关的触变体（thixotropy system，固体切变速率下剪切力随时间减小）、凝胶体、震凝体（rheopexy system，固定切变速率下剪切力随时间增加）。目前也有一些学者对此进行了一定研究，多数将含黏性沙水流视为牛顿流体或宾汉流体，并给出了其黏性系数或刚性系数。表 2-3 给出了一些代表性的研究成果。

表 2-3　含黏性沙水流黏性系数经验公式

| 研究者 | 黏性系数公式 | 实验范围 |
|---|---|---|
| 沙玉清 | $\mu_m/\mu_0 = \dfrac{\gamma_m}{\gamma}\dfrac{1}{1 - \dfrac{\alpha_s}{2\sqrt{d_{50}}}}$ | 武功黄土：$d_{50} = 0.006 \sim 0.04$ mm |
| 钱宁、马惠民 | $\mu_m/\mu_0 = (1 - K\alpha_s)^{-2.5}$ <br> $\tau_B = 5.88 \times 10 - 3\exp(A\alpha_s)$ | 包头沙：$d_{50} = 0.0058$ mm，$K = 2.9$，$A = 19.1$ <br> 官厅沙：$d_{50} = 0.009$ mm，$K = 2.4$，$A = 19.1$ <br> 塘沽沙：$d_{50} = 0.008$ mm，$K = 3.1$，$A = 32.7$ |
| 周永治 | $\mu_m/\mu_0 = \left(1 + \dfrac{2.5\alpha_s}{1 - \alpha_s/\alpha_{sm}}\right)^2$ | 河滩淤积物：$d_{50} = 0.019$ mm |
| 万兆惠、钱意颖等 | $\eta_m/\mu_0 = 1 + \exp(8.24\alpha_s)$ <br> $\tau_B = B \times 10^2 \alpha_s^{5.4}$ | 郑州黄土：$d_{50} = 0.056$ mm，$B = 25.87$ <br> $d_{50} = 0.0043$ mm，$B = 98.98$ |

### 2.1.3　连续介质假定的应用

连续介质假定认为研究对象连续、不间断地充满整个研究空间。含沙水体属两相流，对于水体来说，使用连续介质假定无疑是可行的。但对于水体中泥沙颗粒，却并非如此。当泥沙粒径较小，浓度较大时，泥沙近似符合连续介质假定。但当颗粒较大，浓度较小时，则在理论上严格来说泥沙颗粒运动不再符合连续介质假定。

在多相流计算中，水沙（或气粒）两相流的研究可分为四种：①把流体当作连续介质，而将颗粒视为离散体系；②将流体和颗粒都看作相对渗透的连续介质，即把颗粒作为拟流体；③将颗粒当作消极输运物质，完全随水流迁移，其计算方法同温度、化学物质等输运计算，仅对重力等因素进行局部修正。不同的假定，建立的泥沙运动方程不同，求解的方法也不同；④基于分子动力学发展起来的，将流体和颗粒都作为粒子，并采用拉格朗日法表述。

目前大多泥沙模型的悬移质输运方程，都基于连续介质假定，将悬移质泥沙作为消极输运物质，建立浓度输运方程，仅对沉速引起的相间滑移进行了修正。这一简化忽略了泥沙对水流的作用和相间滑移，相当于将悬移质运动这一多相流问题近似简化为单相多组分流动问题，大大提高了求解效率。该假定之所以能获得广泛使用，一方面由于河流泥沙数学模型在许多方面都未达到完善，包括泥沙级配、泥沙沉速、挟沙力等关键因子都未达到足够精度，这一假定尚未成为影响模型精度的主要因素；另一方面，工程实践证明，采用这一假定在一定程度上可以近似反映河流泥沙的运动规律，满足目前的工程要求。

### 2.1.4　水流和泥沙运动的确定性和随机性

在水沙两相流中，水流及泥沙的运动呈两面性：力学的必然性（确定性）与统计理论的随机性。在开始研究泥沙运动状态的时候，随机性被忽略。爱因斯坦于 1936 年首先在泥沙及推移质运动过程中强调了随机性。他在处理泥沙起动及推移质运动中，采取了一系列的假设（如平床、拖曳力不起作用、沙粒运动形式限于跃移和沿垂线向上起跳），只是令人怀疑的是，这样得到的推移质输沙率公式，是否还残存若干理论依据。在我国，韩其为等也基于随机性理论对泥沙的运动进行了研究，促进了统计理论在泥沙运动中的应用。

## 2.2　含沙水体运动基本特性

### 2.2.1　影响水流运动的主要因素

1）重力。重力是决定水沙运动的决定因素，但对水流和泥沙的作用不同。对于河道水流，重力是河流运动的主要促动因素，决定了水流向下游流动这一客观规律。但在河流泥沙运动中，重力更多地起到滞动作用，促使水体挟沙力减小而发生沉降，增加了泥沙的起动流速。

2）河道地形。从宏观形态上，河道地形导致水流的纵向和横向变化。从力学上讲，不同河道形态决定着不同的水流惯性、压强的再分配平衡过程。

3）黏性。如前所述，河流含沙浓度小时水流的运动是属于牛顿流体的，黏性力的大小始终与流体速度梯度成正比，方向与梯度方向相反，减小相邻流体间的流速差。

4）科氏力。科氏力是除重力之外作用于河流水体的另一主要体积力。对冲积型河流和游荡性河流的研究表明，科氏力对河床演变起到明显作用。

5）风力。风力主要作用于河流表面，对于河道较窄，或 $Re$ 数较大的河流，风力的作用一般可以忽略不计。

6）上游流量或下游水位。上游流量边界和下游水位边界是影响河段水文水动力的重要因素。

7）床面阻力。水流与床面间摩擦是影响水体运动的重要阻力，制约着水体的运动。

## 2.2.2　水沙运动的非恒定性

在所有的影响因素中，重力、黏性系数常是恒定或变化较小的，对水沙运动的非恒定性影响较小。河流水沙运动的非恒定性主要是由上游来流、下游水位床面阻力、风力等非恒定性所致。河流补给方式不同（如降水或融雪补给的河流），河流非恒定规律也不同，且非恒定强度也不同。此外上游来水来沙的非恒定性也与上游土地类型和利用方式等有关。

在长时间尺度河型转化研究或短时间内河流崩岸研究过程中，河床和河岸演化也是河流动力非恒定性的重要因素。

## 2.2.3　水流运动的不均匀性

在河水运动的几个影响因素中，黏性努力维持河流的均匀性，重力作用于每一流体质点的力也常被认为是不变的。河流的不均匀性主要源于河道形态的变化，是水流惯性和压强对河道形态的一个动态适应表现。

河道水流的不均匀性是河流水沙模型空间维数简化过程中考虑的一个重要因素。当河流的物理性质以及动力、运动属性在某一维度上具有均匀性，则可以降低一个空间维数。对于模型计算的经济性来说，这无疑是重要的。如对宽浅型河流，则常近似认为水流流速在垂向上是均匀的，模型简化为平面二维；对窄深型河流，则常假定河流沿横向是均匀的，模型简化为垂向二维模型。

但天然条件下，河流不均匀性是绝对的，均匀假定只是目前计算机水平局限条件下的选择，随着计算机的发展，这一假定的重要性将会逐渐减小。

## 2.2.4　水流脉动特性

黏性流体流动中存在两种不同的流动形态：层流和湍流。层流和湍流并非流动的一种特性，而是 1983 年英国学者雷诺（Osborne Reynolds）著名的圆管实验揭示的流体运动的两种形态。其中，湍流最重要的特性总结为随机性、扩散性、有涡性和耗散性。相对地，层流具有确定性、规则性、无掺混，无耗散的特性。两种形态在各种具体边界条件下流速分布、切应力大小分布、能量损失、扩散性质都不相同。自然界和工程界所处理的流体多数处于湍流状态。迄今为止，人类应用一切可能的方法和理论去研究湍流运动，解决了不少工程问题。但遗憾的是，目前甚至没有关于湍流一个严谨的概念。最近著名的流体力学大师冯·卡门曾引述一句话"Shall I refuse my dinner because I do not fully understand the process of digestion"。

目前对于紊流的界定也是采用 $Re$ 数进行确定的。当 $Re$ 数达到临界值时就发生层流转化为湍流这一质的变化。而这一临界值不是固定不变的，它依赖于外部扰动条件。实验证明，临界值有一下界为 2 000，当 $Re<2\,000$ 时，不管外部扰动多大，管内的流动保持稳定的层流状态，但上界却仍不确定，改善实验条件依然可以提高。

湍流的特性受壁边界的影响较大。在近壁面，黏性降低切向的脉动，而动能堵塞（kinematic damping）减小法向的脉动。时均速度的切应力所产生的湍动能导致湍流脉动由近壁面向外流区迅速递增。大量水槽实验表明近壁区域可分为三个区域：

黏性底层：$\dfrac{u^* y}{\nu}<5$，流动接近层流，黏性在动量、热量和物质输运中起决定性作用；

湍流区：$\dfrac{u^* y}{\nu}>60$，湍流在动量、热量和物质输运中起决定性作用；

过渡区：$60>\dfrac{u^* y}{\nu}>5$，黏性和湍流在动量、热量物质输运中同等重要。

式中：$y$ 为距壁面的距离；$u^*$ 为摩阻流速；$\nu$ 为动力黏性系数。

实验表明，顺直明渠中，纵向时均速度 $u$ 随 $y$ 的变化规律可概化为

黏性底层：

$$\frac{u}{u^*} = \frac{u^* y}{\nu} \tag{2-7}$$

湍流区：

$$\frac{u}{u^*} = 2.5\ln\left(30.2\,\frac{u^* y}{\nu}\right) + 5.45 \tag{2-8}$$

具体分区如图 2-2 所示。

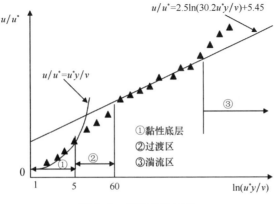

图 2-2　湍流分区示意

对于复杂河道的湍流运动，目前普遍认为湍流运动也可以采用 N-S 方程描述，问题主要存在于数值求解。但湍流脉动的频率为 $10^2 \sim 10^5$，以现在的计算机速度，数值计算中离散时间步长和空间尺度尚难满足如此小尺度的计算，因此尚无法直接模拟。

## 2.3 描述泥沙的基本参数

### 2.3.1 泥沙的物理性质参数

（1）干容重

泥沙各个颗粒重量与其体积的比值，称为泥沙的容重（$\gamma_s$），国际单位为 N/m³。泥沙的成分不同，泥沙的容重 $\gamma_s$ 也不相同，常以 26 kN/m³ 为代表值。

河流泥沙模型中更多采用的是颗粒群体的容重，即颗粒干容重。沙样经 100～105℃ 的温度烘干后，其重量与原状沙样整个体积的比值，称为泥沙干容重 $\gamma_s'$，单位 N/m³。在河流冲淤计算中，干容重是确定泥沙重量与体积关系的一个重要物理量。影响泥沙干容重的因素主要有泥沙粒径、干容重和淤积历时。

（2）颗粒的形状参数

泥沙的形状多种多样，其中砾石、卵石外形较为圆滑，有圆球状、椭球状和片状的，而沙类和粉土类泥沙外形不规则，有明显的尖角和棱角。泥沙不同形态对其在水流中的动力特性具有明显影响。泥沙颗粒的几何形状常采用圆度、球度等参数表述。

1）圆度：指颗粒棱和角的尖锐程度。Wentworth 在 1919 年提出圆度定义为 $r/R$，其中 $r$ 是颗粒最尖锐棱角的曲率半径，$R$ 是颗粒最大内切圆的半径。

2）球度：指与颗粒同体积的球体，其直径和颗粒外接球直径之比，用来表述颗粒与球体形状的接近程度。若假定颗粒为椭球体，互相垂直的长、中、短三轴分别用 $a$、$b$、$c$ 表示，则球度为 $\psi = \left(\dfrac{bc}{a^2}\right)^{\frac{1}{3}}$。由于球度相等的颗粒最小投影面积可能有较大差异，因此该方法不能很好地反映颗粒在流体中的动力学特性。Folk 于 1957 年提出最大投影球度概念，定义投影面积等于颗粒最小投影面积球体直径和颗粒等容直径（$D_n$）之比，即

$$\psi = \frac{c^2}{D_n} = \left(\frac{c^2}{ab}\right)^{\frac{1}{3}} \tag{2-9}$$

（3）单一颗粒粒径

泥沙颗粒的大小一般用粒径来表示。天然泥沙颗粒形状一般是不规则、宽级配（0.001～1 000.0 mm）的（钱宁 等，1983）。常用的粒径表示方法有：

1）等容粒径（nominal diameter）：与泥沙体积相同球体的直径，其与泥沙颗粒重力 $W$ 和容重 $\gamma_s$ 的关系为

$$d_n = \left(\frac{6V}{\pi}\right)^{\frac{1}{3}} = \left(\frac{6W}{\pi \gamma_s}\right)^{\frac{1}{3}} \tag{2-10}$$

2）筛分粒径（sieve diameter）：如果泥沙颗粒较细，不能用称重或求体积法确定等容粒

径时，一般用筛析法确定粒径。设颗粒最后停留在孔径为 $d_k$ 的筛网上，此前通过 $d_{k-1}$ 筛网，则可以确定颗粒粒径范围为 $d_{k-1}<d<d_k$。平均尺寸可用 $(d_k+d_{k-1})$ /2、$\sqrt{d_k d_{k-1}}$ 等方法给定。

3）沉降粒径（fall diameter）：对于粒径小于 0.1 mm 的细砂，需采用水析法量测其在静水中的沉速，然后按照球体粒径与沉速的关系式，求出与泥沙颗粒密度相同、沉速相同的球体直径，作为泥沙颗粒的沉降粒径。

（4）泥沙颗粒的群体特性

泥沙级配是泥沙数学模型中的重要参数。天然河流的泥沙几乎都为非均匀沙，河流中的泥沙大小不等，颗粒之间的大小差异很大，颗粒大小之比可达 $10^7$，重量之比可达 $10^{20}$ 以上，因此无法采用线性尺度进行分级。早在 1914 年 Udden 提出呈几何级数变化的粒径尺度作为分级标准，即用 1 mm 作为基准尺度，在粒径减小的方向上按 1/2 的比率递减，在粒径增加的方向上尺度以 2 的倍数递增。之后 Wentworth 修改称为 Udden-Wentworth 尺度。为了简化统计计算，Krumbein 后来又提出了 $\phi$ 值分级尺度，即把 Udden-Wentworth 尺度值 $d$ 取以 2 为底的对数并乘以 $-1$。如 $d=1/1\,024$，则

$$\phi = -\log_2(1/1\,024) = 10 \tag{2-11}$$

若将 $\phi$ 值分级尺度改为以 10 为底的对数，则称为 Atterberg 尺度。

依照上述分级尺度，可以用筛析法或水析法，得出不同粒径所对应的粒径分布频率。以横坐标为筛孔孔径，纵坐标为各粒径组重量百分比，可绘制不同类型的频率曲线。如以横坐标为粒径，纵坐标为频率，所得曲线称为频率曲线。若以"粒径"为横坐标，以"小于粒径 $d$ 的百分比"为纵坐标，所得曲线称为累积频率曲线（cumulative frequency curve）。

## 2.3.2　泥沙沉速

目前河流数学模型中，悬沙与水流的相对位移、饱和挟沙力、泥沙起动等计算都需用到这一参数。影响泥沙沉速的因素很多，有颗粒大小、颗粒形状、温度、黏性、含沙浓度、盐度、水流脉动，水流流速分布等，不同因素的影响机制也非常复杂。

泥沙沉速研究中，最先是将泥沙作为圆球，研究单颗粒静水沉降过程所达到极限流速（terminal fall velocity）后的恒定沉速，得出其解析解。对于更加复杂的条件，除了在形状规则、$Re$ 数小的部分条件下尚可采用数理分析，其他条件就只能借助于经验或半经验公式计算。介于圆球静水沉降对于泥沙沉速公式研究的重要性，对其成果进行简单介绍。

（1）圆球沉速

一个孤立圆球，在无界静止水体运动时，其所受重力 $W$ 为

$$W = (\gamma_s - \gamma)\frac{\pi d^3}{6} \tag{2-12}$$

若不考虑黏性，则所受形状阻力 $F$ 为

$$F = C_D \frac{\pi d^2}{4}\frac{\rho\omega^2}{2} \tag{2-13}$$

式中：$\omega$ 为沉速；$C_D$ 为圆球绕流的阻力系数。

当运动一定距离后，达到恒定的极限流速（terminal fall velocity），则有

$$W = F \quad 即 (\gamma_s - \gamma) \frac{\pi d^3}{6} = C_D \frac{\pi d^2}{4} \frac{\rho \omega^2}{2} \tag{2-14}$$

解得

$$\omega = \sqrt{\frac{4}{3} \cdot \frac{1}{C_D} \cdot \frac{(\gamma_s - \gamma)}{\gamma} \cdot gd} \tag{2-15}$$

公式虽然基于极强的假设，但现今公式仍然多是在此基础上的进一步修正，其中最为重要的是 $C_D$ 的确定。按照 $C_D$ 随 $Re$ 变化的不同规律，可分为黏滞区、过渡区和湍流区分别讨论。

其中，在 $Re$ 数极小如 $Re<0.4$ 的时候，N-S 方程中的时变项、惯性力忽略不计，斯托克斯（1951）求出经典的阻力解析解：

$$F = 3\pi d\mu\omega \tag{2-16}$$

对比式（2-13）可知

$$C_D = \frac{24}{Re} = \frac{24}{\omega d / \nu} \tag{2-17}$$

代入式（2-15）得

$$\omega = \frac{1}{18} \cdot \frac{(\gamma_s - \gamma)}{\gamma} \cdot \frac{gd^2}{\nu} \tag{2-18}$$

实验表明，当 $Re>10^3$ 时阻力系数变化已很小，黏滞力相对于惯性力作用可以不计：

$$\omega = 1.72 \sqrt{\frac{\gamma_s - \gamma}{\gamma} gd}$$

$$即 \quad C_D = 0.45 \tag{2-19}$$

当 $Re$ 数很小时，在保持部分惯性项的基础上，奥森（Oseen，1927）在斯托克斯分析基础上，导出如下近似解：

$$C_D = \frac{24}{Re}\left(1 + \frac{3}{16}Re\right) \tag{2-20}$$

实验表明，当 $Re<2$ 时，此公式完全符合，而当 $Re$ 继续增大而形状阻力增大到一定程度后，该公式与实验不符。$0.4<Re<10^3$ 时，惯性力和黏滞力均起作用。

此外一种简单的方法是分别用式（2-13）和式（2-16）表示形状阻力和黏滞阻力，当这两种阻力之和和重力相等时，可以获得如下过渡区沉速

$$\omega = -4 \frac{k_2}{k_1} \cdot \frac{\nu}{d} + \sqrt{\left(4 \frac{k_2}{k_1} \frac{\nu}{d}\right)^2 + \frac{4}{3k_1} \frac{\gamma_s - \gamma}{\gamma} gd} \tag{2-21}$$

式中：$k_1$、$k_2$ 为待定参数，$k_1/k_2$ 代表形状阻力和黏滞阻力作用大小之比。鲁比（Rubey，1933）及武汉水利水电学院（1961）曾分别导出上式。

但上式用式（2-13）和式（2-16）简单表示形状阻力和黏滞阻力，二者作用的强弱对比本应是 $Re$ 的函数。窦国仁（1963b）将圆球绕流顶部顶冲所受阻力类似于式（2-13）计算，而将未分离区的黏滞阻力采用奥森公式（2-20）计算，二者合力与重力平衡时得出总阻力系数：

$$C_D = 0.43\varphi + \frac{24}{Re}\left(1 + \frac{3}{16}Re\right)\frac{1 + \cos(\theta/2)}{2} \tag{2-22}$$

式中：

$$\varphi = \begin{cases} \sin^2(\theta/2) & (0 \leqslant \theta \leqslant \pi) \\ 1 & (\pi < \theta \leqslant 2\pi) \end{cases} \tag{2-23}$$

式中：$\theta$ 为圆球尾流分离角，即圆球表面尾流分离点的夹角。窦国仁通过假定 $\theta$ 随 $Re$ 的变化率与 $Re$ 大小成反比导出

$$\theta = 1.78(4Re) \tag{2-24}$$

使阻力系数成为了 $Re$ 的函数。

（2）天然沙沉速

天然沙的下沉速度和圆球不同，首先是与其形状有关。非球体下沉的角度不同，其下沉方向的投影面积和尾部分离角都不同，因此所承受的阻力也不同。总的来说，不规则形状泥沙下沉时更趋向于短轴与下落方向一致，下沉速度会有所减小。表 2-2（王兴奎 等，2002）的黏滞区代表性公式也可以看出，由天然沙得出的公式系数，都小于基于圆球所得出的斯托克斯公式系数。

研究表明，滞留区泥沙沉速与粒径的关系可统一使用斯托克斯公式（常温下 $d <$ 0.062 mm），过渡区（0.062 mm$<d<$2.0 mm）可采用武水公式，湍流区一般可采用岗恰洛夫公式。

此外，目前已有一些考虑温度、含沙浓度、水流脉动对沉速影响的修正公式。

温度对沉速影响，目前主要考虑的是其对沉速公式中黏性系数影响。对于清水，运动黏性系数 $\nu$ 与温度的关系如下：

$$\nu = \frac{0.017\,75}{1 + 0.033\,7T + 0.000\,22T^2} \tag{2-25}$$

式中：$T$ 为温度，单位℃；$\nu$ 为动力黏性系数，单位 cm$^2$/s。

低含沙浓度下泥沙浓度对沉速的影响也可采用以下经验公式：

$$\omega/\omega_0 = 1 - 1.24K\alpha_s^{1/3} \tag{2-26}$$

式中：$\alpha_s$ 为体积百分数；$\omega_0$、$\omega$ 分别为含沙量为零和 $\alpha_s$ 时的沉速；$K$ 为参数，不同研究者关于参数 $K$ 的取值差异较大，具体可参考表 2-4。

表 2-4　不同作者关于式（2-26）中参数 $K$ 的取值

| 作者 | Cunningham | McNown | Uchida | 蔡树棠 | Smoluchowski | Burgers |
|---|---|---|---|---|---|---|
| $K$ 值 | 1.7~2.25 | 0.7 | 0.835 | 0.75 | 1.16 | 1.4 |

高含沙量的情况，Richardson 和 Zaki（1954）提出了如下表达式

$$\omega/\omega_0 = (1 - \alpha_s)^m \tag{2-27}$$

式中：$m$ 为经验系数，必须通过实验确定。Richardson 和 Zaki（1954）提出 $m = 2.39 \sim$ 4.65。实验还表明 $m$ 随颗粒 $Re$ 数的增大而减小。

**表 2-5 天然沙沉速的代表性公式**

| 作者 | 黏滞区（绕流为层流） | 过渡区 | 湍流区 | 各区统一公式 |
|---|---|---|---|---|
| Stokes (1951) | $\omega = \dfrac{1}{18} \times \dfrac{\gamma_s - \gamma}{\gamma} \times \dfrac{gd^2}{\nu}$ | | | |
| Rubey (1933) | | | | $\omega = \left[ (6\dfrac{\nu}{d})^2 + \dfrac{2}{3} \times \dfrac{\gamma_s - \gamma}{\gamma} \times gd \right]^{1/2} - 6\dfrac{\nu}{d}$ |
| 武汉水利水电学院 (1961) | $\omega = \dfrac{1}{25.6} \times \dfrac{\gamma_s - \gamma}{\gamma} \times \dfrac{gd^2}{\nu}$ $Re < 0.5$ 或 $d < 0.1$ mm | | $\omega = 1.044\sqrt{\dfrac{\gamma_s - \gamma}{\gamma}gd}$ ($Re > 1\,000$ $d > 4$ mm) | $\omega = \left[ (13.95\dfrac{\nu}{d})^2 + 1.09 \times \dfrac{\gamma_s - \gamma}{\gamma} \times gd \right]^{1/2} - 13.95\dfrac{\nu}{d}$ |
| 岗恰洛夫 | $\omega = \dfrac{1}{24} \times \dfrac{\gamma_s - \gamma}{\gamma} \times \dfrac{gd^2}{\nu}$ ($d < 0.5$ mm) | $\omega = \beta \times \dfrac{g^{2/3}}{\nu^{1/3}}$ $\left[\dfrac{\gamma_s - \gamma}{\gamma}\right]^{2/3} d$ ① | $\omega = 1.068\sqrt{\dfrac{\gamma_s - \gamma}{\gamma}gd}$ ($d > 1.5$ mm) | — |
| 沙玉清 (1965) | $\omega = \dfrac{1}{24} \times \dfrac{\gamma_s - \gamma}{\gamma} \times \dfrac{gd^2}{\nu}$ ($d < 0.1$ mm) | $(\lg S_a + 3.665)^2 +$ $(\lg\phi - 5.777)^2 = 39.00$ ② | $\omega = 1.14\sqrt{\dfrac{\gamma_s - \gamma}{\gamma}gd}$ ($d > 2.0$ mm) | — |

注：① $\beta = 0.081\lg\left[ 83\,(3.7d/d_0)^{1-0.037T}\right]$，式中 $T$ 为水温，以℃计；$d_0 = 1.5$ mm，黏滞区与过渡区之间部分（$0.15 < d_0 < 1.5$）按直线内插；

② $\phi = \dfrac{Re}{S_a}$，$S_a = \left(\dfrac{4}{3}\dfrac{Re}{C_D}\right)^{1/3}$。

## 2.3.3 泥沙起动

河流动力学中的泥沙起动指床面泥沙颗粒脱离床面而进入水体的过程。泥沙起动是水流动力、泥沙重力、泥沙间综合作用的结果。目前研究已表明，泥沙起动除了与床面表层时均流速的大小有关外，还与水流脉动切应力和脉动能、颗粒上下时均流速差、相邻颗粒性质和相对位置等有关。但泥沙的起动具有一定的随机性。

目前河流泥沙数学模型无法精确模拟床面泥沙的受力或起动过程，常采用临界起动切应力或临界起动流速这两个参数进行简单判断。不同学者基于理论和实验资料统计，得出了起动切应力公式或起动流速公式。公式推导常基于均匀流假设，并假定流速和切应力沿垂向近似符合某种确定关系，忽略相邻颗粒运动的影响，忽略颗粒上下的流速差。较为典型的是 Shields 起动拖曳力公式以及进一步基于某种流速分布关系所得的起动流速公式。

### 2.3.3.1 非黏性沙临界起动条件

（1）均匀输沙时泥沙起动判断参数

对于非黏性沙，起动切应力判定多数基于 Shields 的研究成果。利用拖曳力、上举力和重力的平衡关系，基于流速对数分布假设，得到常用的 Shields 起动拖曳力公式：

$$\theta_{cr} = \frac{\tau_c}{(\gamma_s - \gamma)d} = f\left(\frac{u_* d}{\nu}\right) = f(Re_*) \qquad (2-28)$$

式中：$\theta_{cr} = \dfrac{\tau_c}{(\gamma_s - \gamma)\,d}$ 为 Shields 数，其与 $Re_*$ 的关系如图 2-3 所示，为著名的 Shields 关系曲线。

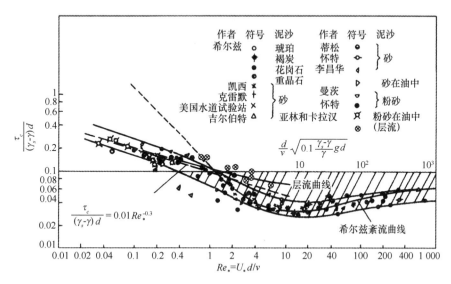

图 2-3　Shields 关系曲线

由此曲线进一步得出 $\theta_{cr}$ 与 $d_*$ 的如下分段函数关系：

$$
\begin{aligned}
\theta_{cr} &= 0.24(d_*)^{-1}, & d_* &\leqslant 4 \\
\theta_{cr} &= 0.14(d_*)^{-0.64}, & 4 < d_* &\leqslant 10 \\
\theta_{cr} &= 0.04(d_*)^{-0.10}, & 10 < d_* &\leqslant 20 \\
\theta_{cr} &= 0.013(d_*)^{-0.29}, & 20 < d_* &\leqslant 150 \\
\theta_{cr} &= 0.055, & 150 < d_* &
\end{aligned}
\tag{2-29}
$$

式中：$\theta_{cr} = \dfrac{(u_{*,c})^2}{(\rho_s/\rho - 1)\,gd}$，$d_* = \left[ \dfrac{(\rho_s/\rho - 1)\,g}{\nu} \right]^{1/3}$。

在二维和一维计算中，常假定某一垂向流速分布公式，由起动切应力公式得到起动流速公式。垂向流速分布使用最多的是对数分布

$$
u = 5.75 u_* \log 30.2\,\frac{\chi z}{k_s} \tag{2-30}
$$

式中：$\chi$ 为 $k_s/\delta$ 的函数；$k_s$ 为粗糙高度；$z$ 为距河底高程。对式（2-28）开方，并联系

$$
u_{*,c} = \sqrt{\tau_c/\rho} \tag{2-31}
$$

得

$$
\frac{u_{*,c}}{\sqrt{gd(\gamma_s - \gamma)/\gamma}} = \sqrt{f\!\left(\frac{u_* d}{\nu}\right)} = \sqrt{f(Re_*)} \tag{2-32}
$$

代入（2-30）并沿垂向取平均得

$$\frac{U_c}{\sqrt{gd(\gamma_s - \gamma)/\gamma}} = 5.75\sqrt{f(Re_*)}\lg 12.27\frac{\chi R}{k_s} \qquad (2-33)$$

式中：$R$ 为水力半径。

基于此公式较为典型的公式包括岗恰洛夫和列维公式。其中岗恰洛夫公式为

$$\frac{U_c}{\sqrt{gd(\gamma_s - \gamma)/\gamma}} = 1.06\log\frac{8.8H}{d_{95}} \qquad (2-34)$$

列维公式是

$$\begin{cases} \dfrac{U_c}{\sqrt{gd}} = 1.4\log\dfrac{12R}{d_{90}}, & R/d_{90} > 60 \\[3mm] \dfrac{U_c}{\sqrt{gd}} = 1.04 + 0.87\log\dfrac{10R}{d_{90}}, & R/d_{90} = 10 \sim 40 \end{cases} \qquad (2-35)$$

（2）非均匀沙起动判定标准

在某些河流，如存在卵石的挟沙河床，床沙的非均匀程度很高，粒径范围广，常达两个数量级（韩其为 等，1996）。此时起动现象与均匀沙有很大差别，在研究起动流速时也不能简单地用平均粒径和中值粒径来代表。此外，在研究河道冲刷粗化的过程中，非均匀沙的起动也是决定计算结果的关键条件。因此非均匀沙的起动研究具有重要意义。

在非均匀沙分选起动阶段，根据输沙率可以定性分为少量起动与大量起动两个阶段。即使在少量起动阶段，床沙中的非均匀沙，细、中颗粒起动的同时，个别的粗颗粒也有可能起动，只是在一定的水流条件下各粒径组起动几率不同，因而起动沙级配组成也不同。究竟如何判别非均匀沙起动，特别是各粒径组的起动，到目前仍未形成共识。下面给出目前研究较具代表性的公式。

韩其为和何明民（1996）在非均匀沙推移质输沙模型中，提出对于第 $l$ 组泥沙的起动流速公式

$$U_{l,c} = 0.268\left(\frac{V_{b,l}}{\omega_{0,l}}\right)\omega_{0,l}\psi \qquad (2-36)$$

式中：$\psi$ 为平均流速和摩阻流速的比值；$\left(\dfrac{V_{b,l}}{\omega_{0,l}}\right)$ 可查表（韩其为 等，1996）获得。关于公式的具体使用和分析，有兴趣的读者可详见该文献。

秦荣昱（1981）分析了大量实测资料和已有的起动公式后，得出非均匀沙各个粒径泥沙起动流速公式

$$U_c = 0.963\sqrt{\frac{\gamma_s - \gamma}{\gamma}gd\left(\frac{d_m}{d} + 0.67\right)}\left(\frac{H}{d_{90}}\right)^{1/6} \qquad (2-37)$$

式中：$d_m$ 为中值粒径；$H$ 为水深。

### 2.3.3.2　黏性沙临界起动条件

非黏性沙中当粒径小于某一临界值后，随着粒径的减小，起动切应力会增大。这一现象对于黏性沙更加明显，主要是由于颗粒间的黏性力，增加了单颗粒一个向下的力，加大了泥沙的稳定性。目前不同黏性沙起动公式间形式差异较大，较为典型的公式有张瑞瑾

（1989）公式和窦国仁（1960）公式。

张瑞瑾（1989）公式：

$$U_c = \left(\frac{H}{d}\right)^{0.14}\sqrt{17.6D\frac{\gamma_s-\gamma}{\gamma}+0.000\,000\,605gD\left(\frac{10+H}{d^{0.72}}\right)} \quad (2-38)$$

窦国仁（1960）公式：

$$U_c = \left(\frac{H}{d}\right)^{0.14}\sqrt{\frac{\gamma_s-\gamma}{\gamma}\left(6.25+41.6\frac{H}{H_a}\right)+\left(111+740\frac{H}{H_a}\right)\frac{H_a\delta_0}{d^2}} \quad (2-39)$$

式中：$H_a=10$ m，为以水柱高表示的大气压力；$\delta_0=3.0\times10^{-8}$ cm 为水分子厚度。

## 2.3.4　饱和挟沙力

饱和挟沙力指在一定水流、泥沙及边界条件下，水流能够挟带的全部沙量。目前河流数学模型多采用经验、半经验的饱和挟沙力公式，具有代表性的是张瑞瑾公式（1989）、沙玉清公式和恩格隆-汉森公式等。

张瑞瑾（1989）整理了大量长江、黄河资料，结合水槽中阻力损失和脉动流速实验成果，在"制紊假说"的前提下，运用量纲分析，得出了目前仍然广为应用的挟沙力公式：

$$S_m = K\left(\frac{U^3}{gH\omega}\right)^n \quad (2-40)$$

式中：$K$，$n$ 为系数；$U$ 为断面平均流速。

恩格隆-汉森公式：

$$f\Phi_T = 0.4\left[\frac{\tau_c}{(\gamma_s-\gamma)d}\right]^{5/2} \quad (2-41)$$

式中：$\tau_c$ 为临界起动切应力；$f=8\left(\dfrac{u_*}{U}\right)^2$；$\Phi_T$ 为泥沙运动强度参数。

# 2.4　河流泥沙运动基本方式

根据泥沙运动形式不同，将其分为悬移质、推移质和床沙质，其中推移质又包括接触质、跃移质及层移质。

悬移质是在水体中悬浮或运动的泥沙，其运动和水体存在滑移，颗粒受到重力、黏性阻力、虚假质量力、压力梯度力、Basset 力以及湍流脉动力的作用；推移质是在床面上滚动、滑移、跃移的泥沙，颗粒所受的主导力是重力、床面支撑力以及水流的拖曳力、上举力；静止在河床上的泥沙称为床沙质。

由于悬移质、推移质和床沙质是按照其运动状态进行划分的，因此同一泥沙在不同水流条件下，可能作为悬移质和推移质运动，也可能作为床沙质存在。当河床发生冲刷时，原来是床沙质的位置，可能变为推移质或悬移质，反之亦然。总之，河流泥沙在不断进行着如下交换：

悬移质⇌推移质⇌床沙质

冲淤过程，近床面区域属性也会存在着如下变化：

$$悬移区 \rightleftharpoons 推移区 \rightleftharpoons 河床$$

悬移质、推移质和床沙质的划分，目前对于计算河流动力学依然具有重要意义，因为数学模型中，悬移质输运已可以采用多组分单相流模型，甚至理论上可以采用含颗粒多相流数学模型，而对于推移质输运，推移质与悬移质交换、推移质与床沙质的交换过程，目前严格的逻辑演绎和数理分析尚不大可能，必须借助于河流动力学中经验或半经验公式。

## 2.5 河流泥沙运动基本特性

### 2.5.1 泥沙输运的非平衡性

平衡输沙是指上游来沙等于下游输出的沙量。天然河流水沙条件都是非恒定的，再加上河工建筑的影响，天然河流一般是处于非平衡输沙状态。但基于平衡输沙假设，可以方便地得出泥沙级配、挟沙力等重要泥沙参数，因此该假设目前在国内外泥沙数学模型仍然应用。对于卵石推移质为主的少沙和粗沙河流，由于悬移质含量少，河床调整速度快，平衡输沙理论还可近似使用。但对于多沙河流，河床调整速度慢，影响距离长，平衡输沙理论将产生较大误差，必须采用非平衡输沙理论。

窦国仁（1963b）分析了非平衡输沙机理，在苏联早期研究成果的基础上提出了初步的理论体系。韩其为（1972，1979）深入研究了非平衡输沙问题，给出了恒定流条件下一维非均匀流含沙量沿程变化的解析解以及明显淤积与明显冲刷条件下悬移质级配与床沙级配的变化方程。关于非平衡泥沙扩散过程的理论研究，侯晖昌（1982）、张启舜（1980）等做了细致的研究，对冲刷过程中含沙量沿程恢复问题和淤积过程中含沙量沿程递减问题进行了理论分析。

### 2.5.2 泥沙运动的非均匀性

天然河流的床沙粒径具有非均匀性。泥沙运动特性如泥沙沉速、起动流速等都与泥沙粒径有关，因此泥沙的非均匀性极大地增加了泥沙运动的复杂性。

此外，同一粒径颗粒动力特性也与河床泥沙级配有关。如床面泥沙的粗颗粒会对细颗粒产生隐蔽作用，使细颗粒受到的实际水流上举力及拖曳力小于均匀沙情况，反之粗颗粒相对于细颗粒突出暴露，其受到的水流作用力将大于均匀沙情况。当泥沙起动、起跳以后，水中推移层内不同粒径的颗粒因运动速度、轨迹不同而会互相碰撞，悬移泥沙也会因沉速不一而碰撞，在床面附近因含沙浓度大而碰撞愈甚。因细泥沙比粗泥沙跳跃快，沉降慢，故互相碰撞、动量传递结果总体上使细颗粒跳跃变慢，沉降加快，而粗颗粒则反之。根据以上分析可以看出，水中泥沙与床面泥沙的非均匀性对分组挟沙力的影响总体上是一致的，均使同样水流强度下水流对细颗粒的挟沙能力比均匀沙情况减小，而对粗颗粒则反之。

### 2.5.3 泥沙状态的多值性

同一泥沙颗粒在河流中可能呈现三种不同状态：①流体控制（fluid-dominating）状

态，即流体流动控制颗粒运动，如悬移质输运；②颗粒控制（partiele-dominating）状态，即颗粒状态决定流体流动，如冲积型河岸泥沙；③流体颗粒协调（particle-fluid compromising）状态，这一状态流体与颗粒相互控制，如推移质。在一定条件下，系统内常有流体控制状态和流体颗粒协调状态这两种状态共存，这种性质称为状态多值性。

在河流中，随着水流条件的变化，甚至在同一水流条件下，泥沙可能在以上三种运动状态之间不断转换。对于同一泥沙颗粒，可能处于三种不同状态；对于河流近底某一点，不同时间有可能处于不同状态。这就是说，无论采用拉格朗日方法或欧拉方法，都无法避免此状态多值性问题。

## 2.6    河流分类和相应的水沙过程

如前所述，河流是河床和水流相互作用的产物，根据这种作用的强弱和水沙过程的不同，可分为山区型河流和平原型河流。

### 2.6.1    山区型河流特点

（1）河道形态和水文特性

山区型河流河床多由原生基岩、乱石或卵石组成。山区型河流流经地势高峻、地形复杂的山区，它的形成和发展一方面与地质构造的内动力作用密切相关，另一方面受水流侵蚀作用和局部淤积的外部作用影响。山区型河流流速一般较大，河床发育过程以下切为主，河道断面一般呈 "V" 字形和 "U" 字形。

山区型河流平面形态一般十分复杂，河道曲折多变，沿程宽窄相间，急弯卡口比比皆是，两岸与河心常有巨石突出，岸线和床面极不规则，仅有宽段才有比较规律的卵石边滩或心滩出现。山区型河流从水系格局、河流走向到河槽平面形态，无不深深打上构造运动的烙印。

山区型河流纵剖面十分陡峻，比降一般都较大，且沿程变化极不均匀，绝大部分落差集中于局部河段。此外河床存在急弯、石梁、卡口等滩险，造成很大的横比降。

山区型河流泥沙坡面陡峻、岩石裸露，径流系数大，汇流时间短，再加上一般山区气温变化大，暴雨比较常见，洪水猛涨猛落是山区型河流重要的水文特点。山区型河流在降雨后，往往数天甚至数小时之内即出现洪峰，洪水在雨过天晴后迅速消退。

（2）水流和泥沙特性

山区型河流河道形态和水文特性，决定了山区型河流水流紊乱险恶，常有回流、泡水、漩涡、跌水、水跃、剪刀水等出现。

山区型河流悬移质含沙量视地区而异。在岩石风化不严重和植被较好的区域，含沙量较少。相反，在岩石风化严重和植被甚差的地区，不但含沙量大，而且在山洪暴发时甚至能形成含沙浓度极大并携带大量石块的泥沙流，洪水期由于坡面径流大，侵蚀强烈，所以含沙量大而粒径细；枯水期则相反，含沙量小而粒径粗，不少山区型河流枯水时变为清水。

山区河道的推移质多为卵石及粗沙。卵石一般在洪水期流速大时才能起动推移，其运动形式呈间歇性，平均运动速度很低。

（3）河床演变

山区型河流由于比降大，流速大，含沙量不饱和，有利于河床向冲刷变形方向发展，但河床多系基岩和卵石组成，抗冲性能强，冲刷受到抑制。因此，尽管山区河道从长期来看是不断下切展宽的，但在某些河段，由于特殊的边界、水流条件，可能发生大幅的暂时性的淤积和冲刷。如山区河床卵石成型堆积体在汛期堆积壮大、枯季冲刷萎缩，年内基本平衡，又如在宽谷段由自主摆动出现的回流淤积，由壅水所导致的淤积以及地震、山崩滑坡带来的河床淤积。

## 2.6.2 平原型河流特点

平原型河流流经地势平坦、土质疏松的平原地区。与山区型河流不同，平原型河流的形成过程主要表现为水流的堆积作用。在这一作用下，平原上淤积成广阔的冲积扇，具有深厚的冲积层；河口淤积成庞大的三角洲，我国黄河下游的华北平原和长江口三角洲就是这样形成的。

（1）河床形态

与山区型河流相比，平原型河流更多与泥沙动力相关，根据平面形态可分为顺直、弯曲、分汊、游荡四种类型。其横断面可概括为抛物线形、不对称三角形、马鞍形和多汊形。不同的河床断面，影响着水体横向和垂向流速分布，又影响到河床的进一步演变。如在弯道所出现的螺旋流和横比降及其所导致的凹岸蚀退，凸岸淤长的规律。综合考虑这些因素，对于模型假设合理性以及模型结果的分析具有重要的意义，如不同条件下静压假定的应用、模型维数简化所产生误差分析等。

平原型河流纵剖面与山区型河流不同，无明显突变点或间断点，但同样是深槽浅滩交替，所以河床纵剖面也并不是一条光滑的曲线，而是具有起伏的波状曲线，只是平均比降比较平缓。相较山区型河流，平原型河流水体也更符合静压假定。

（2）水流及泥沙运动

平原型河流的水文水力特性与山区型河流有很大区别，平原型河流由于集水面积大，流经地区又多为土壤疏松、坡度平缓的地带，因而流速相对较小。此外，由于大面积降雨分配不均，支流入汇时间有先有后，所以洪水一般没有陡涨陡落现象，持续时间相对较长。平原型河流河床比降较小，集水面积较大，因此水流流态一般较为平缓。

其中顺直型河段水流横向环流很小，在犬牙交错处可能存在平面回流。蜿蜒型河段在弯道沿轴向存在螺旋流，横向环流较大。分汊性河段水流相对复杂，不仅与单一汊道的流量、水深、水面宽、流速等有关，而且与不同汊道间水流要素的相对大小以及汊道分布形态有关。

（3）河床演变

顺直型河段演变主要特征是犬牙交错的边滩向下游移动，与此相应，深槽与浅滩也同步向下游移动。除此之外，根据河岸的土质不同，还可能出现周期性展宽现象。

蜿蜒型河段在平面上演变主要表现为凹岸冲刷，凸岸淤长，蜿蜒曲折的程度不断加剧，河长增加，曲折系数也随之增大。但各河段之间过渡段的中间部位基本不变，也就是说河段在平面上基本围绕着中间纵向轴线摆动。在纵向上，蜿蜒型河流主要体现在弯道段在枯水期淤积，洪水期冲刷。此外，蜿蜒型河流河道形态具有另一个独特的演变形式是，当曲率发展到一定程度后，会发生裁弯取直，原河道形成所谓的牛轭湖。

分汊型河段的演变极为复杂，受很多因素影响。一般性规律表现为平面上的移动，洲头洲尾的冲淤，汊内的纵向冲淤等，而最为显著的是主、支汊的易位。平面位移与支汊水流强度和抗冲能力差异有关，洲头淤长与蚀退主要取决于分流区河岸展宽与否，如河岸展宽，则为泥沙落淤创造条件。洲尾的冲淤主要取决于主汊、支汊汇流角的大小，如交角较大，则发生冲刷，洲尾向上游退缩。对于相对稳定的汊道，纵向冲淤一般表现为汛期淤积枯季冲刷，总的幅度变化较小。

散乱性河道沙滩密布，汊道纵横，而且变化十分迅速，演变规律性较差。

## 2.7　冲积型河流的河岸变形

冲积作用控制下的河岸变形主要包括：水流直接冲刷河岸和重力作用下的河岸崩塌（夏军强 等，2005）。前者是冲刷力和抗冲力强弱对比结果，而后者是内滑力和抗滑力间强弱对比结果。河床横向变形主要发生在河岸平面形态分布的不规则以及土体性质、结构在平面上分布不均匀的区域，或垂向上土体抗滑力较小的区域。

（1）河岸岩体或土体抗冲力

河岸土体性质决定着河岸的抗冲性和土体内部的抗滑力。根据河岸的组成物质不同，可将河岸分为基岩河岸、岩土河岸和土质河岸。土质河岸进一步分为非黏土河岸、黏性土河岸和混合土河岸。河岸的组成成分，直接关系到土体的抗冲能力和抗滑力。

基岩河岸抗冲强度大，河岸的发育主要取决于谷坡、阶地与河漫滩斜坡岩层的崩塌、滑坡。岩土河岸由下部基岩和上部近代冲积物或新世纪层组成。由于河岸下部为基岩，因而抗冲性强，使下部不易被水流冲刷，上部土层缓慢风化或蚀退。土质河岸主要由更新世沉积物或近代冲积物组成，前者一般分布在山区丘陵地区，抗冲性较强，后者一般分布在平原地区，如河漫滩、江心洲边坡，相应抗冲力较弱。

（2）河道水流的冲刷力

水流对于河岸的作用主要有压力、剪切力以及水流对河岸抗滑性和抗冲性的影响。

水流对于河道的冲刷力是固有的。即使是完全顺直的理想均匀河道，河水对河岸依然存在剪切应力，河岸受到缓慢冲刷，且河岸抗滑力也在缓慢地减小，在河岸抗滑力小于河岸土体下滑力时，将会发生崩塌。

河道几何形态的不规则将导致河水流速和压强沿横向的不均匀性，进一步加剧河岸横向变形。如在丁坝或凹陷区域，主流远离河岸，近岸区产生回流，流速降低，饱和挟沙力降低，因此产生淤积；而对于弯曲性河流，水流顶冲凹岸，水位升高，产生横向的螺旋流，底部水流流向凸岸，泥沙在水流输运和底部切应力和挟沙力差异的作用下输运到凸岸，使凸岸进一步淤长，河流曲率进一步增加。而曲率的增加将导致凹岸所受的顶冲作用同时增加，进一步增强了以上过程，相邻两凹岸距离不断减小。在洪水条件下，凹岸顶冲压力增大，主流裁弯取直，形成了所谓的牛轭湖。

# 第 3 章　单相流数学模型

严格地说自然界和工程界大多属于多相流动，但单相流的研究极其重要。一方面，单相流理论和方法是研究多相流的基础，如单相流中的连续介质假定、质点、欧拉法和拉格朗日法等概念在多相流中都需用到，单相流模型中控制体选取、模型构建以及湍流应力封闭等方法均是多相流模型构建的基础；另一方面在工程应用中为了实现模型的简单高效性，常常直接采用单相流的研究成果。

## 3.1　质点的引入和连续介质假定

流体具有流动性，静止黏性流体无法承受剪切应力。流体是由大量分子组成的，是否可以类似刚体对每一分子建立方程？答案是否定的。流体分子运动并不遵循牛顿第二定律，微观上，分子间的真空区尺度可能远大于分子本身，每个分子无休止地作不规则的运动，相互间经常碰撞，交换动量和能量，因此流体的运动无论在时间上或空间上都充满着不均匀性、离散性和随机性。地球表面，每立方厘米体积中所含气体分子数约为 $2.7 \times 10^{19}$，在冰点温度和一个大气压下，每立方厘米的气体分子在一秒钟内要碰撞 $10^{29}$ 次。

另一方面，河流监测仪器测量值或肉眼观察到的流体宏观结构及运动却又明显地呈现出均匀性、连续性和确定性。

流体质点概念的引出是为了解决流体上述微观和宏观性质的矛盾。流体质点是指流体中微观上足够大，宏观足够小的分子团。要充分理解和应用这一概念，必须清楚概念所涉及的"足够大"，"足够小"的尺度。"足够大"是相对于分子运动尺度，质点尺度能够大到质点中能够包含大量分子，以至于在该尺度内，虽然个别分子运动依然呈现出随机性，但在统计上，质点性质已经具备了宏观流体的确定性。流体质点具有宏观物理量（如质量、速度、压力、温度等）满足一切应该遵循的物理定律及物理性质，例如牛顿定律、质量守恒定律、能量守恒定律、热力学定律以及扩散、黏性、热传导等输运性质。"足够小"一方面是相对于研究问题尺度，另一方面是为了支撑场论中无限的概念。总之"足够小"是满足"微观上足够大"前提下的最小尺度。

相较于水分子间的时空尺度，河流研究的特征时空尺度是大得不可比拟的，个别分子的行为并不影响大量分子统计平均后的宏观物理量，因此在考虑水体的宏观运动时采用质点概念无疑是正确的。

另外，统计平均的时间尺度也必须是微观充分大、宏观充分小的。一方面，进行统计平均的时间应选得足够长，使得在这段时间内，微观的性质，例如分子间的碰撞已进行了许多次，在这段时间内进行统计平均能够得到稳定的数值。另一方面，进行统计平均的时间尺度从宏观上来说也应选得比特征时间小得多，使得宏观上我们可以把该时间尺度看成是一个瞬间。

连续介质假定认为流体质点连续地充满了流体所在的整个空间。有了连续介质假设，在研究流体的宏观运动时，就可以把一个本来是大量的离散分子或原子的运动问题近似为连续充满整个空间的流体质点的运动问题，而且每个空间点和每个时刻都是确定的物理量，它们都是空间坐标和时间的连续函数，从而可以利用强有力的数学分析工具。

对于泥沙问题，当泥沙粒径较小，浓度相对较大时，研究重点是泥沙输运的统计平均量，可以认为连续介质的假设是成立的，而且目前这一假设在实践中也得到了验证。

## 3.2　描述流体运动的两种方式——拉格朗日法和欧拉法

流体具有流动性，无法在切应力作用下保持静止，相邻质点之间常存在相对运动。类似于固体力学中质点运动方法，对每一个流体质点建立运动方程，这一方法在流体力学中称为拉格朗日法（Lagrange method）。但采用这一方法，如需获得某一位置的运动和状态参数时，则需追踪颗粒运动的历史轨迹。而实践应用中多数情况关心的只是某一位置的状态参数，因此提出了另一种更常用的方法——欧拉法（Euler method）。

### 3.2.1　拉格朗日法

拉格朗日法着眼于流体质点，研究每个质点随时间的变化规律。研究时需要给每一个质点进行标注，在流体力学中常采用初始时刻流体质点的位置坐标作为不同流体质点的标识，如用 $\varphi(a, b, c)$ 表示初始时刻位于 $(a, b, c)$ 的质点的 $\varphi$ 值，$\varphi(a, b, c, t)$ 表示该质点在时间 $t$ 时 $\varphi$ 值。该流体质点运动规律可表示为下列矢量形式：

$$\boldsymbol{r} = \boldsymbol{r}(a, b, c, t) \tag{3-1}$$

式中：$\boldsymbol{r}$ 为流体质点的矢径。在直角坐标系中，有

$$x = x(a, b, c, t), \quad y = y(a, b, c, t), \quad z = z(a, b, c, t) \tag{3-2}$$

此时 $x$、$y$、$z$ 作为函数而不是自变量。固定 $a, b, c$ 而令 $t$ 改变，则得某一流体质点的运动规律。固定时间 $t$ 而令 $a, b, c$ 改变，则得同一时刻不同流体质点的位置分布。

若采用拉格朗日方法，则可对不同质点直接应用牛顿第二定理建立动量方程。设 $\boldsymbol{v}, \boldsymbol{a}$ 分别表示速度矢量和加速度矢量，基于连续介质假定有

$$\boldsymbol{a} = \frac{\mathrm{d}\boldsymbol{v}(a, b, c, t)}{\mathrm{d}t} \tag{3-3}$$

在拉格朗日观点中矢径函数 $\boldsymbol{r}$ 的定义区域不是场，其 $(a, b, c)$ 仅起到标注作用。

### 3.2.2　欧拉法

欧拉法着眼点不是流体质点，而是空间点。该方法并不知道某一点的流体质点的运动轨迹，只关心某一时刻不同位置流体的运动或物性参数变化。因此该方法不是以质点和时间作为自变量，而是以空间和时间作为自变量。欧拉法中流体质点的运动规律可表示为下列矢量形式：

$$v = v(r, \ t) \tag{3-4}$$

在直角坐标中

$$u_1 = u(x_1, \ x_2, \ x_3, \ t), \quad u_2 = u_2(x_1, \ x_2, \ x_3, \ t), \quad u_3 = u_3(x_1, \ x_2, \ x_3, \ t)$$
$$\tag{3-5}$$

其他水流函数如压力、密度、温度、泥沙浓度

$$p = p(x_1, \ x_2, \ x_3, \ t), \quad \rho = \rho(x_1, \ x_2, \ x_3, \ t), \quad S = S(x_1, \ x_2, \ x_3, \ t) \tag{3-6}$$

式中：$x_1$，$x_2$，$x_3$，$t$ 称为欧拉变数，当 $x_1$，$x_2$，$x_3$ 固定，$t$ 改变时，式中的函数代表空间中某固定点上函数随时间的变化规律。当 $t$ 固定，$x_1$，$x_2$，$x_3$ 改变时，它代表的是某一时刻中函数在空间中的分布规律。欧拉法是以坐标 $x_1$，$x_2$，$x_3$ 为自变量，因此欧拉法研究的是场，如速度场、压力场、密度场等，可以利用场论的知识。

### 3.2.3　拉格朗日法和欧拉法的联系

设速度函数具有一阶连续偏导数，研究质点函数随时间的变化。设函数用 $\varphi$ 表示，若用拉格朗日法，则其变化率为 $\dfrac{\mathrm{d}\varphi}{\mathrm{d}t}$。若用欧拉法中场的观点，则 $t$ 时刻该质点位于 $M$ 点，函数为 $\varphi(M, \ t)$，$\Delta t$ 时刻后该质点运动至 $M'$ 点，函数为 $\varphi(M', \ t+\Delta t)$。欧拉法中变化率为

$$\frac{\mathrm{d}\varphi}{\mathrm{d}t} = \lim_{\Delta t \to 0} \frac{\varphi(M', \ t + \Delta t) - \varphi(M, \ t)}{\Delta t} \tag{3-7}$$

式中函数 $\varphi$ 的变化率主要是下面两个原因引起的。一方面当质点由 $M$ 点运动至 $M'$ 点时，时间过去了 $\Delta t$，由于场的不定常性使 $\varphi$ 发生变化。另一方面，与此同时 $M$ 点在场内沿迹线移动到 $M'$，由于场的不均匀性也将引起 $\varphi$ 的变化。根据这样的考虑，我们将式（3-7）右边分成两部分

$$\frac{\mathrm{d}\varphi}{\mathrm{d}t} = \lim_{\Delta t \to 0} \frac{\varphi(M', \ t + \Delta t) - \varphi(M', \ t)}{\Delta t} + \frac{\varphi(M', \ t) - \varphi(M, \ t)}{\Delta t}$$

$$= \lim_{\Delta t \to 0} \frac{\varphi(M', \ t + \Delta t) - \varphi(M', \ t)}{\Delta t} + \lim_{\Delta t \to 0} \frac{\overrightarrow{MM'}}{\Delta t} \lim_{MM' \to 0} \frac{\varphi(M', \ t) - \varphi(M, \ t)}{\overrightarrow{MM'}}$$
$$\tag{3-8}$$

右边第一项当 $\Delta t \to 0$ 时 $M' \to M$，因此它是 $\dfrac{\partial \varphi(M, \ t)}{\partial t}$，这一项代表由于场的不定常性引起的 $\varphi$ 变化，称为局部导数或就地导数；右边第二项是 $\lim\limits_{\Delta t \to 0} \dfrac{\overrightarrow{MM'}}{\Delta t}$ $\lim\limits_{MM' \to 0} \dfrac{\varphi(M', \ t) - \varphi(M, \ t)}{\overrightarrow{MM'}}$，它代表由于场的不均匀性引起 $\varphi$ 的变化，称为位变导数或对流导数，其中 $\dfrac{\varphi(M', \ t) - \varphi(M, \ t)}{\overrightarrow{MM'}}$ 代表了 $\overrightarrow{MM'}$ 方向移动单位长度引起的 $\varphi$ 变化，而如今

在 $\Delta t$ 时间内移动了 $\boldsymbol{v} = \lim\limits_{\Delta t \to 0} \dfrac{\overrightarrow{MM'}}{\Delta t}$。令 $\boldsymbol{s} = \overrightarrow{MM'}$，则沿 $\overrightarrow{MM'}$ 方向上的 $\varphi$ 变化量

$\lim\limits_{\Delta t \to 0} \dfrac{\overrightarrow{MM'}}{\Delta t} \lim\limits_{MM' \to 0} \dfrac{\varphi(M',\ t) - \varphi(M,\ t)}{\overrightarrow{MM'}}$ 可表示为 $\boldsymbol{v} \cdot \dfrac{\partial \varphi}{\partial s}$。

这样 $\varphi$ 总的变化是时变导数和位变导数之和，称为随体导数：

$$\frac{\mathrm{d}\varphi}{\mathrm{d}t} = \frac{\partial \varphi}{\partial t} + \boldsymbol{v} \cdot \frac{\partial \varphi}{\partial s} \tag{3-9}$$

又 $\dfrac{\partial \varphi}{\partial s} = (s_0 \cdot \nabla)\varphi$，其中 $s_0$ 是曲线 $s$ 的单位切向矢量：

$$\frac{\mathrm{d}\varphi}{\mathrm{d}t} = \frac{\partial \varphi}{\partial t} + (\boldsymbol{v} \cdot \nabla)\varphi \tag{3-10}$$

设与轨迹相对应的运动方程是 $\boldsymbol{r} = \boldsymbol{r}(t)$，于是速度函数可写成 $\boldsymbol{v} = \boldsymbol{v}(x_1(t),\ x_2(t),$ $x_3(t))$，对 $r$ 作复合函数微分，并考虑到

$$\frac{\mathrm{d}\boldsymbol{r}}{\mathrm{d}t} = \boldsymbol{v} \tag{3-11}$$

同样可以得到

$$\frac{\mathrm{d}\varphi}{\mathrm{d}t} = \frac{\partial \varphi}{\partial t} + \frac{\partial \varphi}{\partial x_1}\frac{\mathrm{d}x_1}{\mathrm{d}t} + \frac{\partial \varphi}{\partial x_2}\frac{\mathrm{d}x_2}{\mathrm{d}t} + \frac{\partial \varphi}{\partial x_3}\frac{\mathrm{d}x_3}{\mathrm{d}t} = \frac{\partial \varphi}{\partial t} + (\boldsymbol{v} \cdot \nabla)\varphi \tag{3-12}$$

式中：$\dfrac{\partial \varphi}{\partial t}$ 为随体导数，$(\boldsymbol{v} \cdot \nabla)\varphi$ 是由位置变化引起 $\varphi$ 变化，称为位变导数。且对任何矢量和标量，随体导数都可分解为局部导数和位变导数之和，其中包括泥沙浓度和速度。

采用欧拉法描写流体运动常常比采用拉格朗日法优越，因为采用欧拉变数所得的是场，所以在欧拉变数中我们能广泛地利用已经研究所得的很多场论知识，使理论研究具有强有力的工具，而在拉格朗日变数中却没有这样的优点。另一方面采用拉格朗日法，则加速度是二阶导数，运动方程将是二阶偏微分方程组；而在欧拉法中，加速度是一阶导数，因此所得的运动方程将是一阶偏微分方程组。显然一阶偏微分方程组在数学上要比二阶偏微分方程组容易求解。

## 3.3 牛顿流体运动的数学模型

流体质点满足宏观物理量（如质量、速度、压力、温度等）所满足的物理定律及物理性质，例如牛顿定律、质量守恒定律、能量守恒定律、热力学定律以及扩散、黏性、热传导等输运性质。下面基于欧拉法利用质量守恒和牛顿第二定理建立流体连续性方程和动量方程。

### 3.3.1 控制体的选取

欧拉法着眼于空间，在控制方程的建立前，首先需选取控制体，后对此控制体应用质量

守恒定理和牛顿第二定理。控制体在宏观上需足够小，但理论上需要足够大，远大于质点。

### 3.3.2 连续性方程

对图 3-1 所示的控制体应用质量守恒定律，设控制体中心处的密度为 $\rho$，速度为 $(u_1，u_2，u_3)$，则利用泰勒公式可知在 $x_1$、$x_2$、$x_3$ 方向分别流入质量为

$$\left[\rho u_1 - \frac{\partial(\rho u_1)}{\partial x_1}\frac{dx_1}{2}\right]dx_2 dx_3 dt，\quad \left[\rho u_2 - \frac{\partial(\rho u_2)}{\partial x_2}\frac{dx_2}{2}\right]dx_1 dx_3 dt，\quad \left[\rho u_3 - \frac{\partial(\rho u_3)}{\partial x_3}\frac{dx_3}{2}\right]dx_1 dx_2 dt$$

流出质量为

$$\left[\rho u_1 + \frac{\partial(\rho u_1)}{\partial x_1}\frac{dx_1}{2}\right]dx_2 dx_3 dt，\quad \left[\rho u_2 + \frac{\partial(\rho u_2)}{\partial x_2}\frac{dx_2}{2}\right]dx_1 dx_3 dt，\quad \left[\rho u_3 + \frac{\partial(\rho u_3)}{\partial x_3}\frac{dx_3}{2}\right]dx_1 dx_2 dt$$

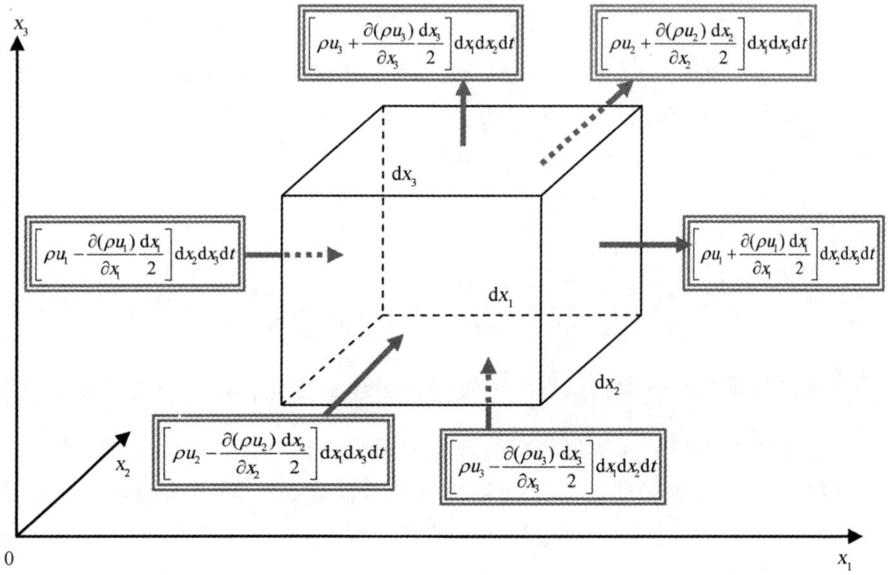

图 3-1 控制体流体质量输运示意

在 $x_1$ 方向，净流入控制体的质量为 $\frac{\partial(\rho u_1)}{\partial x_1}dx_1 dx_2 dx_3 dt$

在 $x_2$ 方向，净流入控制体的质量为 $\frac{\partial(\rho u_2)}{\partial x_2}dx_1 dx_2 dx_3 dt$

在 $x_3$ 方向，净流入控制体的质量为 $\frac{\partial(\rho u_3)}{\partial x_3}dx_1 dx_2 dx_3 dt$

在 $dt$ 时间内，控制体内净增加质量为 $\frac{\partial(\rho dx_1 dx_2 dx_3)}{\partial t}dt$。

根据质量守恒定理得连续性方程：

$$\frac{\partial \rho}{\partial t} + \frac{\partial(\rho u_1)}{\partial x_1} + \frac{\partial(\rho u_2)}{\partial x_2} + \frac{\partial(\rho u_3)}{\partial x_3} = 0 \tag{3-13}$$

对于不可压流体，密度随时间的变化为

$$\frac{\partial \rho}{\partial t} = 0 \qquad (3-14)$$

代入式（3-13）得不可压流体连续性方程：

$$\frac{\partial u_1}{\partial x_1} + \frac{\partial u_2}{\partial x_2} + \frac{\partial u_3}{\partial x_3} = 0 \qquad (3-15)$$

### 3.3.3　动量方程

下面以 $x_1$ 方向动量方程为例，说明动量方程的构建。对图 3-2 所示控制体应用动量守恒定律有

$$\frac{\partial(mu_1)}{\partial t} = F_1 + Q_{V,1} \qquad (3-16)$$

式中：$F_1$ 为 $x_1$ 方向作用于控制体的体积力和表面力；$Q_{V,1}$ 为单位时间在 $x_1$ 方向因对流导致控制体动量增加量。

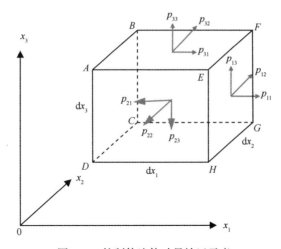

图 3-2　控制体流体动量输运示意

若用 $f$ 表示单位质量所受体积力，$x_1$ 方向上分量为 $f_1$，则控制体在 $x_1$ 方向承受体积力为

$$\rho f_1 dx_1 dx_2 dx_3 \qquad (3-17)$$

设表面应力 $p_{ij}$ 的第一个指标表示所作用面的法向，第二个指标表示作用力方向与该指标所示方向一致。则作用在 ABCD、CDHG 和 AEHD 面上的 $x$ 方向分力分别为

$$p_{11} - \frac{\partial p_{11}}{\partial x_1}\frac{dx_1}{2}, \quad p_{21} - \frac{\partial p_{21}}{\partial x_2}\frac{dx_2}{2}, \quad p_{31} - \frac{\partial p_{31}}{\partial x_3}\frac{dx_3}{2} \qquad (3-18)$$

作用在 EFGH、BCGF 和 ABFE 面上的表面应力分别为

$$p_{11} + \frac{\partial p_{11}}{\partial x_1}\frac{dx_1}{2}, \quad p_{21} + \frac{\partial p_{21}}{\partial x_2}\frac{dx_2}{2}, \quad p_{31} + \frac{\partial p_{31}}{\partial x_3}\frac{dx_3}{2} \qquad (3-19)$$

进一步可得 $x_1$ 方向的净表面力为

$$\frac{\partial p_{11}}{\partial x_1} + \frac{\partial p_{21}}{\partial x_2} + \frac{\partial p_{31}}{\partial x_3} \tag{3-20}$$

联系式（3-17）至式（3-20）有

$$F_1 = \frac{\partial p_{11}}{\partial x_1} + \frac{\partial p_{21}}{\partial x_2} + \frac{\partial p_{31}}{\partial x_3} + \rho f_1 + \hat{F}_1 \tag{3-21}$$

式中：$\hat{F}_1$ 表示除体积力和表面力之外的其他源项。

在 ABCD、CDHG 和 AEHD 三个面对流输入的 $x_1$ 方向动量分别为

$$\rho u_1 u_1 - \frac{\partial \rho u_1 u_1}{\partial x_1}, \quad \rho u_2 u_1 - \frac{\partial \rho u_2 u_1}{\partial x_2}, \quad \rho u_3 u_1 - \frac{\partial \rho u_3 u_1}{\partial x_3} \tag{3-22}$$

在 EFGH、BCGF 和 ABFE 三个面对流输出的 $x_1$ 方向动量分别为

$$\rho u_1 u_1 + \frac{\partial \rho u_1 u_1}{\partial x_1}, \quad \rho u_2 u_1 + \frac{\partial \rho u_2 u_1}{\partial x_2}, \quad \rho u_3 u_1 + \frac{\partial \rho u_3 u_1}{\partial x_3} \tag{3-23}$$

则 $x_1$ 方向动量的对流净输运通量 $Q_{V,1}$ 为

$$Q_{V,1} = -\left[ \frac{\partial(\rho u_1 u_1)}{\partial x_1} + \frac{\partial(\rho u_1 u_2)}{\partial x_2} + \frac{\partial(\rho u_1 u_3)}{\partial x_3} \right] \tag{3-24}$$

将式（3-21）和式（3-24）代入式（3-16）得 $x_1$ 方向动量方程为

$$\frac{\partial(\rho u_1)}{\partial t} + \frac{\partial(\rho u_1 u_1)}{\partial x_1} + \frac{\partial(\rho u_2 u_1)}{\partial x_2} + \frac{\partial(\rho u_3 u_1)}{\partial x_3} = \frac{\partial p_{11}}{\partial x_1} + \frac{\partial p_{21}}{\partial x_2} + \frac{\partial p_{31}}{\partial x_3} + \rho f_1 + \hat{F}_1$$

$$\tag{3-25a}$$

同理可得 $x_2$、$x_3$ 方向的动量方程分别为

$$\frac{\partial(\rho u_2)}{\partial t} + \frac{\partial(\rho u_1 u_2)}{\partial x_1} + \frac{\partial(\rho u_2 u_2)}{\partial x_2} + \frac{\partial(\rho u_3 u_2)}{\partial x_3} = \frac{\partial p_{12}}{\partial x_1} + \frac{\partial p_{22}}{\partial x_2} + \frac{\partial p_{32}}{\partial x_3} + \rho f_2 + \hat{F}_2$$

$$\tag{3-25b}$$

$$\frac{\partial(\rho u_3)}{\partial t} + \frac{\partial(\rho u_1 u_3)}{\partial x_1} + \frac{\partial(\rho u_2 u_3)}{\partial x_2} + \frac{\partial(\rho u_3 u_3)}{\partial x_3} = \frac{\partial p_{13}}{\partial x_1} + \frac{\partial p_{23}}{\partial x_2} + \frac{\partial p_{33}}{\partial x_3} + \rho f_3 + \hat{F}_3$$

$$\tag{3-25c}$$

式（3-25a）至式（3-25c）是守恒型纳维-斯托克斯方程。张量表示为

$$\frac{\partial \rho u_i}{\partial t} + \frac{\partial \rho u_j u_i}{\partial x_j} = \frac{\partial p_{ij}}{\partial x_j} + \rho f_i + \hat{F}_i \tag{3-26}$$

式中：下角标为张量指标。

利用质量守恒和动量守恒方法，得到连续性方程（3-15）和动量方程（3-25a）至（3-25c）共四个方程。但即使对于不可压黏性流体，未知变量除了速度外，仅应力张量 $p_{ij}$ 阶数就达 $3^2 = 9$，方程无法封闭。由静力学和牛顿切应力实验可以得到如下启示：①当流体静止时，控制体表面受力就是其静压力；②根据牛顿在水平平板流动间的流动实验，有 $p_{21} = -\mu \dfrac{\partial u_1}{\partial x_2}$，但结果不适于复杂流动。斯托克斯于 1845 年利用演绎法进一步提出以下

假设：

1）流体静止时所受表面应力等于静压。据此可将应力张量分为一个各向同性 $-p\delta_{ij}$ 和一个各向异性 $\tau_{ij}$ 两部分

$$p_{ij} = -p\delta_{ij} + \tau_{ij} \tag{3-27}$$

式中：压强 $p$ 包括静压和动压两部分，流体静止时等同于静压。

2）偏应力张量 $\tau_{ij}$ 是速度梯度 $\dfrac{\partial u_i}{\partial x_j}$ 的线性函数，且静止流体 $\tau_{ij}=0$：

$$\tau_{ij} = c_{ijml} \frac{\partial u_m}{\partial x_l} \tag{3-28}$$

式中：$c_{ijml}$ 表示黏性常数。这一假定是在牛顿剪切力公式的基础上演绎的结果，目前仍无实验和理论证明。但长期实践表明该假定可以达到现在计算准确度要求。

3）流体是各向同性的，不依赖于方向或坐标轴的转化。对于大多数流体这一假定都是成立的。利用这一假定将式（3-28）的张量阶数从 81 阶减至 4 阶。

基于以上假定，斯托克斯给出

$$\tau_{ij} = \mu\left(\frac{\partial u_i}{\partial x_j} + \frac{\partial u_j}{\partial x_i}\right) + \lambda \frac{\partial u_i}{\partial x_i}\delta_{ij} \tag{3-29}$$

这里 $\mu$ 是分子黏性系数，$\lambda$ 是第二黏性系数，斯托克斯假设：

$$\lambda = -\frac{2}{3}\mu \tag{3-30}$$

公式至今也仍未得到严格证明，但经常被使用。

将方程组（3-29）代入式（3-26），可得到完整的守恒型纳维-斯托克斯（N-S）方程

$$\frac{\partial \rho u_i}{\partial t} + \frac{\partial \rho u_j u_i}{\partial x_j} = -\frac{\partial p}{\partial x_i} + \frac{\partial}{\partial x_j}\left[\mu\left(\frac{\partial u_i}{\partial x_j} + \frac{\partial u_j}{\partial x_i}\right) - \frac{2}{3}\mu\frac{\partial u_i}{\partial x_i}\delta_{ij}\right] + \rho f_i + \hat{F}_i \tag{3-31}$$

对于不可压流体，因 $\dfrac{\partial u_i}{\partial x_i}=0$，因此有

$$\frac{\partial \rho u_i}{\partial t} + \frac{\partial \rho u_j u_i}{\partial x_j} = -\frac{\partial p}{\partial x_i} + \frac{\partial}{\partial x_j}\left(\mu\frac{\partial u_i}{\partial x_j}\right) + \rho f_i + \hat{F}_i \tag{3-32}$$

## 3.4　湍流模型

湍流频率每秒 $10^2 \sim 10^5$，振幅小于平均速度的 10%，脉动能虽小，但对时均流动的作用不可忽略。宏观流体质点团之间通过脉动相互交换质量、动量和能量，从而产生湍流扩散、湍流摩阻和传热等，其影响远大于分子运动。质点假定忽略了分子的随机运动，但湍流脉动尚未忽略。湍流中各物理量 $f(x_1, x_2, x_3, t)$ 均是随机函数，具有如下特点：①即使完全相同条件的重复性实验，每次实验所测得的 $f(x_1, x_2, x_3, t)$ 均不相同；②在相同条件下作多次实验，任意取其中足够多次 $f(x_1, x_2, x_3, t)$ 作算术平均，所得函数值具有确定性。

N-S 方程的时间和空间尺度小于湍流脉动的时间和空间尺度，因此理论上 N-S 方程

可反映湍流信息，但由于非线性项的存在，目前 N-S 方程仍无解析解，必须借助数值求解。以目前计算机运行速度，数值求解的时间步长和空间步长无法反映湍流运动，因此只能采用湍流数学模型进行模拟，较为经典的方法有雷诺时均法和大涡模拟方法。

### 3.4.1 雷诺时均法

瞬时变量的个别测量结果具有不确定性，而大量测量结果的平均值具有确定性，应用中人们更加关注的是湍流运动的时均性质。对瞬时方程进行统计平均的方法有时间平均法、空间平均法和系综平均法。系综平均法和空间平均法的应用还较为困难。在数值模型中，常基于湍流各态遍历假设，采用时间平均法分别建立时均和脉动相关的湍流方程式。

即使是宏观上的恒定湍流，在某一固定点流速也是随时间不断脉动的，如图 3-3 所示。

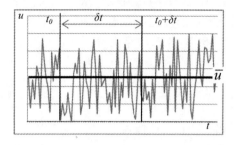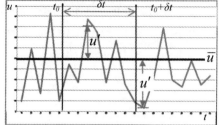

图 3-3 恒定流时均流速和瞬时流速示意

时均是对其变量在 $\delta t$ 时间内取平均值，具体定义为

$$\bar{f}(x_1,\ x_2,\ x_3,\ t_0) = \frac{1}{\delta t}\int_{t_0}^{t_0+\delta t} f(x_1,\ x_2,\ x_3,\ t)\,\mathrm{d}t \qquad (3-33)$$

注意此处 $\delta t$ 的尺度相对于湍流脉动起落周期是足够长的，因为只有如此，才能使时均速度不受湍流脉动的随机性所影响，代表湍流运动的统计平均。而 $\delta t$ 的时间尺度需要足够小以保证统计平均值可反映宏观性质随时间的变化。

从微观尺度上讲，湍流都具有随机性、不确定性，是非恒定的，目前所谓的恒定流或非恒定流都是根据时均速度所定义的。

时间平均法是将瞬时变量分为时均值 $\bar{f}(x,\ y,\ z)$ 和脉动值 $f'(x,\ y,\ z)$ 两部分。

$$f(x_1,\ x_2,\ x_3,\ t) = \bar{f}(x_1,\ x_2,\ x_3,\ t) + f'(x_1,\ x_2,\ x_3,\ t) \qquad (3-34)$$

由定义知

$$\frac{1}{\delta t}\int_{t_0}^{t_0+\delta t} f'(x_1,\ x_2,\ x_3,\ t)\,\mathrm{d}t = 0 \qquad (3-35)$$

设 $f$、$g$ 为两个物理量，时均值满足

$$\bar{\bar{f}} = \bar{f} \quad \overline{f'} = 0$$

$$\overline{f+g} = \bar{f} + \bar{g} \quad \overline{\int f\mathrm{d}t} = \int \bar{f}\mathrm{d}t \qquad (3-36)$$

$$\overline{\bar{f}\cdot g} = \bar{f}\cdot\bar{g} \quad \overline{f\cdot g} = \bar{f}\cdot\bar{g} + \overline{f'g'}$$

对连续性方程（3-15）中的流速 $u_1$、$u_2$、$u_3$ 应用式（3-33），就可以得到不可压流体连续性方程的时均方程：

$$\frac{\partial \overline{u}_i}{\partial x_i} = 0 \qquad (3-37)$$

同样动量方程式（3-31）取时均可得著名的雷诺时均方程：

$$\frac{\partial \rho \overline{u}_i}{\partial t} + \frac{\partial \rho \overline{u}_j \overline{u}_i}{\partial x_j} = -\frac{\partial \overline{p}}{\partial x_i} + \frac{\partial}{\partial x_j}(\overline{\tau}_{ij} - \overline{\rho \, u'_j u'_i}) + \rho \overline{f}_i + \hat{F}_i \qquad (3-38)$$

其中时均应力张量依然为对称张量，具体形式为

$$\overline{\tau}_{ij} = \mu\left(\frac{\partial \overline{u}_i}{\partial x_j} + \frac{\partial \overline{u}_j}{\partial x_i}\right) - \frac{2}{3}\mu\frac{\partial \overline{u}_i}{\partial x_j}\delta_{ij} \qquad (3-39)$$

对于雷诺时均方程的闭合，主要有两种方法，其一是建立雷诺应力 $\overline{\rho \, u'_j u'_i}$ 的控制方程，其二是采用经验和半经验方法，建立雷诺应力与时均速度之间的关系，以解决湍流基本方程的封闭性问题。自 20 世纪 20 年代以来广泛使用的是半经验性方法。

### 3.4.1.1　雷诺应力及通量输运方程组

为封闭方程（3-38），一种方法是进一步由 N-S 方程推导得出雷诺应力的输运方程。为此我们首先写出关于 $u_i$ 和 $u_j$ 的 N-S 方程：

$$\frac{\partial \rho u_i}{\partial t} + \frac{\partial \rho u_i u_k}{\partial x_k} = -\frac{\partial p}{\partial x_i} + \frac{\partial \tau_{ik}}{\partial x_k} + \rho f_i \qquad (3-40)$$

$$\frac{\partial \rho u_j}{\partial t} + \frac{\partial \rho u_j u_k}{\partial x_k} = -\frac{\partial p}{\partial x_j} + \frac{\partial \tau_{jk}}{\partial x_k} + \rho f_j \qquad (3-41)$$

经过以下变化：

1）$u_j \times$ 式（3-40）$+ u_i \times$ 式（3-41）$\Rightarrow u_i u_j$ 的控制方程；

2）$\overline{u}_j \times$（$\overline{u}_i$ 的动量方程）$+ \overline{u}_i \times$（$\overline{u}_j$ 的动量方程）$\Rightarrow \overline{u}_i \overline{u}_j$ 的控制方程；

3）将 1）中所得 $u_i u_j$ 的时均控制方程取平均后减去 2）中所得 $\overline{u}_i \overline{u}_j$ 的控制方程，最终可以得到雷诺应力的输运方程：

$$
\underbrace{\frac{\partial}{\partial t}(\rho \,\overline{u'_i u'_j})}_{} + \underbrace{\frac{\partial}{\partial x_k}(\rho \,\overline{u}_k \,\overline{u'_i u'_j})}_{C_{ij}:\,\text{剪切应力}} = \underbrace{-\rho\left(\overline{u'_i u'_k}\frac{\partial \overline{u}_j}{\partial x_k} + \overline{u'_j u'_k}\frac{\partial \overline{u}_i}{\partial x_k}\right)}_{P_{ij}:\,\text{产生应力}} + \underbrace{\overline{p'\left(\frac{\partial u'_i}{\partial x_j} + \frac{\partial u'_j}{\partial x_i}\right)}}_{\phi_{ij}:\,\text{压力应变}}
$$

$$
\underbrace{-\frac{\partial}{\partial x_k}\left[\rho \,\overline{u'_i u'_j u'_k} + \overline{p'u'_j}\delta_{ik} + \overline{p'u'_i}\delta_{jk}\right]}_{D_{T,\,ij}:\,\text{扩散项I}} + \underbrace{\frac{\partial}{\partial x_k}\left[\mu\frac{\partial}{\partial x_k}(\overline{u'_i u'_j})\right]}_{D_{L,\,ij}:\,\text{扩散项II}} - \underbrace{2\mu\left(\overline{\frac{\partial u'_i}{\partial x_k}\frac{\partial u'_j}{\partial x_k}}\right)}_{\varepsilon_{ij}:\,\text{耗散项}} + \underbrace{\hat{S}}_{\hat{S}:\,\text{源项}}
$$

$$(3-42)$$

式中：$C_{ij}$ 是时均流场对于应力的输运导致的变化率；$P_{ij}$ 应力产生项，时均流场变形转化应力主要体现在此项；$\phi_{ij}$ 为紊动压力和紊动速度间的作用；$D_{T,ij}$ 为由脉动所引起应力的扩散；$D_{L,ij}$ 为由黏性作用所导致的应力扩散。

$D_{T,ij}$ 可用 Daly 和 Harlow 公式（Daly and Harlow, 1970）进行计算：

$$T_{T, ij} = C_S \frac{\partial}{\partial x_k}\left(\rho \frac{k \overline{u'_k u'_l}}{\varepsilon} \frac{\partial \overline{u'_i u'_j}}{\partial x_l}\right) \tag{3-43}$$

但上式可能存在稳定性问题，因此可用下式（Lien and Leschziner，1994）计算：

$$D_{T, ij} = \frac{\partial}{\partial x_k}\left(\frac{\mu_t}{\sigma_k} \frac{\partial \overline{u'_i u'_j}}{\partial x_k}\right) \tag{3-44}$$

式中：$\sigma_k = 0.82$；$\mu_t$ 如 3.4.1.2 节介绍。

计算压力应变项 $\phi_{ij}$ 的经典方法是将其分解后进行分别考虑（Gibson and Launder，1978；Fu et al，1987）：

$$\phi_{ij} = \phi_{ij, 1} + \phi_{ij, 2} + \phi_{ij, 3} \tag{3-45}$$

式中：$\phi_{ij,1}$ 为慢速应变项；$\phi_{ij,2}$ 为快速应变项；$\phi_{ij,3}$ 为壁面反射项。可分别采用下式计算：

$$\phi_{ij, 1} = - C_1 \rho \frac{\varepsilon}{k}\left(\overline{u'_i u'_j} - \frac{2}{3}\delta_{ij} k\right) \tag{3-46}$$

$$\phi_{ij, 2} = - C_2\left[(P_{ij} + F_{ij} + G_{ij} - C_{ij}) - \frac{2}{3}\delta_{ij}(P + G - C)\right] \tag{3-47}$$

$$\phi_{ij, 3} = - C_1 \frac{\varepsilon}{k}\left(\overline{u'_k u'_m}n_k n_m \delta_{ij} - \frac{3}{2}\overline{u'_i u'_k}n_j n_k - \frac{3}{2}\overline{u'_j u'_k}n_i n_k\right)\frac{k^{3/2}}{C_L \varepsilon d}$$
$$+ C'_2\left(\phi_{km, 2}n_k n_m \delta_{ij} - \frac{3}{2}\phi_{ik, 2}n_j n_k - \frac{3}{2}\phi_{jk, 2}n_i n_k\right)\frac{k^{3/2}}{C_L \varepsilon d} \tag{3-48}$$

式中：$C_1 = 1.8$，$C_2 = 0.6$，$C'_1 = 0.5$，$C'_2 = 0.3$；$n_i$、$n_j$、$n_k$ 分别是垂直于壁面的单位向量在 $x_i$、$x_j$、$x_k$ 方向的分量；$C_L = C_\mu^{3/4}/\kappa$，$C_\mu = 0.09$。

当式（3-42）中 $i = j$，乘以 1/2 时，并考虑式（3-44），得到湍动能 $k$ 的输运方程：

$$\frac{\partial}{\partial t}(\rho k) + \frac{\partial}{\partial x_k}(\rho \overline{u}_k k) = - \rho \overline{u'_i u'_k}\frac{\partial u_i}{\partial x_k} + \frac{\partial}{\partial x_k}\left[\left(\mu + \frac{\mu_t}{\sigma_k}\right)\frac{\partial k}{\partial x_k}\right] - \rho\varepsilon \tag{3-49}$$

式中：

$$k = \overline{u'_i u'_i}/2 \tag{3-50}$$

$$\varepsilon = \nu \overline{\left(\frac{\partial u'_i}{\partial x_k}\right)^2} \tag{3-51}$$

### 3.4.1.2  涡黏系数法

J. Boussinesq 是历史上第一位应用半经验理论解决湍流问题的学者。类比层流应力与应变率的本构方程提出 Boussnesq 假设，引入一个涡黏度系数 $\mu_t$，相应地定义湍流动力黏性系数 $\nu_t = \mu_t/\rho$，建立 Renolds 切应力与时均流速间的关系：

$$- \overline{\rho u'_i u'_j} = (\tau_{ij})_t = \mu_t\left(\frac{\partial \overline{u}_i}{\partial x_j} + \frac{\partial \overline{u}_j}{\partial x_i}\right) - \frac{2}{3}\rho k \delta_{ij} \tag{3-52}$$

虽然从理论上讲，Boussinesq 假设并无力学基础，但是以该式为基础的一些湍流模型在工程中取得了广泛的应用。$\mu_t$ 并非同 $\mu$ 一样属物性参数，而是流动状态参数。$\mu_t$ 是空间的函数。计算湍流流动的关键在于如何确定 $\mu_t$，依据确定 $\mu_t$ 数目的多少，分为零方程、一方程、二方程模型。

（1）零方程

零方程模型直接用代数关系式将湍流黏性系数与时均流速场联系起来，不需要采用微分方程。目前较为成熟的是 Prandtl 混合长理论。

$$\mu_t = \rho l^2 \left| \frac{\partial \bar{u}_j}{\partial x_i} + \frac{\partial \bar{u}_i}{\partial x_j} \right| \tag{3-53}$$

式中：$l$ 为混合长度。混合长模型简单，已经成功应用于射流、边界层、管流等计算较为简单的二维流动，但不能反映湍流强度和上游湍流的影响。对于二维水流数学模型，常采用零方程。

（2）一方程

在混合长理论中，$\mu_t$ 仅与几何位置和时均速度场有关，而与湍流特性参数无关。一方程通过引入湍流脉动动能作为反映湍流特性的函数，将湍流脉动动能的平方根 $k^{1/2}$ 作为湍流脉动速度的量度，类比于分子黏性正比于其速度的特性，假设湍流黏性系数与 $k^{1/2}$ 成正比：

$$\mu_t = c'_\mu \rho k^{1/2} l \tag{3-54}$$

根据量纲分析将 $k$ 和 $\varepsilon$ 联系起来（Stephen，2000），将 $\varepsilon$ 转换为 $k$ 和 $l$ 的函数：

$$\varepsilon = C_D k^{3/2}/l \tag{3-55}$$

式中：$C_D$ 为系数。

根据式（3-52）和式（3-54），$k$ 的控制方程（3-49）进一步变为

$$\frac{\partial}{\partial t}(\rho k) + \frac{\partial}{\partial x_k}(\rho \bar{u}_k k) = \frac{\partial}{\partial x_k}\left[\left(\mu + \frac{\mu_t}{\sigma_k}\right)\frac{\partial k}{\partial x_k}\right] + \mu_t \frac{\partial \bar{u}_j}{\partial x_i}\left(\frac{\partial \bar{u}_i}{\partial x_j} + \frac{\partial \bar{u}_j}{\partial x_i}\right) - C_D \rho \frac{k^{3/2}}{l} \tag{3-56}$$

式中：$\sigma_k$ 为 Prandtl 数。

一方程模型中黏性系数与表征湍流流动特性的脉动动能联系起来，可以在一定程度上反映脉动动能的变化，无疑优于混合长模型，但混合长 $l$ 的值仍需采用经验方法确定。

（3）二方程（$k$-$\varepsilon$ 模型）

对于一方程中的混合长度 $l$，$k$-$\varepsilon$ 模型不再用经验方法确定其长度，而是根据式（3-54），由 $k$ 和 $\varepsilon$ 确定：

$$\mu_t = c'_\mu \rho k^{1/2} l = c'_\mu \rho k^2/\varepsilon \tag{3-57}$$

式中：$k$、$\varepsilon$ 方程为

$$\rho \frac{\partial k}{\partial t} + \bar{u}_j \frac{\partial k}{\partial x_j} = \frac{\partial}{\partial x_j}\left[\left(\mu + \frac{\mu_t}{\sigma_k}\right)\frac{\partial k}{\partial x_j}\right] + \mu_t \frac{\partial u_j}{\partial x_i}\left(\frac{\partial u_j}{\partial x_i} + \frac{\partial u_i}{\partial x_j}\right) - \rho \varepsilon \tag{3-58}$$

$$\rho \frac{\partial \varepsilon}{\partial t} + \bar{u}_j \frac{\partial \varepsilon}{\partial x_j} = \frac{\partial}{\partial x_j}\left[\left(\mu + \frac{\mu_t}{\sigma_\varepsilon}\right)\frac{\partial \varepsilon}{\partial x_j}\right] + \mu_t \frac{c_1 \varepsilon}{k} \frac{\partial \bar{u}_j}{\partial x_i}\left(\frac{\partial \bar{u}_j}{\partial x_i} + \frac{\partial \bar{u}_i}{\partial x_j}\right) - c_2 \rho \frac{\varepsilon^2}{k} \tag{3-59}$$

$k$-$\varepsilon$ 方程已成功应用于无浮力平面射流、平壁边界层、管流及通道流动、二维及三维无旋（弱旋）流动，但是不适用于强旋流动、浮力流、重力分层流、曲壁边界层、低 Renolds 流和圆射流。

## 3.4.2  大涡模拟法（LES）

实验观测发现，不同尺度涡的特性不同。湍流中除存在着随机性很强的小尺度涡之

外，还存在着某种规律性大涡。大涡占有大部分湍流动能，又强烈依赖于边界条件，对它们难以用统一的湍流模式来描述。小涡接近于各项同性，较少受边界条件的制约，有希望找到一种通用的模式。

因此，大涡模拟采用一滤波函数，对于大于此滤波的涡，直接采用 N-S 方程计算，通常称作可解尺度湍流。而对于小于此滤波的涡，则采用模型模拟，称作不可解尺度或亚格子尺度湍流。即采用所谓"大涡计算，小涡模拟"的方法。小涡对大涡运动影响是通过大涡运动方程中的附加应力项来体现，即亚格子应力。

（1）滤波过滤

滤波过滤是在一定尺度空间域内对湍流变量进行局部平均，在物理空间中，过滤过程可以用积分来实现

$$\overline{\phi}(x) = \int_D \phi(x')G(x, x')\,\mathrm{d}x' \qquad (3-60)$$

式中：$G(x, x')$ 为滤波函数，显然

$$\int_{-\infty}^{+\infty} G(x)\,\mathrm{d}x = 1 \qquad (3-61)$$

较常使用的有帽型函数、富氏截断滤波器和高斯滤波器等。帽型函数因其形式简单被普遍应用：

$$G(x - x') = \begin{cases} 1/\Delta & |x - x'| \leqslant \Delta/2 \\ 0 & |x - x'| > \Delta/2 \end{cases} \qquad (3-62)$$

这里 $\Delta$ 为网格的平均尺度。三维情况下，$\Delta = (\Delta_1\Delta_2\Delta_3)^{1/3}$，$\Delta_1$、$\Delta_2$、$\Delta_3$ 为 $x$、$y$、$z$ 方向的网格尺度，当 $\Delta \to 0$ 该方法相当于直接模拟。

若将 $G(x-x')$ 取为高斯函数，则称为高斯滤波器。高斯滤波器性能较好，但是计算量很大，其数学表达式为

$$G(x - x') = \left(\frac{6}{\pi\Delta^2}\right)\exp\left(-\frac{6|x - x'|^2}{\Delta^2}\right) \qquad (3-63)$$

（2）过滤后方程

经过滤波过滤后的控制方程为

$$\frac{\partial \rho\overline{u}_i}{\partial x_i} = 0 \qquad (3-64)$$

$$\left(\frac{\partial \rho\overline{u}_i}{\partial t} + \frac{\partial \rho\overline{u}_i\overline{u}_j}{\partial x_j}\right) = -\frac{\partial \overline{p}}{\partial x_i} + \frac{\partial}{\partial x_j}\left(\mu_t\frac{\partial \overline{u}_i}{\partial x_j}\right) + \frac{\partial \overline{\tau}_{ij}}{\partial x_j} \qquad (3-65)$$

式中：$\overline{\tau}_{ij}$ 为亚格子应力

$$\overline{\tau}_{ij} = -\overline{\rho u_i u_j} - \rho\overline{u}_i\overline{u}_j \qquad (3-66)$$

在实际计算中，$\overline{\tau}_{ij}$ 是未知的，需要采用模型模拟，常用的方法是涡黏法

$$\overline{\tau}_{ij} - \frac{1}{2}\overline{\tau}_{ij}\delta_{ij} = -2\mu_t\overline{S}_{ij} \qquad (3-67)$$

此处 $\mu_t$ 为亚格子尺度的湍流黏性系数，$\overline{S}_{ij}$ 是应变率张量

$$\overline{S}_{ij} = \left( \frac{\partial \overline{u}_i}{\partial x_j} + \frac{\partial \overline{u}_j}{\partial x_i} \right) \qquad (3-68)$$

（3）建立应力项的数学模型

也称为亚格子尺度模型，简称 SGS（SubGrid-Scale model）模型。对于亚尺度涡黏系数，需要采用模型模拟，常用的模型有 Smagorinsky 模型（Smagorinsky，1963）和 RNG 模型（Yakhot et al，1989）。

1）Smagorinsky 模型。

涡黏系数

$$\mu_t = \rho L_S^2 |\overline{S}| \qquad (3-69)$$

式中：$L_S$ 是亚尺度的混合长；$|\overline{S}| = \sqrt{2\overline{S}_{ij}\overline{S}_{ij}}$。$L_S$ 可采用如下公式计算

$$L_S = \min(\kappa d,\ C_S V^{1/3}) \qquad (3-70)$$

式中：$\kappa$ 为卡门系数；$d$ 为距边壁的最近距离；$C_S$ 是 Smagorinsky 常数，$C_S = 0.1 \sim 0.23$；$V$ 是计算网格体积。

2）RNG 模型。

总黏性系数 $\mu_{\mathrm{eff}} = \mu + \mu_t$ 采用下式计算

$$\mu_{\mathrm{eff}} = \mu[1 + H(x)]^{1/3}$$
$$H(x) = \begin{cases} x, & x > 0 \\ 0, & x \leqslant 0 \end{cases} \qquad (3-71)$$

式中：$x = \dfrac{\mu_S^2 \mu_{\mathrm{eff}}}{\mu^3} - C$，$\mu_S = (C_{\mathrm{RNG}} V^{1/3})^2 \sqrt{2\overline{S}_{ij}\overline{S}_{ij}}$，$C_{\mathrm{RNG}}$ 可取 0.157，$C = 100$。

## 3.5　单组分浓度输运方程

类似于 3.3 节连续性方程的推导方法，基于污染物质量守恒定理，考虑到对流和基于 Fick 定律的组分扩散定律，容易得到如下单组分污染物浓度输运方程：

$$\frac{\partial s}{\partial t} + \frac{\partial(u_j s)}{\partial x_j} = E \frac{\partial^2 s}{\partial^2 x_j} + \hat{S} \qquad (3-72)$$

式中：$s$ 为输运物质浓度；$E$ 为分子扩散系数；$\hat{S}$ 为其他源项。考虑到湍流作用，对式（3-72）进行 Renolds 平均，并设

$$\overline{u'_j s'} = E_t \frac{\partial \overline{s}}{\partial x_j} \qquad (3-73)$$

可得

$$\frac{\partial \overline{s}}{\partial t} + \frac{\partial(\overline{u}_j \overline{s})}{\partial x_j} = (E + E_t)\frac{\partial^2 \overline{s}}{\partial^2 x_j} + \hat{S} \qquad (3-74)$$

式中：$E_t$ 为脉动扩散系数，常取 $E_t = \nu_t/\sigma_s$。

## 3.6　单相流控制方程通式

为了方便表示，常将连续性方程、动量方程、浓度方程、$k$-$\varepsilon$ 方程表示为如下通式：

$$\frac{\partial \varphi}{\partial t} + \frac{\partial (v_j \varphi)}{\partial x_j} = \frac{\partial}{\partial x_j}\left(\varGamma \frac{\partial \varphi}{\partial x_j}\right) + \hat{S} \qquad (3-75)$$

不同控制方程 $\varphi$、$\varGamma$ 和源项 $\hat{S}$ 具体形式如下：

| 控制方程 | $\varphi$ | $\hat{S}$ | $\varGamma$ |
|---|---|---|---|
| 连续方程 | 1 | 0 | 0 |
| 动量方程 | $v_i$ | $f_i - \dfrac{1}{\rho}\dfrac{\partial p}{\partial x_i}$ | $\nu + \nu_t$ |
| 浓度方程 $s$ | $s$ | Source | $E + E_t$ |
| $k$ 方程 | $k$ | $\nu_t \dfrac{\partial u_j}{\partial x_i}\left(\dfrac{\partial u_j}{\partial x_i} + \dfrac{\partial u_i}{\partial x_j}\right) - \varepsilon$ | $\nu + \dfrac{\nu_t}{\sigma_k}$ |
| $\varepsilon$ 方程 | $\varepsilon$ | $\dfrac{c_1 \varepsilon}{k}\dfrac{\partial u_j}{\partial x_i}\nu_t\left(\dfrac{\partial u_j}{\partial x_i} + \dfrac{\partial u_i}{\partial x_j}\right) - c_2 \dfrac{\varepsilon^2}{k}$ | $\nu + \dfrac{\nu_t}{\sigma_\varepsilon}$ |

## 3.7　控制方程的曲线坐标转化

天然河道一般是弯曲、不规则的，数值计算常需采用曲线坐标以实现边界的贴体性，减小数值计算中网格数量，提高计算效率。但曲线坐标最大的问题是坐标转化过程会产生附加项，增加方程离散和数值求解的复杂性。曲线坐标转化可直接采用链式求导法则，但过程相对繁杂。近代连续介质力学广泛采用张量。张量表示书写简洁，运算方便。更重要的是一些重要的物理量如应力、应变等本身就是张量。

速度在曲线坐标中可采用协变分量和逆变分量表示。仅在笛卡儿坐标中，协变分量和逆变分量是一致的。不同表示方式也影响到控制方程及离散格式的守恒性、复杂性和计算效率。常将速度的协变分量称为协变速度，而逆变分量称为逆变速度。模型计算中，若控制方程各项统一采用曲线坐标的协变或逆变分量，则称为全部转化（full transformation）；若除采用曲线坐标速度分量外，某项中速度还依然保留笛卡儿坐标分量形式，则称为部分转化（partial transformation）。

下面首先给出非正交坐标转化的详细过程，后采用张量分析给出全部转化和部分转化的控制方程。在此之前先简要介绍所需张量的一些相关知识。注意如果不做特别说明，以小写字母 $i$，$j$，$k$，$m$，$l$ 作为角标时考虑 Einstein 求和约定，其余角标为自由指标，不需考虑求和约定。当存在新旧坐标系转换时，为了便于区分，角标加"'"表示新坐标系。

### 3.7.1　张量基本概念

#### 3.7.1.1　基矢量和矢量分量

（1）直线坐标下的基矢量

对于直线坐标系（$q^1$，$q^2$，$q^3$），沿 $q^1$、$q^2$、$q^3$ 坐标线分别选参考矢量 $g_1$、$g_2$、$g_3$，称为协变基 $\boldsymbol{g}_i$，与协变基 $\boldsymbol{g}_i$ 满足如下关系的基矢量称为逆变基矢量 $\boldsymbol{g}^j$

$$\boldsymbol{g}_i \cdot \boldsymbol{g}^j = \delta_i^j \tag{3-76}$$

可以证明，$\boldsymbol{g}^j$ 实际上是垂直于坐标 $q^j$ 等值面的梯度 $\nabla q^j$

$$\boldsymbol{g}^j = \nabla q^j \tag{3-77}$$

矢量 $\boldsymbol{v}$ 对协变基和逆变基可分解为

$$\boldsymbol{v} = v^i \boldsymbol{g}_i = v_i \boldsymbol{g}^i \tag{3-78}$$

式中：$v_i$、$v^i$ 分别为矢量 $\boldsymbol{v}$ 的协变分量和逆变分量。

特殊地，当（$q^1$，$q^2$，$q^3$）为笛卡儿坐标系时，逆变基和协变基一致，如 $\boldsymbol{r}$ 可以写为

$$\boldsymbol{r} = x\boldsymbol{i} + y\boldsymbol{j} + y\boldsymbol{k} \tag{3-79}$$

式中：$x$、$y$、$z$ 为笛卡儿坐标分量；$\boldsymbol{i}$、$\boldsymbol{j}$、$\boldsymbol{k}$ 分别为相应的正交标准化基。

（2）曲线坐标下的基矢量

直线坐标中矢径 $\boldsymbol{r}$ 与直线坐标（$q^1$，$q^2$，$q^3$）是线性关系，但曲线坐标系的基矢量不是常矢量，其大小和方向都随空间点的位置变化。任意点 P 的位置用固定点 O 至该点的矢径表示，矢径可以由三个独立参量 $q^i$（$i=1$，2，3）确定，即

$$\boldsymbol{r} = \boldsymbol{r}(q^1，q^2，q^3) \tag{3-80}$$

具体表达时，往往借助于笛卡儿坐标系

$$\boldsymbol{r} = x(q^1，q^2，q^3)\boldsymbol{i} + y(q^1，q^2，q^3)\boldsymbol{j} + z(q^1，q^2，q^3)\boldsymbol{k} \tag{3-81}$$

但对于矢径的微小增量 $\mathrm{d}\boldsymbol{r}$ 有

$$\mathrm{d}\boldsymbol{r} = \frac{\partial \boldsymbol{r}}{\partial q^i}\mathrm{d}q^i \tag{3-82}$$

因此在曲线坐标中，对于任意点（$q^1$，$q^2$，$q^3$），都可选取基矢量

$$\boldsymbol{g}_i = \frac{\partial \boldsymbol{r}}{\partial q^i} \tag{3-83}$$

使得该点临域内，矢径的微分 $\mathrm{d}\boldsymbol{r}$ 与坐标微分 $\mathrm{d}q^i$ 类似于直线坐标系满足

$$\mathrm{d}\boldsymbol{r} = \boldsymbol{g}_i \mathrm{d}q^i \tag{3-84}$$

#### 3.7.1.2　基矢量间的转换

主要涉及协变基和逆变基相互转换以及基矢量在新、旧坐标系间的转换。在协变基和逆变基的转化中，需要引入一个重要的张量，即度量张量，其协变分量 $g_{ij}$ 和逆变分量 $g^{ij}$ 分别为

$$g^{ij} = \boldsymbol{g}^i \cdot \boldsymbol{g}^j，\quad g_{ij} = \boldsymbol{g}_i \cdot \boldsymbol{g}_j \tag{3-85}$$

$g^{ij}$ 和 $g_{ij}$ 为对称互逆矩阵

$$g^{ij} = g^{ji}, \quad g_{ij} = g_{ji} \tag{3-86}$$

$$g^{jk} g_{ki} = \delta_i^j \tag{3-87}$$

协变基 $\boldsymbol{g}_i$ 和逆变基 $\boldsymbol{g}^j$ 具有如下转换关系，即升降关系：

$$\boldsymbol{g}_p = g_{pj} \boldsymbol{g}^j, \quad \boldsymbol{g}^p = g^{pj} \boldsymbol{g}_j \quad (p = 1, 2, 3) \tag{3-88}$$

协变基 $\boldsymbol{g}_i$ 和逆变基 $\boldsymbol{g}^i$ 在新坐标系 $q^{i'}$ 和旧坐标系 $q^i$ 之间的转化关系为

$$\boldsymbol{g}_{p'} = \beta_{p'}^j \boldsymbol{g}_j, \quad \boldsymbol{g}^{p'} = \beta_i^{p'} \boldsymbol{g}^i \quad (p = 1, 2, 3) \tag{3-89}$$

式中：$\beta_{p'}^j = \dfrac{\partial q^j}{\partial q^{p'}}$ 称为协变转化系数；$\beta_i^{p'} = \dfrac{\partial q^{p'}}{\partial q^i}$ 称为逆变转化系数。

度量张量在新旧坐标系中的转化关系为

$$g^{pq} = \beta_i^p \beta_j^q g^{ij}, \quad g_{pq} = \beta_p^i \beta_q^j g_{ij},$$
$$g^{p'q'} = \beta_i^{p'} \beta_j^{q'} g^{ij}, \quad g_{p'q'} = \beta_{p'}^i \beta_{q'}^j g_{ij} \quad (p, q = 1, 2, 3) \tag{3-90}$$

基矢量构成的平行六面体体积 $\sqrt{g}$ 为

$$\sqrt{g} = [(\boldsymbol{g}_1 \times \boldsymbol{g}_2) \cdot \boldsymbol{g}_3] = \sqrt{\det(\boldsymbol{g}_i \cdot \boldsymbol{g}_j)} \tag{3-91}$$

根据基转换关系，曲线坐标系中基矢量 $\boldsymbol{g}_i$ 若用笛卡儿坐标系中基矢量 $\boldsymbol{i}_p$ 表示，则

$$\boldsymbol{g}_i = \frac{\partial x_p}{\partial q^i} \boldsymbol{i}_p \quad \boldsymbol{g}^i = \frac{\partial q^i}{\partial x_p} \boldsymbol{i}_p \quad (i = 1, 2, 3) \tag{3-92}$$

将式（3-92）代入式（3-91）可得：

$$g = \det(\boldsymbol{g}_i \cdot \boldsymbol{g}_j)$$

$$= \begin{vmatrix} \frac{\partial x_1}{\partial q^1}\frac{\partial x_1}{\partial q^1} & \frac{\partial x_1}{\partial q^2}\frac{\partial x_1}{\partial q^2} & \frac{\partial x_1}{\partial q^3}\frac{\partial x_1}{\partial q^3} \\ \frac{\partial x_2}{\partial q^1}\frac{\partial x_2}{\partial q^1} & \frac{\partial x_2}{\partial q^2}\frac{\partial x_2}{\partial q^2} & \frac{\partial x_2}{\partial q^3}\frac{\partial x_2}{\partial q^3} \\ \frac{\partial x_3}{\partial q^1}\frac{\partial x_3}{\partial q^1} & \frac{\partial x_3}{\partial q^2}\frac{\partial x_3}{\partial q^2} & \frac{\partial x_3}{\partial q^3}\frac{\partial x_3}{\partial q^3} \end{vmatrix} = \begin{vmatrix} \frac{\partial x_1}{\partial q^1} & \frac{\partial x_1}{\partial q^2} & \frac{\partial x_1}{\partial q^3} \\ \frac{\partial x_2}{\partial q^1} & \frac{\partial x_2}{\partial q^2} & \frac{\partial x_2}{\partial q^3} \\ \frac{\partial x_3}{\partial q^1} & \frac{\partial x_3}{\partial q^2} & \frac{\partial x_3}{\partial q^3} \end{vmatrix} \begin{vmatrix} \frac{\partial x_1}{\partial q^1} & \frac{\partial x_2}{\partial q^1} & \frac{\partial x_3}{\partial q^1} \\ \frac{\partial x_1}{\partial q^2} & \frac{\partial x_2}{\partial q^2} & \frac{\partial x_3}{\partial q^2} \\ \frac{\partial x_1}{\partial q^3} & \frac{\partial x_2}{\partial q^3} & \frac{\partial x_3}{\partial q^3} \end{vmatrix} = J^2 \tag{3-93}$$

即基矢量 $\boldsymbol{g}_i$（$i=1, 2, 3$）构成的平行六面体体积为

$$\sqrt{g} = J = \begin{vmatrix} \frac{\partial x_1}{\partial q^1} & \frac{\partial x_1}{\partial q^2} & \frac{\partial x_1}{\partial q^3} \\ \frac{\partial x_2}{\partial q^1} & \frac{\partial x_2}{\partial q^2} & \frac{\partial x_2}{\partial q^3} \\ \frac{\partial x_3}{\partial q^1} & \frac{\partial x_3}{\partial q^2} & \frac{\partial x_3}{\partial q^3} \end{vmatrix} \tag{3-94}$$

### 3.7.1.3 Christoffel 符号和基矢量求导

（1）Christoffel 符号

运动方程的曲线坐标转化中，需用到矢量的导数，导数同样可对协变基分解，也可对逆变基分解。需要用到第一类 Christoffel 符号和第二类 Christoffel 符号。

定义第二类 Christoffel 符号 $\Gamma_{ij}^k$

$$\Gamma_{ij}^{k} = \frac{\partial \boldsymbol{g}_i}{\partial q^j} \cdot \boldsymbol{g}^k \tag{3-95}$$

则根据式（3-76）协变基矢量 $\boldsymbol{g}_i$ 的导数 $\dfrac{\partial \boldsymbol{g}_i}{\partial q^j}$ 对协变基分解如下：

$$\frac{\partial \boldsymbol{g}_i}{\partial q^j} = \Gamma_{ij}^{k} \boldsymbol{g}_k \tag{3-96}$$

任意曲线坐标系的 Christoffel 符号均可由该坐标系与笛卡儿坐标系间的函数关系式 (3-92) 求得

$$\Gamma_{ij}^{k} = \frac{\partial}{\partial q^i}\left(\frac{\partial x_l}{\partial q^j}\boldsymbol{i}_l\right) \cdot \left(\frac{\partial q^k}{\partial x_m}\boldsymbol{i}_m\right) = \frac{\partial^2 x_l}{\partial q^i \partial q^j}\frac{\partial q^k}{\partial x_l} \tag{3-97}$$

并通过

$$\begin{aligned}\frac{\partial J}{\partial q^i} &= \frac{\partial}{\partial q^i}\left[\,(\boldsymbol{g}_1 \times \boldsymbol{g}_2) \cdot \boldsymbol{g}_3\,\right]\\ &= \left(\frac{\partial \boldsymbol{g}_1}{\partial q^i} \times \boldsymbol{g}_2\right) \cdot \boldsymbol{g}_3 + \left(\boldsymbol{g}_1 \times \frac{\partial \boldsymbol{g}_2}{\partial q^i}\right) \cdot \boldsymbol{g}_3 + (\boldsymbol{g}_1 \times \boldsymbol{g}_2) \cdot \frac{\partial \boldsymbol{g}_3}{\partial q^i}\\ &= (\Gamma_{1i}^{1}\boldsymbol{g}_1 \times \boldsymbol{g}_2) \cdot \boldsymbol{g}_3 + (\boldsymbol{g}_1 \times \Gamma_{2i}^{2}\boldsymbol{g}_2) \cdot \boldsymbol{g}_3 + (\boldsymbol{g}_1 \times \boldsymbol{g}_2) \cdot \Gamma_{3i}^{3}\boldsymbol{g}_3\\ &= \Gamma_{ji}^{j}(\boldsymbol{g}_1 \times \boldsymbol{g}_2) \cdot \boldsymbol{g}_3\end{aligned} \tag{3-98}$$

可得出第二类 Christoffel 符号与 $J$ 的关系

$$\Gamma_{ji}^{j} = \frac{1}{J}\frac{\partial J}{\partial q^i} = \frac{\partial(\ln J)}{\partial q^i} \tag{3-99}$$

第一类 Christoffel 符号 $\Gamma_{ij,l}$ 定义为

$$\Gamma_{ij,\,l} = \Gamma_{ij}^{k}g_{kl} = \frac{\partial \boldsymbol{g}_i}{\partial q^j} \cdot \boldsymbol{g}^k g_{kl} \tag{3-100}$$

上式两边点乘 $\boldsymbol{g}^l$ 可得 $\dfrac{\partial \boldsymbol{g}_i}{\partial q^j}$ 对逆变基分解有

$$\frac{\partial \boldsymbol{g}_i}{\partial q^j} = \Gamma_{ij}^{k}g_{kl}\boldsymbol{g}^l = \Gamma_{ij,\,l}\boldsymbol{g}^l \tag{3-101}$$

由式（3-76）对 $q^j$ 求导有

$$\frac{\partial \boldsymbol{g}^i}{\partial q^j} \cdot \boldsymbol{g}_k = -\boldsymbol{g}^i \cdot \frac{\partial \boldsymbol{g}_k}{\partial q^j} = -\Gamma_{jk}^{i} \tag{3-102}$$

上式两边点乘 $\boldsymbol{g}^k$ 可得

$$\frac{\partial \boldsymbol{g}^i}{\partial q^j} = -\Gamma_{jk}^{i}\boldsymbol{g}^k \tag{3-103}$$

（2）矢量场函数对曲线坐标的导数

矢量场函数 $\boldsymbol{v}$ 在曲线坐标下对协变基和逆变基可分解为

$$\boldsymbol{v} = U^i\boldsymbol{g}_i = U_i\boldsymbol{g}^i \tag{3-104}$$

式中：$U_i$ 和 $U^i$ 分别是协变分量和逆变分量。协变分量和逆变分量在新旧坐标下转化关系、

升降关系同上述基矢量。

$v$ 对协变基矢量分解后的偏导数是

$$\frac{\partial \boldsymbol{v}}{\partial q^j} = \frac{\partial U^i \boldsymbol{g}_i}{\partial q^j} = \left( \frac{\partial U^i}{\partial q^j} + U^l \Gamma_{jl}^i \right) \boldsymbol{g}_i = \mathfrak{R}_j^i (U^i) \boldsymbol{g}_i \qquad (3-105)$$

对逆变基矢量分解后的偏导数为

$$\frac{\partial \boldsymbol{v}}{\partial q^j} = \frac{\partial U_i \boldsymbol{g}^i}{\partial q^j} = \left( \frac{\partial U_i}{\partial q^j} - U_l \Gamma_{ji}^l \right) \boldsymbol{g}^i = \mathfrak{R}_{ij} (U_i) \boldsymbol{g}^i \qquad (3-106)$$

为了表示方便，定义

$$\mathfrak{R}_j^i (U) = \left( \frac{\partial U^i}{\partial q^j} + U^l \Gamma_{jl}^i \right), \qquad \mathfrak{R}_{ij} (U) = \frac{\partial U_i}{\partial q^j} - U_m \Gamma_{ji}^m \qquad (3-107)$$

（3）矢量的梯度和散度

矢量 $v$ 的梯度、散度算子分别为

$$\nabla \boldsymbol{v} = \boldsymbol{g}^j \frac{\partial \boldsymbol{v}}{\partial q^j} = \boldsymbol{g}^j \left( \frac{\partial U^i}{\partial q^j} + U^l \Gamma_{jl}^i \right) \boldsymbol{g}_i = \mathfrak{R}_j^i (U^i) \boldsymbol{g}^j \boldsymbol{g}_i \qquad (3-108)$$

$$\nabla \cdot \boldsymbol{v} = \frac{\partial \boldsymbol{v}}{\partial q^j} \cdot \boldsymbol{g}^j = \frac{\partial (U^j)}{\partial q^j} + U^j \Gamma_{js}^s = \frac{1}{J} \frac{\partial (JU^j)}{\partial q^j} \qquad (3-109)$$

## 3.7.2 曲线坐标系

下面基于任意曲线坐标 $q_i$ 及其自然基矢量 $\boldsymbol{g}_i = \dfrac{\partial \boldsymbol{r}}{\partial q^i}$，自然基矢量 $\boldsymbol{g}_i$ 不正交，也不是单位矢量，给出曲线坐标下的标量输运方程、连续性方程及动量方程。

### 3.7.2.1 标量输运方程

式（3-75）中对流项

$$\nabla \cdot (\boldsymbol{v} \varphi) = \boldsymbol{g}^j \cdot \frac{\partial \varphi \boldsymbol{v}}{\partial q^j} = \frac{\partial (U^j \varphi)}{\partial q^j} + U^j \varphi \Gamma_{jl}^l = \frac{\partial (U^j \varphi)}{\partial q^j} + U^j \varphi \left( \frac{1}{J} \frac{\partial J}{\partial q^j} \right)$$
$$= \frac{1}{J} \left[ \frac{\partial (JU^j \varphi)}{\partial q^j} \right] \qquad (3-110)$$

扩散项

$$\nabla \cdot (\Gamma \nabla \varphi) = \nabla \cdot \left( \Gamma \frac{\partial \varphi}{\partial q^j} \boldsymbol{g}^j \right) = \frac{\partial}{\partial q^l} \left( \Gamma \frac{\partial \varphi}{\partial q^j} \right) \boldsymbol{g}^l \cdot \boldsymbol{g}^j + \Gamma \frac{\partial \varphi}{\partial q^j} \frac{\partial \boldsymbol{g}^j}{\partial q^l} \cdot \boldsymbol{g}^l \qquad (3-111)$$

利用指标升降公式和散度公式有

$$\frac{\partial \boldsymbol{g}^j}{\partial q^l} \cdot \boldsymbol{g}^l = \frac{\partial (g^{jr} \boldsymbol{g}_r)}{\partial q^l} \cdot \boldsymbol{g}^l = \frac{\partial g^{jr}}{\partial q^l} \boldsymbol{g}_r \cdot \boldsymbol{g}^l + g^{jr} \frac{\partial \boldsymbol{g}_r}{\partial q^l} \cdot \boldsymbol{g}^l$$
$$= \frac{\partial g^{jl}}{\partial q^l} + g^{jl} \frac{1}{J} \left( \frac{\partial J}{\partial q^l} \right) = \frac{1}{J} \left[ \frac{\partial (g^{jl} J)}{\partial q^l} \right] \qquad (3-112)$$

将上式代入式（3-111）得

$$\nabla \cdot (\Gamma \nabla \varphi) = \frac{1}{J} \frac{\partial}{\partial q^i}\left(\Gamma J g^{ij} \frac{\partial \varphi}{\partial q^j}\right) \qquad (3-113)$$

将式（3-110）和式（3-113）代入式（3-75）得

$$\frac{\partial \varphi}{\partial t} + \frac{1}{J}\left[\frac{\partial(J U^j \varphi)}{\partial q^j}\right] = \frac{1}{J} \frac{\partial}{\partial q^i}\left(\Gamma J g^{ij} \frac{\partial \varphi}{\partial q^j}\right) + r(q^1, q^2, q^3) \qquad (3-114)$$

式中都是采用逆变速度，当需采用协变速度时，可直接采用指标升降公式进行转化。

### 3.7.2.2　连续性方程

由式（3-114）可以直接得到不可压流体的连续性方程

$$\frac{1}{J} \frac{\partial(J U^i)}{\partial q^i} = Q(q^1, q^2, q^3) \qquad (3-115)$$

### 3.7.2.3　动量方程

时变项

$$\frac{\partial(U^i \boldsymbol{g}_i)}{\partial t} = \frac{\partial U^i}{\partial t}\boldsymbol{g}_i + \frac{\partial \boldsymbol{g}_i}{\partial t}U^i \qquad (3-116)$$

因为在欧拉坐标下基矢量并不随时间变化，因此

$$\frac{\partial(U^i \boldsymbol{g}_i)}{\partial t} = \frac{\partial U^i}{\partial t}\boldsymbol{g}_i \qquad (3-117)$$

对流项

$$\begin{aligned}
\nabla \cdot (\boldsymbol{vv}) &= \boldsymbol{g}^k \cdot \frac{\partial(U^i U^j \boldsymbol{g}_i \boldsymbol{g}_j)}{\partial q^k} \\
&= \frac{\partial(U^i U^j)}{\partial q^k}\boldsymbol{g}^k \cdot \boldsymbol{g}_i \boldsymbol{g}_j + U^i U^j \boldsymbol{g}^k \cdot \frac{\partial \boldsymbol{g}_i}{\partial q^k}\boldsymbol{g}_j + U^i U^j \boldsymbol{g}^k \cdot \boldsymbol{g}_i \frac{\partial \boldsymbol{g}_j}{\partial q^k} \\
&= \frac{\partial(U^i U^j)}{\partial q^i}\boldsymbol{g}_j + U^i U^j\left(\frac{1}{J}\frac{\partial J}{\partial q^i}\right)\boldsymbol{g}_j + U^i U^j \frac{\partial \boldsymbol{g}_j}{\partial q^i} \\
&= \frac{1}{J}\left[\frac{\partial(U^i U^j)}{\partial q^i}J + U^i U^j \frac{\partial J}{\partial q^i}\right]\boldsymbol{g}_j + U^i U^j \Gamma^k_{ij}\boldsymbol{g}_k \\
&= \frac{1}{J}\left[\frac{\partial(J U^i U^j)}{\partial q^j} + J U^k U^j \Gamma^i_{kj}\right]\boldsymbol{g}_i \\
&= \frac{1}{J}\mathfrak{R}^i_j(J U^i U^j)\boldsymbol{g}_i
\end{aligned} \qquad (3-118)$$

对于非守恒型动量方程的对流项有

$$\begin{aligned}
(\boldsymbol{v} \cdot \nabla)\boldsymbol{v} &= U^j \boldsymbol{g}_j \cdot \boldsymbol{g}^k \frac{\partial(U^i \boldsymbol{g}_i)}{\partial q^k} = U^j \frac{\partial U^i}{\partial q^k}\boldsymbol{g}_j \cdot \boldsymbol{g}^k \boldsymbol{g}_i + U^j U^i \boldsymbol{g}_j \cdot \boldsymbol{g}^k \frac{\partial \boldsymbol{g}_i}{\partial q^j} \\
&= U^j \frac{\partial U^i}{\partial q^j}\boldsymbol{g}_i + U^j U^i \Gamma^k_{ij}\boldsymbol{g}_k = U^j\left(\frac{\partial U^i}{\partial q^j} + U^k \Gamma^i_{kj}\right)\boldsymbol{g}_i = U^j \mathfrak{R}^i_j(U^i)\boldsymbol{g}_i
\end{aligned} \qquad (3-119)$$

黏性项

$$\nabla \cdot (\mu \nabla \boldsymbol{v}) = \boldsymbol{g}^r \cdot \frac{\partial}{\partial q^r}(\Gamma \mathfrak{R}_j^i(U^i)\boldsymbol{g}^j\boldsymbol{g}_i)$$

$$= \frac{\partial \Gamma \mathfrak{R}_j^i(U^i)}{\partial q^k}(\boldsymbol{g}^k \cdot \boldsymbol{g}^j)\boldsymbol{g}_i + \mu \mathfrak{R}_j^i(U^i)\left(\boldsymbol{g}^r \cdot \frac{\partial g^{jk}\boldsymbol{g}_k}{\partial q^r}\right)\boldsymbol{g}_i + \mu \mathfrak{R}_j^i(U^i)(\boldsymbol{g}^k \cdot \boldsymbol{g}^j)\frac{\partial \boldsymbol{g}_i}{\partial q^k}$$

$$= \frac{\partial \mu \mathfrak{R}_j^i(U^i)}{\partial q^l}g^{lj}\boldsymbol{g}_i + \mu \mathfrak{R}_j^i(U^i)g^{jl}\left(\boldsymbol{g}^k \cdot \frac{\partial \boldsymbol{g}_l}{\partial q^k}\right)\boldsymbol{g}_i + \mu \mathfrak{R}_j^i(U^i)\frac{\partial g^{jl}}{\partial q^l}\boldsymbol{g}_i + \mu \mathfrak{R}_j^k(U^k)g^{lj}\Gamma_{kl}^i\boldsymbol{g}_i$$

$$= \frac{1}{J}\left[\frac{\partial \mu \mathfrak{R}_j^i(U^i)}{\partial ql}Jg^{lj} + \mu \mathfrak{R}_j^i(U^i)g^{jl}\frac{\partial J}{\partial q^l} + \mu J \mathfrak{R}_j^i(U^i)\frac{\partial g^{jl}}{\partial q^l} + \mu J \mathfrak{R}_j^k(U^k)g^{lj}\Gamma_{kl}^i\right]\boldsymbol{g}_i$$

$$= \frac{1}{J}\left[\frac{\partial(\mu Jg^{lj}\mathfrak{R}_j^i(U^i))}{\partial q^l} + \mu J \mathfrak{R}_j^k(U^k)g^{lj}\Gamma_{kl}^i\right]\boldsymbol{g}_i$$

$$= \frac{1}{J}\mathfrak{R}_l^i(\mu Jg^{lj}\mathfrak{R}_j^i(U^i))\boldsymbol{g}_i \qquad (3-120)$$

压力项（用 $p$ 表示 $p^{ii}$）

$$-\nabla \cdot (p^{ij}\delta_{ij}\boldsymbol{g}_i\boldsymbol{g}_j) = -\boldsymbol{g}^k \cdot \frac{\partial p}{\partial q^k}\boldsymbol{g}_i\boldsymbol{g}_i - p\boldsymbol{g}^k \cdot \frac{\partial \boldsymbol{g}_i}{\partial q^k}\boldsymbol{g}_i - p\boldsymbol{g}^k \cdot \boldsymbol{g}_i\frac{\partial \boldsymbol{g}_i}{\partial q^k}$$

$$= -\frac{\partial p}{\partial q^i}\boldsymbol{g}_i - \frac{p}{J}\frac{\partial J}{\partial q^i}\boldsymbol{g}_i - p\frac{\partial \boldsymbol{g}_i}{\partial q^i}$$

$$= -\frac{\partial p}{\partial q^i}\boldsymbol{g}_i - \frac{p}{J}\frac{\partial J}{\partial q^i}\boldsymbol{g}_i - p\Gamma_{ii}^l\boldsymbol{g}_l \qquad (3-121)$$

$$= -\frac{1}{J}\frac{\partial(Jp)}{\partial q^i}\boldsymbol{g}_i - p\Gamma_{ll}^i\boldsymbol{g}_i$$

由此可得动量方程在协变基的分解

$$\frac{\partial}{\partial t}(JU^i) + \mathfrak{R}_j^i(JU^iU^j) = -\frac{\partial(Jp)}{\partial q^i} - Jp\Gamma_{ll}^i + \mathfrak{R}_l^i[\mu Jg^{lj}\mathfrak{R}_j^i(U^i)] + JF(q^1, q^2, q^3)$$

$$(3-122)$$

### 3.7.3　曲线正交坐标

以上控制方程是基于任意曲线坐标 $q_i$ 及其自然基矢量 $\boldsymbol{g}_i = \dfrac{\partial \boldsymbol{r}}{\partial q^i}$ 建立的，自然基矢量 $\boldsymbol{g}_i$ 一般不正交，也不是单位矢量。但所得控制方程极其复杂，特别是方程中涉及 Christoffel 符号及其导数，增加了计算难度。在实际应用中，当区域较为规则时，曲线正交坐标系是常用的一种高效简单的办法。此外部分转化（partially transformation）也可进一步简化方程的求解。注意式中下标 $\hat{i}$、$\hat{j}$ 和 $\hat{k}$ 不表示求和指标，即不再需要按约定求和。

#### 3.7.3.1　标准正交坐标曲线下基矢量及其导数

对于曲线正交坐标，协变基和逆变基满足

$$\boldsymbol{g}^i \cdot \boldsymbol{g}^j = g^{ij}\delta_{ij} \qquad (3-123)$$

常引入拉梅系数 $h_i$ 表示正交时的度量张量

$$h_i = \sqrt{g_{ii}} = \frac{1}{\sqrt{g^{ii}}} \qquad (i = 1,\ 2,\ 3) \tag{3-124}$$

其物理意义是自然基矢量 $\boldsymbol{g}_i$ 的模。

雅可比行列式与拉梅系数有如下关系

$$J = h_1 h_2 h_3 \tag{3-125}$$

为了便于物理问题的分析，通常进一步引入另一组非完整系协变基矢量 $\boldsymbol{e}_i$ 和逆变基矢量 $\boldsymbol{e}^i$：

$$\boldsymbol{e}_i = \frac{\boldsymbol{g}_i}{h_{\hat{i}}}, \qquad \boldsymbol{e}^i = h_{\hat{i}}\boldsymbol{g}^i \tag{3-126}$$

则联系式（3-123）和式（3-124）有

$$\boldsymbol{e}^i = h_{\hat{i}}\boldsymbol{g}^i = h_{\hat{i}}g^{il}\boldsymbol{g}_l = \frac{\boldsymbol{g}_i}{h_{\hat{i}}} = \boldsymbol{e}_i \tag{3-127}$$

由此可见，$\boldsymbol{e}_i$ 为正交标准化基，且协变、逆变的差别消失，角标不需再分上下。

速度矢量在正交标准化基分解时不再区分协变和逆变分量

$$\boldsymbol{v} = u_i\boldsymbol{e}^i = u_i\boldsymbol{e}_i \tag{3-128}$$

式中：$u_i$ 为 $\boldsymbol{e}_i$ 的速度分量。

根据式（3-128）对比式（3-104）有如下关系

$$u_i = u^i = \frac{U_i}{h_{\hat{i}}} = U^i h_{\hat{i}} \tag{3-129}$$

由式（3-96）和式（3-103）知，基矢量对坐标的导数是通过 Chistoffel 符号来表示。根据度量张量、雅可比行列式、拉梅系数以及度量张量间的关系，可以直接求出 Christoffel 符号

$$\Gamma_{\hat{i}\hat{j},\ \hat{k}} = 0, \qquad \Gamma^{\hat{k}}_{\hat{i}\hat{j}} = 0 \qquad (\hat{i} \neq \hat{j} \neq \hat{k})$$

$$\Gamma_{\hat{i}\hat{j},\ \hat{i}} = h_i\frac{\partial h_{\hat{i}}}{\partial q^{\hat{j}}}, \qquad \Gamma^{\hat{i}}_{\hat{i}\hat{j}} = \frac{1}{h_{\hat{i}}}\frac{\partial h_{\hat{i}}}{\partial q^{\hat{j}}} \qquad (\hat{i} \neq \hat{j}) \tag{3-130}$$

$$\Gamma_{\hat{i}\hat{i},\ \hat{j}} = -h_{\hat{i}}\frac{\partial h_{\hat{i}}}{\partial q^{\hat{j}}}, \qquad \Gamma^{\hat{j}}_{\hat{i}\hat{i}} = -\frac{h_{\hat{i}}}{h_{\hat{j}}^2}\frac{\partial h_{\hat{i}}}{\partial q^{\hat{j}}}$$

联系式（3-103）可进一步得出标准正交基的导数

$$\frac{\partial \boldsymbol{e}_{\hat{i}}}{\partial q^{\hat{i}}} = \frac{\partial}{\partial q^{\hat{i}}}\left(\frac{\boldsymbol{g}_{\hat{i}}}{h_{\hat{i}}}\right) = -\frac{1}{h_{\hat{i}}^2}\frac{\partial h_{\hat{i}}}{\partial q^{\hat{i}}}\boldsymbol{g}_{\hat{i}} + \frac{1}{h_{\hat{i}}}\Gamma^l_{\hat{i}\hat{i}}\boldsymbol{g}_l$$

$$= -\frac{1}{h_{\hat{j}}}\frac{\partial h_{\hat{i}}}{\partial q^{\hat{j}}}\boldsymbol{e}_{\hat{j}} - \frac{1}{h_{\hat{k}}}\frac{\partial h_{\hat{i}}}{\partial q^{\hat{k}}}\boldsymbol{e}_{\hat{k}} \qquad (\hat{i} \neq \hat{j} \neq \hat{k}) \tag{3-131a}$$

$$\frac{\partial \boldsymbol{e}_{\hat{i}}}{\partial q^{\hat{j}}} = \frac{\partial}{\partial q^{\hat{j}}}\left(\frac{\boldsymbol{g}_{\hat{i}}}{h_{\hat{i}}}\right) = -\frac{1}{h_{\hat{i}}^2}\frac{\partial h_{\hat{i}}}{\partial q^{\hat{j}}}\boldsymbol{g}_{\hat{i}} + \frac{1}{h_{\hat{i}}}\Gamma^l_{\hat{i}\hat{j}}\boldsymbol{g}_l$$

$$\tag{3-131b}$$

$$= \frac{1}{h_{\hat{i}}}\frac{\partial h_{\hat{j}}}{\partial q^{\hat{i}}}\boldsymbol{e}_{\hat{j}} \qquad (\hat{i} \neq \hat{j})$$

### 3.7.3.2　全部转化

（1）物质输运方程

联系式（3-129），式（3-110）可进一步转变为

$$\nabla \cdot (\boldsymbol{v}\varphi) = \frac{1}{J}\left[\frac{\partial(JU^{j}\varphi)}{\partial q^{j}}\right] = \frac{1}{J}\left[\frac{\partial}{\partial q^{j}}\left(\frac{Ju_{j}\varphi}{h_{\hat{j}}}\right)\right] \qquad (3-132)$$

扩散项

$$\nabla \cdot (\varGamma\nabla\varphi) = \frac{1}{J}\frac{\partial}{\partial q^{i}}\left(\varGamma Jg^{ij}\frac{\partial\varphi}{\partial q^{j}}\right) = \frac{1}{J}\left[\frac{\partial}{\partial q_{i}}\left(\varGamma \frac{J}{h_{\hat{i}}^{2}}\frac{\partial\varphi}{\partial q_{i}}\right)\right] \qquad (3-133)$$

由式（3-132）至式（3-133）可以很容易地得到标量 $\varphi$ 的通式（3-75）在曲线坐标的控制方程：

$$\frac{\partial J\varphi}{\partial t} + \frac{\partial}{\partial q_{i}}\left(\frac{Ju_{i}\varphi}{h_{\hat{i}}}\right) = \frac{\partial}{\partial q_{i}}\left(\varGamma \frac{J}{h_{\hat{i}}^{2}}\frac{\partial\varphi}{\partial q_{i}}\right) + Jr(q_{1},\ q_{2},\ q_{3}) \qquad (3-134)$$

（2）连续性方程

将 $U_{i} = \dfrac{u_{i}}{h_{\hat{i}}}$ 代入式（3-115）可直接得

$$\nabla \cdot \boldsymbol{v} = \frac{1}{J}\left[\frac{\partial(JU^{j})}{\partial q^{j}}\right] = \frac{1}{J}\left[\frac{\partial}{\partial q_{i}}\left(\frac{Ju_{i}}{h_{\hat{i}}}\right)\right] = Q(q^{1},\ q^{2},\ q^{3}) \qquad (3-135)$$

整理的正交曲线坐标的连续性方程为

$$\frac{\partial(h_{2}h_{3}u_{1})}{\partial q_{1}} + \frac{\partial(h_{3}h_{1}u_{2})}{\partial q_{2}} + \frac{\partial(h_{1}h_{2}u_{3})}{\partial q_{3}} = JQ(q^{1},\ q^{2},\ q^{3}) \qquad (3-136)$$

（3）动量方程

对流项

$$(\boldsymbol{v}\cdot\nabla)\boldsymbol{v} = u^{i}\boldsymbol{e}_{j}\cdot\boldsymbol{g}^{k}\frac{\partial(u^{i}\boldsymbol{e}_{i})}{\partial q^{k}} = \frac{u^{j}}{h_{\hat{j}}}\frac{\partial u^{i}}{\partial q^{j}}\boldsymbol{e}_{i} + \frac{u^{i}u^{j}}{h_{\hat{j}}}\frac{\partial\boldsymbol{e}_{i}}{\partial q^{j}} \qquad (3-137)$$

将式（3-131）代入上式有

$$(\boldsymbol{v}\cdot\nabla)\boldsymbol{v}\cdot\boldsymbol{e}_{1} = \frac{u_{1}}{h_{1}}\frac{\partial u_{1}}{\partial q_{1}} + \frac{u_{2}}{h_{2}}\frac{\partial u_{1}}{\partial q_{2}} + \frac{u_{3}}{h_{3}}\frac{\partial u_{1}}{\partial q_{3}} + \frac{u_{1}u_{2}}{h_{1}h_{2}}\frac{\partial h_{1}}{\partial q_{2}} + \frac{u_{1}u_{3}}{h_{1}h_{3}}\frac{\partial h_{1}}{\partial q_{3}} - \frac{u_{2}^{2}}{h_{1}h_{2}}\frac{\partial h_{2}}{\partial q_{1}} - \frac{u_{3}^{2}}{h_{1}h_{3}}\frac{\partial h_{3}}{\partial q_{1}}$$

$$(\boldsymbol{v}\cdot\nabla)\boldsymbol{v}\cdot\boldsymbol{e}_{2} = \frac{u_{1}}{h_{1}}\frac{\partial u_{2}}{\partial q_{1}} + \frac{u_{2}}{h_{2}}\frac{\partial u_{2}}{\partial q_{2}} + \frac{u_{3}}{h_{3}}\frac{\partial u_{2}}{\partial q_{3}} + \frac{u_{1}u_{2}}{h_{1}h_{2}}\frac{\partial h_{2}}{\partial q_{1}} + \frac{u_{2}u_{3}}{h_{2}h_{3}}\frac{\partial h_{2}}{\partial q_{3}} - \frac{u_{1}^{2}}{h_{1}h_{2}}\frac{\partial h_{1}}{\partial q_{2}} - \frac{u_{3}^{2}}{h_{2}h_{3}}\frac{\partial h_{3}}{\partial q_{2}}$$

$$(\boldsymbol{v}\cdot\nabla)\boldsymbol{v}\cdot\boldsymbol{e}_{3} = \frac{u_{1}}{h_{1}}\frac{\partial u_{3}}{\partial q_{1}} + \frac{u_{2}}{h_{2}}\frac{\partial u_{3}}{\partial q_{2}} + \frac{u_{3}}{h_{3}}\frac{\partial u_{3}}{\partial q_{3}} + \frac{u_{1}u_{3}}{h_{1}h_{3}}\frac{\partial h_{3}}{\partial q_{1}} + \frac{u_{2}u_{3}}{h_{2}h_{3}}\frac{\partial h_{3}}{\partial q_{2}} - \frac{u_{1}^{2}}{h_{1}h_{3}}\frac{\partial h_{1}}{\partial q_{3}} - \frac{u_{2}^{2}}{h_{2}h_{3}}\frac{\partial h_{2}}{\partial q_{3}}$$

$$(3-138)$$

黏性项

$$\nabla \cdot (\mu \nabla v) \cdot e_1 = e_k \frac{\partial}{\partial q_k} \cdot \left[\mu e_j \frac{\partial (u_i e_i)}{\partial q_j}\right] \cdot e_1$$

$$= \mu \Delta u_1 + \mu \left(\frac{2}{h_1^2 h_2} \frac{\partial h_1}{\partial q_2} \frac{\partial u_2}{\partial q_1} - \frac{2}{h_1 h_2^2} \frac{\partial h_2}{\partial q_1} \frac{\partial u_2}{\partial q_2} + \frac{2}{h_1^2 h_3} \frac{\partial h_1}{\partial q_3} \frac{\partial u_3}{\partial q_1} - \frac{2}{h_1 h_3^2} \frac{\partial h_3}{\partial q_1} \frac{\partial u_3}{\partial q_3}\right)$$

$$+ \mu \left\{\frac{1}{h_1} \frac{\partial}{\partial q_1}\left[\frac{1}{h_1 h_2 h_3} \frac{\partial (h_2 h_3)}{\partial q_1}\right] + \frac{1}{h_2 h_3} \frac{\partial}{\partial q_2}\left(\frac{h_3}{h_1 h_2} \frac{\partial h_1}{\partial q_2}\right) + \frac{1}{h_2 h_3} \frac{\partial}{\partial q_3}\left(\frac{h_2}{h_1 h_3} \frac{\partial h_1}{\partial q_3}\right)\right\} u_1$$

$$+ \mu \left\{\frac{1}{h_1} \frac{\partial}{\partial q_1}\left[\frac{1}{h_1 h_2 h_3} \frac{\partial (h_3 h_1)}{\partial q_2}\right] - \frac{1}{h_2 h_3} \frac{\partial}{\partial q_2}\left(\frac{h_3}{h_1 h_2} \frac{\partial h_2}{\partial q_1}\right)\right\} u_2$$

$$+ \mu \left\{\frac{1}{h_1} \frac{\partial}{\partial q_1}\left[\frac{1}{h_1 h_2 h_3} \frac{\partial (h_1 h_2)}{\partial q_3}\right] - \frac{1}{h_2 h_3} \frac{\partial}{\partial q_3}\left(\frac{h_2}{h_1 h_3} \frac{\partial h_3}{\partial q_1}\right)\right\} u_3$$

$$(3-139)$$

$$\nabla \cdot (\mu \nabla v) \cdot e_2 = e_k \frac{\partial}{\partial q_k} \cdot \left(\mu e_j \frac{\partial (u_i e_i)}{\partial q_j}\right) \cdot e_2$$

$$= \mu \Delta u_2 + \mu \left(\frac{2}{h_2^2 h_3} \frac{\partial h_2}{\partial q_3} \frac{\partial u_3}{\partial q_2} - \frac{2}{h_2 h_3^2} \frac{\partial h_3}{\partial q_2} \frac{\partial u_3}{\partial q_3} + \frac{2}{h_2^2 h_1} \frac{\partial h_2}{\partial q_1} \frac{\partial u_1}{\partial q_2} - \frac{2}{h_2 h_1^2} \frac{\partial h_1}{\partial q_2} \frac{\partial u_1}{\partial q_1}\right)$$

$$+ \mu \left\{\frac{1}{h_2} \frac{\partial}{\partial q_2}\left[\frac{1}{h_1 h_2 h_3} \frac{\partial (h_2 h_3)}{\partial q_1}\right] - \frac{1}{h_3 h_1} \frac{\partial}{\partial q_1}\left(\frac{h_3}{h_1 h_2} \frac{\partial h_1}{\partial q_2}\right)\right\} u_1$$

$$+ \mu \left\{\frac{1}{h_2} \frac{\partial}{\partial q_2}\left[\frac{1}{h_1 h_2 h_3} \frac{\partial (h_3 h_1)}{\partial q_2}\right] + \frac{1}{h_3 h_1} \frac{\partial}{\partial q_3}\left(\frac{h_1}{h_2 h_3} \frac{\partial h_2}{\partial q_3}\right) + \frac{1}{h_3 h_1} \frac{\partial}{\partial q_1}\left(\frac{h_3}{h_2 h_1} \frac{\partial h_2}{\partial q_1}\right)\right\} u_2$$

$$+ \mu \left\{\frac{1}{h_2} \frac{\partial}{\partial q_2}\left[\frac{1}{h_1 h_2 h_3} \frac{\partial (h_1 h_2)}{\partial q_3}\right] + \frac{1}{h_3 h_1} \frac{\partial}{\partial q_3}\left(\frac{h_1}{h_2 h_3} \frac{\partial h_3}{\partial q_2}\right)\right\} u_3$$

$$(3-140)$$

$$\nabla \cdot (\mu \nabla v) \cdot e_3 = e_k \frac{\partial}{\partial q_k} \cdot \left(\mu e_j \frac{\partial (u_i e_i)}{\partial q_j}\right) \cdot e_3$$

$$= \mu \Delta u_3 + \mu \left(\frac{2}{h_3^2 h_1} \frac{\partial h_3}{\partial q_1} \frac{\partial u_1}{\partial q_3} - \frac{2}{h_3 h_1^2} \frac{\partial h_1}{\partial q_3} \frac{\partial u_1}{\partial q_1} + \frac{2}{h_3^2 h_2} \frac{\partial h_3}{\partial q_2} \frac{\partial u_2}{\partial q_3} - \frac{2}{h_3 h_2^2} \frac{\partial h_2}{\partial q_3} \frac{\partial u_3}{\partial q_2}\right)$$

$$+ \mu \left\{\frac{1}{h_3} \frac{\partial}{\partial q_3}\left[\frac{1}{h_1 h_2 h_3} \frac{\partial (h_2 h_3)}{\partial q_1}\right] - \frac{1}{h_1 h_2} \frac{\partial}{\partial q_1}\left(\frac{h_2}{h_1 h_3} \frac{\partial h_1}{\partial q_3}\right)\right\} u_1$$

$$+ \mu \left\{\frac{1}{h_3} \frac{\partial}{\partial q_3}\left[\frac{1}{h_1 h_2 h_3} \frac{\partial (h_3 h_1)}{\partial q_2}\right] - \frac{1}{h_1 h_2} \frac{\partial}{\partial q_2}\left(\frac{h_1}{h_2 h_3} \frac{\partial h_2}{\partial q_3}\right)\right\} u_2$$

$$+ \mu \left\{\frac{1}{h_3} \frac{\partial}{\partial q_3}\left[\frac{1}{h_1 h_2 h_3} \frac{\partial (h_2 h_1)}{\partial q_3}\right] + \frac{1}{h_2 h_1} \frac{\partial}{\partial q_1}\left(\frac{h_2}{h_1 h_3} \frac{\partial h_3}{\partial q_1}\right) + \frac{1}{h_2 h_1} \frac{\partial}{\partial q_2}\left(\frac{h_1}{h_3 h_2} \frac{\partial h_3}{\partial q_2}\right)\right\} u_3$$

$$(3-141)$$

正压力项

$$- \nabla \cdot (p e_i e_i) = - g^k \cdot \frac{\partial p}{\partial q_k} e_i e_i - p \left(g^k \cdot \frac{\partial e_i}{\partial q_k}\right) e_i - p (g^k \cdot e_i) \frac{\partial e_i}{\partial q_k} \qquad (3-142)$$

$e_1$ 方向的分量为

$$-\nabla\cdot(pe_ie_i)\cdot e_1 = -\frac{1}{h_1}\frac{\partial p}{\partial q_1} + \frac{p}{h_2h_1}\frac{\partial h_2}{\partial q_1} + \frac{p}{h_3h_1}\frac{\partial h_3}{\partial q_1} \qquad (3-143)$$

同理 $e_2$、$e_3$ 方向分量分别为

$$-\nabla\cdot(pe_ie_i)\cdot e_2 = -\frac{1}{h_2}\frac{\partial p}{\partial q_2} + \frac{p}{h_2h_1}\frac{\partial h_1}{\partial q_2} + \frac{p}{h_3h_2}\frac{\partial h_3}{\partial q_2}$$

$$-\nabla\cdot(pe_ie_i)\cdot e_3 = -\frac{1}{h_3}\frac{\partial p}{\partial q_3} + \frac{p}{h_1h_3}\frac{\partial h_1}{\partial q_3} + \frac{p}{h_2h_3}\frac{\partial h_2}{\partial q_3} \qquad (3-144)$$

综合式（3-137）至式（3-144）得正交曲线坐标系下动量方程

$$\rho\left(\frac{\partial u_i}{\partial t}\right) + \rho(v\cdot\nabla)v\cdot e_i = \rho f_i - \nabla\cdot(pg_jg_j)\cdot e_i + \nabla\cdot(\mu\nabla v)\cdot e_i \quad (i=1,2,3)$$

$$(3-145)$$

式中：对流项、扩散项和压强梯度都同式（3-136）至式（3-142）。

### 3.7.3.3　部分转化

部分转化（partial transformation）是指坐标转化时，被输运变量仍采用笛卡儿坐标分量。如在动量方程对流项中计算输运通量的速度（independent velocity）常采用曲线坐标下的逆变速度，而作为被输运的速度（dependent velocity）却依然采用笛卡儿坐标速度 $u^i$。部分转化在计算河流动力学中也经常用到。

$$\frac{1}{J}\frac{\partial(JU^i)}{\partial q^i} = Q(q^1, q^2, q^3) \qquad (3-146)$$

$$\rho\frac{\partial u_i}{\partial t} + \frac{\rho}{J}\frac{\partial(JU^ju_i)}{\partial q^j} = \rho f_i - \frac{1}{J}\frac{\partial}{\partial q^j}(J\beta_i^jp) + \frac{1}{J}\frac{\partial}{\partial q^j}\left(\mu Jg^{jk}\frac{\partial u_i}{\partial q^k}\right) + F \qquad (3-147)$$

式中：$\beta_i^j$ 如式（3-89）所示，老坐标系为笛卡儿坐标，新坐标系为曲线坐标。

对物质 $\varphi$ 输运方程为

$$\frac{\partial\varphi}{\partial t} + \frac{1}{J}\frac{\partial(JU^j\varphi)}{\partial q^j} = \frac{1}{J}\frac{\partial}{\partial q^j}\left(\Gamma Jg^{jk}\frac{\partial\varphi}{\partial q^k}\right) + r(q^1, q^2, q^3) \qquad (3-148)$$

以上方程形式简单且保证了变量的守恒性。但需要说明的是，由于采用两种坐标，当计算坐标相对笛卡儿坐标旋转较大时，采用交错网格依然不能避免压力失偶问题。Wei Shyy 等（1986，1991）对此问题曾进行了较为详细的研究，但目前解决方法多基于插值处理。

## 3.8　初始条件和边界条件

本章各微分方程所描述的具体流动是由初始条件及其边界条件所确定的。

### 3.8.1　初始条件

初始条件就是初始时刻 $t=t_0$ 时，流体运动应满足的初始状态，即

$$\begin{cases} \boldsymbol{v}(t, \ x, \ y, \ z) = \boldsymbol{v}_0(x, \ y, \ z) \\ p(t, \ x, \ y, \ z) = p_0(x, \ y, \ z) \\ s(t, \ x, \ y, \ z) = s_0(x, \ y, \ z) \\ \varphi(t, \ x, \ y, \ z) = \varphi_0(x, \ y, \ z) \end{cases} \tag{3 - 149}$$

式中：$\varphi$ 表示其他输运物质和属性函数。

## 3.8.2　边界条件

所谓边界条件是指流体运动边界处方程组的解应该满足的条件，对于水流运动方程和泥沙输运方程必须给定固壁边界、上游来流、下游出口和自由表面边界等。根据数学形式和物理性质，边界的给定常分为三种

I 型边界：$\varphi = \varphi_0$

II 型边界：$\dfrac{\partial \varphi}{\partial x} = 0$

III 型边界：$\dfrac{\partial \varphi}{\partial x} = a\varphi + b$

### 3.8.2.1　固壁边界

（1）速度边界条件常采用无滑移条件

$$\boldsymbol{v}_{流} = \boldsymbol{v}_{固}$$

在湍流计算中，近壁第一个网格的速度值常并非直接求解，而是采用壁函数法计算。

（2）脉动边界

不同脉动方程边界的给定条件不同，对于常用的 $k$-$\varepsilon$ 模型，在壁面处采用

$$\frac{\partial k}{\partial n} = 0$$

近壁第一网格 $P$ 处 $\varepsilon$ 则并不直接求解，采用如下经验公式计算：

$$\varepsilon = \frac{C_\mu^{3/4} k_P^{3/2}}{y_P}$$

式中：$\kappa$ 为卡门常数，$\kappa = 0.42$；$U$ 和 $y$ 分别是 $P$ 节点的时均速度和到壁面的距离。

（3）压强边界

$$\frac{\partial p}{\partial n} = 0$$

### 3.8.2.2　上下游边界

1）上游来流常给定的是流量边界，在特定条件下也给定水位边界，如在潮界带上游流量未知时：

$$Q_{入口} = Q$$

2）出口常选择在变量沿边界法向变化很小的区域：

$$\frac{\partial \varphi}{\partial n} = 0$$

# 第 4 章　含颗粒固−液两相流数学模型

严格上讲，河流水沙运动属于含颗粒固液多相流运动，需要考虑水−颗粒、颗粒−颗粒的相互作用，多相流模型在河流动力研究中更具一般性。虽然目前计算速度和水沙资料尚无法满足多相流模型在长距离河流中的应用，但不少学者已在局部河段进行了尝试。从长期发展趋势来看，随着计算机的发展，经典多相流模型在河流数学模型中的推广将是发展的必然趋势。含颗粒多相流的基本理论，对于计算河流动力学的发展具有重要意义。

## 4.1　模型分类和选择

含颗粒固液两相流模型可分为拟流体模型（Eulerian−Eulerian）、颗粒轨道模型（Eulerian−Lagrangian，又称 Discrete particle model）以及拟颗粒模型（Lagragian−Lagragian）。

### 4.1.1　模型分类

（1）拟流体模型

拟流体模型假定，颗粒与流体都属连续介质，认为颗粒和流体互相渗透、各自具有不同的体积分数和速度。根据颗粒−流体相互作用的处理方法不同，拟流体模型进一步可分为无滑移模型、小滑移模型、混合模型以及多流体模型。

无滑移模型产生于 20 世纪 70 年代初期，是单相流多组分扩散模型的直接推广。模型采用欧拉法，固体相采用拟流体方法处理，且模型不考虑两相间滑移，即设颗粒和流体的速度在空间上处处相等。同时还假定颗粒湍流扩散系数和流体组分湍流扩散系数相等。

小滑移模型是 20 世纪 60 年代后期苏绍礼（Soo，1967）提出的。颗粒采用拟流体处理，且不考虑颗粒运动对流体的影响，假定颗粒和流体间的速度差异是由颗粒扩散和沉速所致。

混合模型对混合流体质量和质量加权速度分别建立连续性方程和动量输运方程。通过引入滑移速度反映相间速度的差异，具体大小直接由经验公式计算。模型适合于对相间作用力模拟精度要求不是很高的多相流问题。

多流体模型在 80 年代得到了发展。多流体模型对各相分别建立连续性方程和动量方程，相间作用通过压强和相间交换系数实现。相对其他拟流体模型，多流体模型是拟流体模型中准确性最高的模型，但计算量也最大，数值模型实现也相对较难。当研究问题的相间作用机理不够清楚或模型实现困难时，可以退一步选择混合模型。

（2）颗粒轨道模型

颗粒轨道模型（discrete particle model）将流体作为连续介质，而将颗粒视为离散体系。在欧拉坐标系下考察流体相的运动，而在拉格朗日坐标系下研究颗粒群的运动。由于颗粒轨道模型需要跟踪每一颗粒或颗粒群，因此占用内存和计算量较大，仅适用于颗粒浓度较小的多相流模拟。按颗粒轨道模型的进展，可分为单颗粒轨道模型和颗粒群轨道模型。

单颗粒轨道模型是 20 世纪 50—60 年代发展起来的模型，该模型考察流场中单颗粒平均轨道，忽略颗粒对液体流场的影响，不考虑颗粒的脉动（扩散冻结），因此模型较为简单。

颗粒群轨道模型是 20 世纪 80 年代出现的颗粒群拉格朗日模型，该模型在拉格朗日坐标系中考察颗粒群运动，并且考虑相间滑移。与单颗粒动力学模型不同的是，颗粒群轨道模型考虑颗粒对流体的质量、动量和能量作用，因而是双向耦合模型。颗粒群可按颗粒的粒径进行分组，每组颗粒始终具有相同速度。在 20 世纪 80 年代初期，Growe 等（1977）最先提出"确定轨道模型"，不考虑颗粒脉动等不确定因素影响。随后 80 年代中期 Gosman（1981）提出"随机轨道模型"，考虑颗粒脉动。

（3）拟颗粒模型

拟颗粒模型（pseudo-particle model）与拟流体模型相反，将流体和颗粒都视为离散颗粒。该模型能够很好地模拟局部颗粒和水流的作用，并可方便地进行边界的拟合。但该模型计算量大，更适用于稀薄气体的模拟，因此本书不予介绍。

## 4.1.2　模型对比

表 4-1 总结了 20 世纪 60 年代以来不同含颗粒多相流模型在颗粒相处理方面的差异。

表 4-1　颗粒相的不同处理方法

| | 处理方法 | 相间耦合 | 相间滑移 | 坐标 | 颗粒湍流脉动 |
|---|---|---|---|---|---|
| 小滑移拟流体模型 | 连续介质 | 单向 | 滑移=扩散 | 欧拉 | 扩散=滑移 |
| 无滑移拟流体模型 | 连续介质 | 部分双向 | 无 | 欧拉 | 有（与流体等同） |
| 双流体模型 | 连续介质 | 双向 | 有 | 欧拉 | 有 |
| 确定轨道模型 | 连续介质 | 双向 | 有 | 拉格朗日 | 有 |
| 随机轨道模型 | 连续介质 | 双向 | 有 | 拉格朗日 | 无 |
| 拟颗粒模型 | 离散体系 | 双向 | 有 | 拉格朗日 | 有 |

## 4.1.3　模型选择的依据

不同模型在准确性和经济性方面具有明显差异，而且在这两方面常常存在矛盾。需要根据研究问题涉及的多相流体运动的特征，如流体–颗粒耦合关系、颗粒–颗粒耦合特征，在满足准确性的前提下，选择最简单高效的模型。

颗粒轨道模型适用于颗粒体积浓度较小的计算。拟流体模型中，多流体模型、混合模型、小滑移模型和无滑移模型的计算量、实现难度和准确性都依次减小。当研究对象因其多尺度性或其他因素导致计算量非常大时，此时为了保证模型的可实现性，可以暂且采用无滑移模型。

此外关于多相流模型的选择还可参考一些重要参数，如颗粒 Stokes 数（$St$）、Hinze-Tchen 数（$Ht$）、Soo 数（$Sl$）等，具体见表 4-2。由表看出，当 $St<1$ 时，颗粒可以迅速跟随流体，可选择混合模型、小滑移模型和无滑移模型；而当 $St>1$，颗粒和流体存在较大滑移，因此需要采用多流体模型，此时若颗粒体积浓度较小时，可采用颗粒轨道模型。

表 4-2  多相流模型的选择参考

| 无量纲参数 | 表达式 | 判定 | |
|---|---|---|---|
| Stokes 数 ($St$) | $St = \tau_R/\tau_f$ | $St \ll 1$ | 颗粒追随流体极快，小滑移、无滑移假定适用 |
| | | $St \gg 1$ | 颗粒追随流体极慢，流体对颗粒影响很小 |
| | | 其他 | $St$ 越小追随性越好，小滑移和无滑移假定实用性越好 |
| Hinze-Tchen 数 ($Ht$) | $Ht = \tau_R/\tau_t$ | $Ht \ll 1$ | 颗粒极容易追随流体扩散，颗粒扩散可近似于流体扩散 |
| | | $Ht \gg 1$ | 颗粒极难追随流体扩散，需考虑颗粒自身脉动 |
| | | 其他 | $Ht$ 值越大，颗粒越容易追随流体扩散，颗粒扩散假定越可靠 |
| Soo 数 ($Sl$) | $Sl = \tau_R/\tau_S$ | $Sl \ll 1$ | 颗粒碰撞对颗粒运动影响极小，可以忽略 |
| | | $Sl \gg 1$ | 颗粒碰撞对颗粒运动影响极大，需要考虑 |
| | | 其他 | $Sl$ 越大，颗粒的影响越大 |

表 4-2 中各时间参数意义见表 4-3。

表 4-3  时间参数

| 参数 | 表达式 | 参数说明 |
|---|---|---|
| $\tau_f$ | $\tau_f = L/u$ | 流体流动时间 |
| $\tau_R$ | $\tau_R = d_S^2 \rho_S (18\mu)^{-1}$ | 颗粒松弛时间 |
| $\tau_{R1}$ | $\tau_{R1} = \tau_R(1 + Re_S^{2/3}/6)^{-1}$ | 颗粒平均运动弛豫时间 |
| $\tau_t$ | $\tau_t = l/u' = \dfrac{3}{2}C_\mu \dfrac{k}{\varepsilon}$ | 流体脉动时间（脉动扩散时间） |
| $\tau_S$ | $\tau_s = l/u'_S = (c\pi n_S r_S)^{-1}(u'_S)^{-1}$ | 颗粒碰撞时间 |

注：$L$ 表示流体特征长度；$l$ 表示颗粒间距；$Re_S$ 为颗粒雷诺数；$u'$、$u'_S$ 分别表示水流和颗粒的脉动速度；下标 $f$、$s$、$t$ 分别表示流体、颗粒和时间。

# 4.2  拟流体模型

## 4.2.1  瞬态体积平均方程构建

（1）控制体选取及体积平均概念的引入

拟流体模型假定颗粒在宏观上无限小，流体和颗粒满足拟连续性假定，即流体-颗粒在宏观上占据同一空间，相互渗透，各相速度和体积百分数在空间上连续分布。如图 4-1 所示，选取一控制体 $\delta V$，外表面积为 $\delta A$，在宏观上此控制体需要远远小于计算所需要分辨的尺度，但在微观上又需远远大于最大颗粒 $(d_k)_{\max}$（满足宏观上无限小）。控制体内 $K$ 相所占体积为 $\delta V_K$。

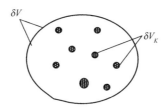

图 4-1　控制体示意

为了区分不同尺度，引入 $\tilde{\varphi}_K$、$\bar{\varphi}_K$ 和 $<\tilde{\varphi}_K>$：

$\tilde{\varphi}_K$ 表示 $K$ 相 $\varphi_K$ 的细观值，即特征尺度与流体质点尺度一致；

$\bar{\varphi}_K$ 表示 $\varphi_K$ 在 $\delta V_k$ 尺度下体积平均值，其特征尺度与控制体内 $K$ 相所占体积一致。为了方便表示，下面直接采用 $\varphi_K$ 表示。不做特别说明时 $\varphi_K$ 均表示 $\bar{\varphi}_K$；

$<\tilde{\varphi}_K>$ 表示总控制体 $\delta V$ 尺度内变量 $\tilde{\varphi}_K$ 的体积加权值，考察尺度与控制体尺度一致。

若 $\delta V$ 表示控制体体积，$\delta V_K$ 表示控制体内第 $K$ 相所占体积，$\alpha_K$ 为第 $K$ 相的体积分数。则 $\varphi_K$、$<\tilde{\varphi}_K>$ 可表示为

$$\varphi_K = \frac{1}{\delta V_K} \int_{\delta V_K} \tilde{\varphi}_K \mathrm{d}V \tag{4-1}$$

$$\alpha_K = \frac{\delta V_K}{\delta V} \tag{4-2}$$

$$\delta V = \sum \delta V_K \tag{4-3}$$

$$< \tilde{\varphi}_K > = \frac{1}{\delta V} \int_{\delta V_K} \tilde{\varphi}_K \mathrm{d}V = \frac{\delta V_K}{\delta V} \frac{1}{\delta V_K} \int_{\delta V_K} \tilde{\varphi}_K \mathrm{d}V = \alpha_K \varphi_K \tag{4-4}$$

与单相 Renolds 输运定理相似，$\tilde{\varphi}_K$ 导数的体积平均值和 $\tilde{\varphi}_K$ 的体积平均值的导数之间的关系为（Soo，1967）

$$\left\langle \frac{\partial \tilde{\varphi}_K}{\partial t} \right\rangle = \frac{\partial \langle \tilde{\varphi}_K \rangle}{\partial t} - \frac{1}{\delta V} \int_{\delta A_K} \tilde{\varphi}_K \boldsymbol{u}_R \cdot \boldsymbol{n} \cdot \mathrm{d}A \tag{4-5}$$

$$\left\langle \frac{\partial \tilde{\varphi}_{K,j}}{\partial x_i} \right\rangle = \frac{\partial \langle \tilde{\varphi}_{K,j} \rangle}{\partial x_i} + \frac{1}{\delta V} \int_{\delta A_K} \tilde{\varphi}_{K,j} \boldsymbol{n}_{K,j} \cdot \mathrm{d}A \tag{4-6}$$

式中：$\boldsymbol{u}_R$ 是相变所引起界面移动速度；$\boldsymbol{n}$ 是交界面 $A$ 外法向的单位向量。大写角标不考虑 Einstein 求和。

（2）瞬态体积平均方程

拟流体认为多相流所占同一空间，只是各自具有自己的体积分数。因此，取与 3.3 节单相流尺度相同的控制体，应用质量和动量守恒定律可得出第 $K$ 相的连续性方程和动量方程

$$\frac{\partial}{\partial t}(\tilde{\rho}_K) + \frac{\partial}{\partial x_j}(\tilde{\rho}_K \tilde{u}_{K,j}) = 0 \tag{4-7}$$

$$\frac{\partial}{\partial t}(\tilde{\rho}_K \tilde{u}_{K,i}) + \frac{\partial}{\partial x_j}(\tilde{\rho}_K \tilde{u}_{K,i} \tilde{u}_{K,j}) = -\frac{\partial \tilde{p}}{\partial x_i} + \mu_K \frac{\partial^2 \tilde{u}_{K,j}}{\partial^2 x_j} + \tilde{\rho}_K f_i \tag{4-8}$$

式中: $\tilde{\rho}_K f_i$ 是体积力。

利用式 (4-5) 和式 (4-6),对式 (4-7)、式 (4-8) 取体积平均,即可得到图 4-1 所示控制体尺度下的体积平均运动方程:

$$\frac{\partial}{\partial t}\langle \tilde{\rho}_K \rangle + \frac{\partial}{\partial x_j}\langle \tilde{\rho}_K \tilde{u}_{K,j} \rangle = \underbrace{-\frac{1}{\delta V}\int_{\delta A_K} \tilde{\rho}_K(\tilde{u}_{K,j} - \tilde{u}_{s,j})\boldsymbol{n}_{K,j} \cdot d\boldsymbol{A}}_{\text{I: 相变引起的质量源项}} \tag{4-9}$$

$$\frac{\partial}{\partial t}\langle \tilde{\rho}_K \tilde{u}_{K,i} \rangle + \frac{\partial}{\partial x_j}\langle \tilde{\rho}_K \tilde{u}_{K,i} \tilde{u}_{K,j} \rangle = -\frac{\partial}{\partial x_i}\langle p_K \rangle + \frac{\partial}{\partial x_j}\langle \mu_K \frac{\partial \tilde{u}_{K,i}}{\partial x_j} \rangle + \rho_K f_i$$

$$+ \underbrace{\frac{1}{\delta V}\int_{\delta A_K}\left(-\tilde{p}_K \delta_{ij} + \mu_K \frac{\partial \tilde{u}_{K,i}}{\partial x_j}\right)\boldsymbol{n}_{Kj} \cdot d\boldsymbol{A}}_{\text{II: 相间压力和黏性力}}$$

$$+ \underbrace{\frac{1}{\delta V}\int_{\delta A_K} -\tilde{\rho} \tilde{u}_{K,i}(\tilde{u}_{K,j} - \tilde{u}_{s,i})\boldsymbol{n}_{K,j} \cdot d\boldsymbol{A}}_{\text{III: 相变引起的动量源项}}$$

$$\tag{4-10}$$

式中: 相间作用项和转化项仍无法精确计算,通常采用基于颗粒-流体两相流的经验公式计算;I 项等效于多相流单位体积内相变质量源的体积平均值 $S_K$;II 项等效于相间阻力 $F_{D,i}$、升力 $F_{\text{lift},i}$、虚假质量力 $F_{VM,i}$ 等之和;III 项等效于相变引起的动量源项。

### 4.2.2 拟流体模型时均运动方程

#### 4.2.2.1 多流体模型

(1) 瞬时运动方程

利用式 (4-1) 至式 (4-4),由式 (4-9) 进一步可得 $P$ 相质量守恒方程

$$\frac{\partial \alpha_P}{\partial t} + \frac{\partial \alpha_P u_{P,j}}{\partial x_j} = S_p = \frac{1}{\rho_P}\sum_{R=1}^{N} \dot{m}_P^R \tag{4-11}$$

上式中 (4-9) 中质量源项直接用 $S_p$ 表示。$\dot{m}_P^R$ 表示从第 $R$ 相转化为 $P$ 相的质量。

$$\dot{m}_P^R = -\dot{m}_R^P, \qquad \dot{m}_P^P = 0 \tag{4-12}$$

利用式 (4-1) 至式 (4-4),由式 (4-10) 进一步可得 $P$ 相动量守恒方程

$$\frac{\partial(\alpha_P \rho_P u_{P,i})}{\partial t} + \frac{\partial(\alpha_P \rho_P u_{P,i} u_{P,j})}{\partial x_j} = -\alpha_P \frac{\partial p}{\partial x_i} + \frac{\partial}{\partial x_j}\left(\alpha_P \mu_P \frac{\partial u_{P,i}}{\partial x_j}\right) + \alpha_P \rho_P f_i + \sum_{L=1}^{N} R_{P,i}^L +$$

$$\alpha_P \rho_P(F_{\text{lift},P,i} + F_{V,P,i}) \tag{4-13}$$

式中: $F_{\text{lift},P,i}$、$F_{V,P,i}$ 分别是 $P$ 相所受的升力和虚假质量力,$R_{P,i}^L$ 是 $P$ 和 $L$ 相间的作用。$R_{P,i}^L$ 包含了相间摩擦力、压强、黏性等作用,且满足 $R_{P,i}^L = -R_{L,i}^P$,需利用经验公式进行封闭。

$$R_{P,\,i}^L = K_P^L(u_{L,\,i} - u_{P,\,i}) \tag{4-14}$$

式中：$K_P^L = K_L^P$ 是 $P$ 相和 $K$ 相的动量交换系数。

升力 $F_{\text{lift},P,i}$ 是流体速度梯度对颗粒相产生的升力作用，可由下式（Dupont et al，1993）计算

$$F_{\text{lift},\,P,\,i} = 0.5\rho_P\alpha_S\varepsilon_{ijk}\,|u_{P,\,j} - u_{S,\,j}|\,\varepsilon_{kmn}\frac{\partial v_{P,\,m}}{\partial x_n} \tag{4-15}$$

在大多数条件下，$F_{\text{lift},P,i}$ 远小于拖曳力，常可忽略不计，尤其对粒径很小的颗粒。

"虚假质量力"是颗粒相 $S$ 相对于主相 $P$ 加速时所产生的力。当颗粒相的密度相对于主相很小时虚假质量力影响很小，可以忽略。

$$F_{V,\,i} = 0.5\alpha_S\rho_S\left(\frac{\mathrm{d}_P u_{P,\,i}}{\mathrm{d}t} - \frac{\mathrm{d}_S u_{S,\,i}}{\mathrm{d}t}\right) \tag{4-16}$$

式中：$\dfrac{\mathrm{d}_P}{\mathrm{d}t}$ 表示 $P$ 相的时间导数

$$\frac{\mathrm{d}_P\varphi}{\mathrm{d}t} = \frac{\partial_P\varphi}{\partial t} + u_{P,\,j}\frac{\partial\varphi}{\partial x_j} \tag{4-17}$$

综合式（4-13）至式（4-17），可得流体 $P$ 相动量方程

$$\begin{aligned}\frac{\partial(\alpha_P\rho_P u_{P,\,i})}{\partial t} + \frac{\partial(\alpha_P\rho_P u_{P,\,i}u_{P,\,j})}{\partial x_j} = &-\alpha_P\frac{\partial p}{\partial x_i} + \frac{\partial}{\partial x_j}\left(\alpha_P\mu_P\frac{\partial u_{P,\,i}}{\partial x_j}\right) + \alpha_P\rho_P f_i\\ &+ \alpha_P\rho_P(F_{\text{lift},\,P,\,i} + F_{V,\,P,\,i}) + \sum_{L\neq P}K_P^L(u_{L,\,i} - u_{P,\,i})\end{aligned} \tag{4-18}$$

颗粒 $S$ 相动量方程

$$\begin{aligned}\frac{\partial(\alpha_S\rho_S u_{S,\,i})}{\partial t} + \frac{\partial(\alpha_S\rho_S u_{S,\,i}u_{S,\,j})}{\partial x_j} = &-\alpha_S\frac{\partial p}{\partial x_i} + \frac{\partial}{\partial x_j}\left(\alpha_S\mu_S\frac{\partial u_{S,\,i}}{\partial x_j}\right) + \alpha_S\rho_S f_i\\ &+ \alpha_S\rho_S(F_{S,\,i} + F_{\text{lift},\,S,\,i} + F_{V,\,S,\,i}) + \sum_{L\neq P}K_L^S(u_{L,\,i} - u_{S,\,i})\end{aligned} \tag{4-19}$$

式中：$L$ 表示除颗粒 $S$ 相外的其他相；$K_L^S = K_S^L$ 是 $P$ 相和 $S$ 相的动量交换系数。

1）固液交换系数 $K_L^S$ 可采用下式计算

$$K_L^S = \alpha_S\rho_S f/\tau_{S,\,L} \tag{4-20}$$

式中：颗粒松弛时间 $\tau_{S,L}$ 可表示为

$$\tau_{S,\,L} = \frac{\rho_S d_S^2}{18\mu_L} \tag{4-21}$$

而式（4-20）中 $f$ 可采用下式确定（Syamlal and O'Brien，1989）

$$f = \frac{C_D Re_S\alpha_L}{24v_{R,\,s}^2} \tag{4-22}$$

式中：$C_D$ 可由下式计算（Dalla Valle，1948）

$$C_D = \left(0.63 + \frac{4.8}{\sqrt{Re_S/v_{R,\,s}}}\right)^2 \tag{4-23}$$

在 Wen 和 Yu 公式（Wen and Yu, 1966）中，$C_D$ 采用下式计算

$$C_D = \frac{24}{\alpha_L Re_S}\left[\, 1 + 0.15(\alpha_L Re_S)^{0.687}\,\right] \qquad (4-24)$$

$Re_S$ 和 $v_{R,S}$ 采用下式计算

$$Re_S = \frac{\rho_L d_S |\boldsymbol{u}_S - \boldsymbol{u}_L|}{\mu_L} \qquad (4-25)$$

$$v_{R,S} = \left(A - 0.06Re_S + \sqrt{(0.06Re_S)^2 + 0.12Re_S(2B-A) + A^2}\right)/2 \qquad (4-26)$$

式中：$A = \alpha_L^{4.14}$；当 $\alpha_L \leqslant 0.85$ 时，$B = 0.8\alpha_L^{1.28}$；当 $\alpha_L > 0.85$ 时，$B = \alpha_L^{2.65}$。

2）颗粒-颗粒相互作用系数 $K_S^L$ 可采用下式（Syamlal, 1987）计算

$$K_s^L = \frac{3(1+e_{LS})\left(\dfrac{\pi}{2} + C_{fr,LS}\dfrac{\pi^2}{8}\right)\alpha_S\rho_S\alpha_L\rho_L(d_L + d_S)^2 g_{0,LS}}{2\pi(\rho_L d_L^3 + \rho_S d_S^3)}|\boldsymbol{u}_S - \boldsymbol{u}_L| \qquad (4-27)$$

式中：$e_{LS}$ 为恢复系数；$C_{fr,LS}$ 为 $L$ 相和 $S$ 相的摩擦系数；$d_L$ 为 $L$ 相固体颗粒的粒径；$g_{0,LS}$ 颗粒级配。

颗粒级配函数采用如下方法计算：

①当颗粒浓度较大时，可用颗粒级配函数 $g_0$ 作为表述颗粒碰撞可能性的参数：

$$g_0 = \frac{l_s + d_p}{l_s} \qquad (4-28)$$

式中：$l_s$ 表示颗粒间距离，由该式可反映出当 $l_s \to \infty$ 时，$g_0 = 0$；当 $l_s \to 0$ 时，$g_0 = 1$。

②$g_0$ 也可采用下式计算（Ogawa et al, 1980）

$$g_0 = \left[\, 1 - \left(\frac{\alpha_S}{\alpha_{S,\,max}}\right)^{\frac{1}{3}}\,\right]^{-1} \qquad (4-29a)$$

当颗粒相多于 1 时，上式变为

$$g_{0,LL} = \left[\, 1 - \left(\frac{\alpha_L}{\alpha_{L,\,max}}\right)^{\frac{1}{3}}\,\right]^{-1} \qquad (4-29b)$$

式中：$\alpha_{L,\,max}$ 为

$$\alpha_{L,\,max} = \frac{d_M g_{0,\,LL} + d_L g_{0,\,MM}}{d_M + d_L} \qquad (4-30)$$

③Lun 等（1984）采用下式计算

$$g_0 = \left[\, 1 - \left(\frac{\alpha_S}{\alpha_{S,\,max}}\right)\,\right]^{-2.5\alpha_{S,\,max}} \qquad (4-31)$$

式中：$\alpha_{S,\,max}$ 为泥沙最大体积分数。

（2）时均运动方程

类似于单相流，应用式（3-33）对上述方程取 Renolds 时均（为了方便表示，下面在介绍时均方程时，直接用 $\varphi$ 表示时均量 $\overline{\varphi}$），可得时均运动方程。

流体 $P$ 相连续性方程

$$\frac{\partial \alpha_P}{\partial t} + \frac{\partial(\alpha_P u_{P,j})}{\partial x_j} = \frac{1}{\rho_P} \sum_{K=1}^{n} \dot{m}_P^K - \frac{\partial(\overline{\alpha'_P u'_{P,j}})}{\partial x_j} \tag{4-32}$$

流体 $P$ 相动量方程

$$\frac{\partial(\alpha_P \rho_P u_{P,i})}{\partial t} + \frac{\partial(\alpha_P \rho_P u_{P,i} u_{P,j})}{\partial x_j} = -\alpha_P \frac{\partial p}{\partial x_i} + \frac{\partial}{\partial x_j}\left(\alpha_P \mu_P \frac{\partial u_{P,i}}{\partial x_j}\right) + \alpha_P \rho_P f_i$$
$$+ \alpha_P \rho_P (F_{\text{lift},P,i} + F_{V,P,i}) + \sum_{L \neq P} K_P^L (u_{L,i} - u_{P,i})$$
$$- \rho_P \frac{\partial(u_{P,j}\overline{\alpha'_P u'_{P,i}} + u_{P,i}\overline{\alpha'_P u'_{P,j}} + \alpha_P \overline{u'_{P,i} u'_{P,j}})}{\partial x_j}$$
$$\tag{4-33}$$

颗粒 $S$ 相动量方程

$$\frac{\partial(\alpha_S \rho_S u_{S,i})}{\partial t} + \frac{\partial(\alpha_S \rho_S u_{S,i} u_{S,j})}{\partial x_j} = -\alpha_S \frac{\partial p_S}{\partial x_i} + \frac{\partial}{\partial x_j}\left(\alpha_S \mu_S \frac{\partial u_{S,i}}{\partial x_j}\right) + \alpha_S \rho_S f_i$$
$$+ \alpha_S \rho_S (F_{S,i} + F_{\text{lift},S,i} + F_{V,S,i}) + \sum_{L \neq S} K_L^S (u_{L,i} - u_{S,i})$$
$$- \rho_S \frac{\partial(u_{S,j}\overline{\alpha'_S u'_{S,i}} + u_{S,i}\overline{\alpha'_S u'_{S,j}} + \alpha_S \overline{u'_{S,i} u'_{S,j}})}{\partial x_j}$$
$$\tag{4-34}$$

### 4.2.2.2 混合模型

混合模型（mixture model）直接将混合流体类似于单相流建立质量和动量方程，各相间相对滑移速度通过经验公式给定。模型引入混合密度 $\rho_M$ 和混合速度 $u_M$，如固液混合流体平均密度和混合流体平均速度（水沙两相流中也称浑水密度和浑水速度）

$$\rho_M = \sum_{P=1}^{N} \alpha_P \rho_P \tag{4-35}$$

$$u_{M,i} = \left(\sum_{P=1}^{N} \alpha_P \rho_P u_{P,i}\right) \Big/ \rho_M \tag{4-36}$$

式中：$N$ 为多相流体相数。

假定滑移速度 $V_{P,i} = u_{P,i} - u_{M,i}$，直接对多流体模型各相控制方程求和并取时均，可得混合流体的时均连续性方程和动量方程。

（1）连续性方程

$$\frac{\partial \rho_M}{\partial t} + \frac{\partial(\rho_M u_{M,j})}{\partial x_j} = \dot{m} \tag{4-37}$$

式中：$\dot{m}$ 为质量源项。

（2）动量方程

$$\frac{\partial}{\partial t}(\rho_M u_{M,i}) + \frac{\partial}{\partial x_j}(\rho_M u_{M,i} u_{M,j}) = -\frac{\partial p}{\partial x_j} + \frac{\partial}{\partial x_j}\left(\mu_M \frac{\partial u_{M,i}}{\partial x_j}\right) + \rho_M g_i + F_i$$
$$+ \frac{\partial}{\partial x_j}\left(\sum_{K=1}^{n} \alpha_K \rho_K V_{K,i} V_{K,j}\right) - \frac{\partial}{\partial x_j}\sum_{P=1}^{N} \rho_P(u_{P,j}\overline{\alpha'_P u'_{P,i}} + v_{P,i}\overline{\alpha'_P u'_{P,j}} + \alpha_P \overline{u'_{P,i} u'_{P,j}})$$
$$\tag{4-38}$$

式中：$\mu_M$ 是混合流体的脉动黏性系数。

$$\mu_M = \sum_{P=1}^{N} \alpha_P \mu_P \qquad (4-39)$$

（3）体积分数方程

$P$ 相体积百分比 $\alpha_P$ 可仍然采取下式计算

$$\frac{\partial \alpha_P \rho_P}{\partial t} + \frac{\partial \alpha_P \rho_P u_{M,i}}{\partial x_j} = \frac{\partial (\alpha_P \rho_P V_{P,j})}{\partial x_j} - \frac{\partial (\rho_P \overline{\alpha'_P u'_{M,j}})}{\partial x_j} \qquad (4-40)$$

（4）滑移速度 $V_{P,i}$（drift velocity）计算

目前关于滑移速度的给定并不成熟，常直接由 $L$ 相与主相 $P$ 相的相对速度给定：

$$u_{P,i}^L = u_{L,i} - u_{P,i} = -u_{L,i}^P \qquad (4-41)$$

$V_{P,i}$ 与 $u_{L,i}^P$ 的关系为

$$V_{P,i} = u_{P,i} - u_{M,i} = u_{L,i}^P - \sum_{K=1}^{N} \frac{\alpha_K \rho_K}{\rho_M}(u_{K,i} - u_{L,i}) = u_{L,i}^P - \sum_{K=1}^{N} \frac{\alpha_K \rho_K}{\rho_M} u_{L,i}^K \qquad (4-42)$$

由于 $u_{L,i}$、$u_{P,i}$ 本身未知，相对速度常用下式确定

$$u_{L,i}^P = \tau_L^P a_i \qquad (4-43)$$

式中：$a_i$ 是颗粒的加速度；$\tau_q^L$ 为颗粒松弛时间（Schiller and Naumann，1935）：

$$a_i = g_i - \frac{\partial u_{M,i}}{\partial x_j} u_{M,j} - \frac{\partial u_{M,i}}{\partial t} \qquad (4-44)$$

$$\tau_L^P = \frac{(\rho_M - \rho_P) d_P^2}{18 \mu_L f_{\text{drag}}} \qquad (4-45)$$

$$f_{\text{drag}} = \begin{cases} 1 + 0.15 Re^{0.687}, & Re \leqslant 1\,000 \\ 0.018\,3 Re, & Re > 1\,000 \end{cases} \qquad (4-46)$$

### 4.2.2.3　小滑移模型

小滑移模型在混合模型的基础上进一步假定，颗粒相滑移速度 $V_{S,j}$ 与颗粒运动速度无关，仅是颗粒扩散的结果

$$\alpha_S \rho_S V_{S,j} = E_{t,s} \frac{\partial (\alpha_S \rho_S)}{\partial x_j} \qquad (4-47)$$

代入式（4-40）得到颗粒 $S$ 相连续性方程

$$\frac{\partial \alpha_S \rho_S}{\partial t} + \frac{\partial \alpha_S \rho_S u_{M,j}}{\partial x_j} = E_{t,s} \frac{\partial^2 (\alpha_S \rho_S)}{\partial x_j^2} - \frac{\partial (\rho_S \overline{\alpha'_S u'_{M,j}})}{\partial x_j} \qquad (4-48)$$

式中：$E_{t,S}$ 是颗粒脉动扩散系数。

### 4.2.2.4　无滑移模型

无滑移模型是最简单的含颗粒两相流模型。模型直接假定颗粒滑移速度 $V_P = 0$，即认为颗粒时均速度与相邻流体速度一致。颗粒湍流扩散直接类比流体扩散，采用类似 Fick 扩散的梯度模拟

$$\rho_S \overline{\alpha'_S u'_{M,j}} = -\frac{\mu_{t,M}}{\sigma_M}\frac{\partial \alpha_S}{\partial x_j} \tag{4-49}$$

式中：$\sigma_M$ 为 Schmidt 数，代入式（4-40）式并考虑到滑移速度为零：

$$\frac{\partial \alpha_S}{\partial t} + \frac{\partial \alpha_S u_{S,j}}{\partial x_j} = \frac{\mu_{t,M}}{\sigma_S}\frac{\partial^2 \alpha_S}{\partial x_j^2} \tag{4-50}$$

无滑移假设下模型实际上回归到单相流多组分浓度方程，成为一种消极扩散模型。

将 $V_{S,i}=0$ 代入式（4-38）可得无滑移模型混合流体动量方程

$$\frac{\partial}{\partial t}(\rho_M u_{M,i}) + \frac{\partial}{\partial x_j}(\rho_M u_{M,i} u_{M,j}) = -\frac{\partial p}{\partial x_i} + \frac{\partial}{\partial x_j}\left(\mu_M \frac{\partial u_{M,i}}{\partial x_j}\right) + \rho_M g_i + F_i$$

$$-\frac{\partial}{\partial x_j}\sum_{K=1}^{N}\rho_K(u_{K,j}\overline{\alpha'_K u'_{K,i}} + v_{K,i}\overline{\alpha'_{K,i} u'_{K,j}} + \alpha_K \overline{u'_{K,i} u'_{K,j}})$$

$$\tag{4-51}$$

## 4.2.3　拟流体模型的湍流模拟方法

拟流体湍流模型首先假定颗粒相具有类似于流体的湍流特性。相较于单相湍流模型，多相湍流模型发展更多受到模型计算量的限制。目前湍流计算使用较多的是雷诺时均法。雷诺应力的求解主要采用雷诺应力方程及黏性系数法，在工程应用中更多采用黏性系数法。

### 4.2.3.1　多相湍流雷诺应力模型

多相湍流雷诺应力模型构建的基本思想与单相流一致，但需要对相间作用所产生的附加项进行封闭。以两相流为例，流体 $P$ 相和颗粒 $S$ 相的雷诺应力输运方程

$$\frac{\partial}{\partial t}(\rho_P \overline{u'_{P,i} u'_{P,j}}) + \frac{\partial}{\partial x_k}(\rho_P u_{P,k}\overline{u'_{P,i} u'_{P,j}}) = \underbrace{-\rho_P\left(\overline{u'_{P,i} u'_{P,k}}\frac{\partial u_j}{\partial x_k} + \overline{u'_{P,j} u'_{P,k}}\frac{\partial u_{P,i}}{\partial x_k}\right)}_{G_{P,ij}:剪切应力}$$

$$\underbrace{+ \overline{p'\left(\frac{\partial u'_{P,i}}{\partial x_j} + \frac{\partial u'_{P,j}}{\partial x_i}\right)}}_{P_{P,ij}:压力} \underbrace{- \frac{\partial}{\partial x_k}\left[\rho_P \overline{u'_{P,i} u'_{P,j} u'_{P,k}} + \overline{p' u'_{P,j}}\delta_{ik} + \overline{p' u'_{P,i}}\delta_{jk} - \mu_P \frac{\partial}{\partial x_k}(\overline{u'_{P,i} u'_{P,j}})\right]}_{D_{P,ij}:扩散项}$$

$$\underbrace{- 2\mu_P\left(\overline{\frac{\partial u'_{P,i}}{\partial x_k}\frac{\partial u'_{P,j}}{\partial x_k}}\right)}_{\varepsilon_{P,ij}:耗散项} + \underbrace{\sum_S \frac{\rho_P k_P}{\tau_{R,S}}(\overline{u'_{S,i} u'_{P,j}} + \overline{u'_{S,j} u'_{P,i}} - 2\overline{u'_{P,i} u'_{P,j}})}_{F_{PS,ij}:颗粒阻力}$$

$$\tag{4-52}$$

$$\frac{\partial}{\partial t}(\alpha_S \overline{u'_{S,i} u'_{S,j}}) + \frac{\partial}{\partial x_k}(\alpha_S u_{S,k} \overline{u'_{S,i} u'_{S,j}}) =$$

$$\underbrace{- (u_{S,k} \overline{\alpha'_S u'_{S,j}} + \alpha_S \overline{u'_{S,k} u'_{S,j}}) \frac{\partial u_{S,i}}{\partial x_k} - (u_{S,k} \overline{\alpha'_S u'_{S,i}} + \alpha_S \overline{u'_{S,k} u'_{S,i}}) \frac{\partial u_{S,j}}{\partial x_k}}_{G_{S,ij}:\text{剪切应力}}$$

$$\underbrace{- \frac{\partial}{\partial x_k}\left[ \alpha_S \overline{u'_{S,k} u'_{S,i} u'_{S,j}} \right]}_{D_{S,ij}:\text{扩散项}}$$

$$\underbrace{+ \left(\frac{1}{\tau_{R,S}} + \frac{\dot{m}_S}{m_S}\right)\left[ \alpha_S(\overline{u'_i u'_{S,j}} + \overline{u'_{S,j} u'_{P,i}} - 2\overline{u'_{S,i} u'_{S,j}}) \right] + (u_{P,i} - u_{S,i}) \overline{\alpha'_S u'_{S,j}} + (u_j - u_{S,j}) \overline{\alpha'_S u'_{S,i}}}_{F_{SP,ij}:\text{颗粒阻力引起的产生/耗散}}$$

$$(4-53)$$

进一步建立 $\overline{\alpha'_S u'_{S,j}}$、$\overline{u'_{S,i} u'_{P,j}}$ 和 $\overline{\alpha'_S \alpha'_S}$ 的输运方程

$$\frac{\partial}{\partial t}(\alpha_S \overline{\alpha'_S u'_{S,j}}) + \frac{\partial}{\partial x_k}(\alpha_S u_{S,k} \overline{\alpha'_S u'_{S,i}}) =$$

$$- \frac{\partial}{\partial x_k}\left[ \alpha_S \overline{\alpha'_S u'_{S,i} u'_{S,k}} + u_{S,k} \overline{\alpha'_S \alpha'_S u'_{S,i}} + u_{S,i} \overline{\alpha'_S \alpha'_S u'_{S,k}} + \overline{\alpha'_S \alpha'_S u'_{S,i} u'_{S,k}} \right]$$

$$+ \frac{1}{\tau_{R,S}}\left[ (u_{P,i} - u_{S,i}) \overline{\alpha'_S \alpha'_S} - \alpha_S \overline{\alpha'_S u'_{S,i}} \right] - (\alpha_S \overline{\alpha'_S u'_{S,k}} + u_{S,k} \overline{\alpha'_S \alpha'_S}) \frac{\partial u_{S,i}}{\partial x_k}$$

$$- 2(\alpha_S \overline{\alpha'_S u'_{S,i}} + u'_{S,i} \overline{\alpha'_S \alpha'_S}) \frac{\partial u_{S,k}}{\partial x_k} - (\alpha_S \overline{u'_{S,i} u'_{S,k}} - 2u_{S,i} \overline{\alpha'_S u'_{S,k}} + u_{S,k} \overline{\alpha'_S u'_{S,i}}) \frac{\partial \alpha_S}{\partial x_k}$$

$$+ \overline{\alpha'_S \alpha'_S} f_i \qquad (4-54)$$

$$\frac{\partial}{\partial t}(\overline{u'_{S,i} u'_{P,j}}) + (u_{S,k} + u_{P,k}) \frac{\partial}{\partial x_k} \overline{u'_{S,i} u'_{P,j}} = - \frac{\partial}{\partial x_k}(\overline{u'_{P,k} u'_{P,j} u'_{S,i}} + \overline{u'_{S,k} u'_{S,i} u'_{P,j}})$$

$$- (u_{S,k} \overline{\alpha'_S u'_{S,i}} + \alpha_S \overline{u'_{S,k} u'_{S,i}}) \frac{\partial u_{S,j}}{\partial x_k}$$

$$+ \frac{1}{\alpha_P \tau_{R,s}}\left[ \alpha_S \overline{u'_{S,i} u'_{S,j}} + \alpha_P \overline{u'_{P,i} u'_{P,j}} - (\alpha_S + \alpha_P) \overline{u'_{S,i} u'_{P,j}} \right]$$

$$- \left( \overline{u'_{S,k} u'_{P,j}} \frac{\partial u_{S,i}}{\partial x_k} + \overline{u'_{S,i} u'_{P,k}} \frac{\partial u_{P,j}}{\partial x_k} \right) - \frac{k}{\varepsilon} \overline{u'_{S,i} u'_{P,i}} \delta_{ij}$$

$$(4-55)$$

$$\frac{\partial}{\partial t}(\alpha_S \overline{\alpha'_S \alpha'_S}) + \frac{\partial}{\partial x_k}(\alpha_S u_{S,k} \overline{\alpha'_S \alpha'_S}) =$$

$$- \frac{\partial}{\partial x_k}(\alpha_S \overline{\alpha'_S \alpha'_S u'_{S,k}} + u_{S,k} \overline{\alpha'_S \alpha'_S \alpha'_S} + \overline{\alpha'_S \alpha'_S \alpha'_S u'_{S,k}})$$

$$- 2\alpha_S \overline{\alpha'_S \alpha'_S} \frac{\partial u_{S,k}}{\partial x_k} - 2\alpha_S \overline{\alpha'_S u'_{S,k}} \frac{\partial \alpha_S}{\partial x_k} \qquad (4-56)$$

$$\frac{\partial}{\partial t}(\alpha_P k_P) + \frac{\partial}{\partial x_k}(\alpha_P u_{P,\,k} k_P) = -\frac{\partial}{\partial x_k}\left(\alpha_P \overline{u'^2_{P,\,i} u'_{P,\,k}}/2 + \overline{p' u'_{P,\,k}} - \alpha_P \nu_P \frac{\partial k_P}{\partial x_k}\right)$$

$$-\alpha_P\left(\overline{u'_{P,\,i} u'_{P,\,k} \frac{\partial u_i}{\partial x_k}}\right) - \alpha_P \nu_P \overline{\left(\frac{\partial u'_{P,\,i}}{\partial x_k}\right)^2} + \sum_S \frac{1}{\tau_{R,\,S}}(\overline{u'_{S,\,i} u'_{P,\,i}} - 2k_P)$$

$$(4-57)$$

$$\frac{\partial}{\partial t}(\alpha_S k_S) + \frac{\partial}{\partial x_k}(\alpha_S u_{S,\,k} k_S) = -\frac{\partial}{\partial x_k}\left(\alpha_S \overline{u'_{S,\,k} u'^2_{S,\,i}}/2\right) - \left(\alpha_S \overline{u'_{S,\,j} u'_{S,\,i}} \frac{\partial u_{S,\,i}}{\partial x_j}\right)$$

$$+\left(\frac{1}{\tau_{R,\,S}} + \frac{\dot{m}_S}{m_S}\right)\left\{\left[\alpha_S(\overline{u'_{S,\,i} u'_{P,\,i}} - 2k_S)\right] + (u_{P,\,i} - u_{S,\,i})\overline{\alpha'_S u'_{S,\,i}}\right\}$$

$$(4-58)$$

基于式（4-54）至式（4-58），类似于单相流雷诺应力的封闭，采用量纲分析法、各向同性假设，并对三阶关联项梯度概化，可获得雷诺应力输运方程式（4-52）和式（4-53）的最终封闭形式（Zhou et al，1994）

$$D_{P,\,ij} = -\frac{\partial}{\partial x_k}\left[c_S \frac{k_P}{\varepsilon_P} \overline{u'_{S,\,k} u'_{S,\,l}} \frac{\partial \overline{u'_{P,\,i} u'_{P,\,j}}}{\partial x_l}\right]$$

$$G_{P,\,ij} = -\rho_P\left(\overline{u'_{P,\,i} u'_{P,\,k}} \frac{\partial u_{P,\,j}}{\partial x_k}\right) + \overline{u'_{P,\,j} u'_{P,\,k}} \frac{\partial u_{P,\,i}}{\partial x_k}\right)$$

$$P_{P,\,ij} = -c_1 \frac{\varepsilon_P}{k_P}\rho_P(\overline{u'_{P,\,i} u'_{P,\,j}} - \frac{2}{3}\delta_{ij} k_P) - c_2\left(G_{ij} + \frac{2}{3}\delta_{ij}\rho_P \overline{u'_{P,\,i} u'_{P,\,k}} \frac{\partial u_{P,\,i}}{\partial x_k}\right)$$

$$G_{PS,\,ij} = \sum_S \frac{\rho_P k_P}{\tau_{R,\,S}}(\overline{u'_{S,\,i} u'_i} + \overline{u'_{S,\,j} u'_i} - 2\overline{u'_{P,\,i} u'_{P,\,j}})$$

$$(4-59)$$

$$D_{S,\,ij} = -\frac{\partial}{\partial x_k}\left[\alpha_S c_S^P \frac{k_S}{\varepsilon_S} \overline{u'_{S,\,k} u'_{S,\,l}} \frac{\partial}{\partial x_l}(\overline{u'_{S,\,i} u'_{S,\,j}})\right]$$

$$G_{S,\,ij} = -(u_{S,\,k}\overline{\alpha'_S u'_{S,\,j}} + \alpha_S \overline{u'_{S,\,k} u'_{S,\,j}}) \frac{\partial u_{S,\,i}}{\partial x_k} - (u_{S,\,k}\overline{\alpha'_S u'_{S,\,i}} + \alpha_S \overline{u'_{S,\,k} u'_{S,\,i}}) \frac{\partial u_{S,\,j}}{\partial x_k}$$

$$F_{SP,\,ij} = \left(\frac{1}{\tau_{R,\,S}} + \frac{\dot{m}_S}{m_S}\right)\left[\alpha_S(\overline{u'_{S,\,i} u'_{P,\,j}} + \overline{u'_{S,\,j} u'_{P,\,i}} - 2\overline{u'_{S,\,i} u'_{S,\,j}})\right]$$

$$+ (u_{P,\,i} - u_{S,\,i})\overline{\alpha'_S u'_{S,\,j}} + (u_{P,\,j} - u_{S,\,j})\overline{\alpha'_S u'_{S,\,i}}$$

$$(4-60)$$

### 4.2.3.2　涡黏系数法

（1）欧拉型多相湍流模型

欧拉型多相湍流模型对 $P$ 相动量方程的雷诺应力引入涡黏系数 $\mu_{t,\,P}$，类似于单相流有

$$-\overline{u'_{P,\,i} u'_{P,\,j}} = \mu_{t,\,P}\left(\frac{\partial u_{P,\,i}}{\partial x_j} + \frac{\partial u_{P,\,j}}{\partial x_i}\right) \qquad (4-61)$$

$$- \rho_P \overline{\alpha_P u'_{P,j}} = \frac{\mu_{t,P}}{\sigma_P} \frac{\partial \alpha_P}{\partial x_j} \tag{4-62}$$

其中 $\mu_{t,P}$ 同理可采用代数模型、一方程和二方程。常将流体 $P$ 相视为单相流采用 $k_P - \varepsilon_P$ 法直接计算 $\mu_{t,P}$。而颗粒-颗粒、颗粒-流体间脉动作用机理相对复杂，$k_S - \varepsilon_S$ 方程相对还未完善，根据具体情况选择代数模型、一方程模型和二方程模型：

1）代数模型 $A_s$。

Hinze（1975）在颗粒和气体两相流动中，基于 Tchen 颗粒追随流体脉动的观测结果，提出 Hinze-Tchen 代数模型：

$$\frac{\mu_{t,S}}{\mu_{t,P}} = \left(\frac{k_S}{k_P}\right)^2 = \frac{1}{(1 + \tau_R/\tau_T)} \tag{4-63}$$

模型主要考虑到颗粒按斯托克斯阻力作相对脉动的弛豫时间 $\tau_R$ 以及流体脉动时间 $\tau_T$。按照公式，颗粒脉动永远小于流体脉动，且颗粒脉动随粒径增大而减小。

2）二方程模型 $k_S$-$\varepsilon_S$。

类似于单相流

$$\mu_{t,S} = \rho_S C_\mu \frac{k_S^2}{\varepsilon_S} \tag{4-64}$$

相应地，$k_S$ 和 $\varepsilon_S$ 的方程分别为

$$\begin{aligned}
\frac{\partial \alpha_S \rho_S k_S}{\partial t} + \frac{\partial(\alpha_S \rho_S u_{S,j} k_S)}{\partial x_j} &= \frac{\partial}{\partial x_j}\left(\alpha_S \frac{\mu_{t,S}}{\sigma_k} \frac{\partial k_S}{\partial x_j}\right) + \alpha_S G_{k,S} - \alpha_S \rho_S \varepsilon_S \\
&+ \sum_{L=1}^{N} K_{LS}(C_{LS} k_L - C_{SL} k_S) - \sum_{L=1}^{N} K_{LS}(u_{Li} - u_{Si}) \frac{\mu_{t,L}}{\alpha_L \sigma_L} \frac{\partial \alpha_L}{\partial x_i} \\
&+ \sum_{L=1}^{N} K_{LS}(U_{L,i} - U_{S,i}) \frac{\mu_{t,S}}{\alpha_S \sigma_S} \frac{\partial \alpha_S}{\partial x_i}
\end{aligned} \tag{4-65}$$

$$\begin{aligned}
\frac{\partial \alpha_S \rho_S \varepsilon_S}{\partial t} + \frac{\partial(\alpha_S \rho_S u_{S,j} \varepsilon_S)}{\partial x_j} &= \frac{\partial}{\partial x_j}\left(\alpha_S \frac{\mu_{t,S}}{\sigma_\varepsilon} \frac{\partial \varepsilon_S}{\partial x_j}\right) + \alpha_S \frac{\varepsilon_S}{k_S}\left\{(C_{1\varepsilon} G_{K,S} - C_{2\varepsilon} \rho_S \varepsilon_S)\right. \\
&+ C_{3\varepsilon}\left[\sum_{L=1}^{N} K_{LS}(C_{LS} k_L - C_{SL} k_S) - \sum_{L \neq S} K_{LS}(U_{L,i} - U_{S,i}) \frac{\mu_{t,L}}{\alpha_L \sigma_L} \frac{\partial \alpha_L}{\partial x_i}\right. \\
&\left.\left.+ \sum_{L \neq S} K_{LS}(u_{L,i} - u_{S,i}) \frac{\mu_{t,S}}{\alpha_S \sigma_S} \frac{\partial \alpha_S}{\partial x_i}\right]\right\}
\end{aligned} \tag{4-66}$$

式中

$$C_{SL} = 2, \quad C_{SL} = 2\left(\frac{\eta_{LS}}{1 + \eta_{LS}}\right) \tag{4-67}$$

相间的湍流交换：

$$\sum_{L \neq S} K_{LS}(u_{L,i} - u_{S,i}) = \sum_{L \neq S} K_{LS}(U_{L,i} - U_{S,i}) - \sum_{L \neq S} K_{LS} u_{dr,LS,i} \tag{4-68}$$

$$u_{dr,\,SL,\,i} = -\left(\frac{D_L}{\sigma_{SL}\alpha_L}\frac{\partial \alpha_L}{\partial x_i} - \frac{D_S}{\sigma_{SL}\alpha_S}\frac{\partial \alpha_S}{\partial x_i}\right) \tag{4-69}$$

式中：$U_{L,i}$、$U_{S,i}$是加权速度（phase-weighted velocity）；$D_S$、$D_L$ 表示扩散系数，$\sigma_{SL}$为湍流 Schmidt 数。

3）一方程模型。

一方程模型对 $k_S$ 采用输运方程（4-65），而直接采用经验公式计算 $\varepsilon_S$，如

$$\varepsilon_S = -\frac{1}{\tau_{RS}}\Big[\,2(c_S^P\sqrt{k_S k_P} - k_S) + \frac{1}{\alpha_S}\overline{\alpha'_S u'_{S,\,i}}(u_i - u_{S,\,i})\,\Big] \tag{4-70}$$

根据周力行（2002）对气粒两相射流、突扩两相流动、弱旋和强旋气粒两相流动计算结果，上述一方程的准确性明显高于代数模型，能够正确显示大颗粒比小颗粒扩散快的现象，而代数模型计算结果则相反。

（2）混合型多相湍流模型

上述涡黏系数模型是对多相流雷诺应力逐相进行求解。对非均匀颗粒流或多相流体计算量无疑是巨大的。因此，在混合模型、小滑移模型和无滑移模型常直接计算混合流体雷诺应力之和：

$$-\sum_{K=1}^{N}\left(\alpha_K\overline{u'_{K,\,i}u'_{K,\,j}}\right) = \mu_{t,\,M}\left(\frac{\partial u_{M,\,i}}{\partial x_j} + \frac{\partial u_{M,\,j}}{\partial x_i}\right) \tag{4-71}$$

该方法适用于分层流、组分体积近似相等或相间湍流应力作用较弱的多相流运动。类似于单流体，湍流黏性系数 $\mu_{t,M}$ 可采取代数模型、一方程和二方程。对于 $k_M$ 和 $\varepsilon_M$ 二方程模型有

$$\mu_{t,\,M} = \rho_M C_\mu \frac{k_M}{\varepsilon_M} \tag{4-72}$$

$k_M$ 和 $\varepsilon_M$ 的方程分别为

$$\frac{\partial \rho_M k_M}{\partial t} + \frac{\partial(\rho_M u_{M,\,i}k_M)}{\partial x_j} = \frac{\partial}{\partial x_j}\left(\frac{\mu_{t,\,M}}{\sigma_k}\frac{\partial k_M}{\partial x_j}\right) + G_{t,\,M} - \rho_M\varepsilon_M \tag{4-73}$$

$$\frac{\partial \rho_M \varepsilon_M}{\partial t} + \frac{\partial(\rho_M u_{M,\,i}\varepsilon)}{\partial x_j} = \frac{\partial}{\partial x_j}\left(\frac{\mu_{t,\,M}}{\sigma_k}\frac{\partial \varepsilon_M}{\partial x_j}\right) + \frac{\varepsilon_M}{k_M}(C_{1\varepsilon}G_{k,\,M} - C_{2\varepsilon}\rho_M\varepsilon_M) \tag{4-74}$$

式中

$$u_{M,\,i} = \frac{\displaystyle\sum_{K=1}^{N}\alpha_K\rho_K u_K}{\displaystyle\sum_{K=1}^{N}\alpha_K\rho_K} \tag{4-75}$$

$G_{t,M}$为湍动能产生项

$$G_{t,\,M} = \mu_{t,\,M}\left(\frac{\partial u_{M,\,i}}{\partial x_j} + \frac{\partial u_{M,\,j}}{\partial x_i}\right)\frac{\partial u_{M,\,i}}{\partial x_j} \tag{4-76}$$

## 4.3　轨道模型

轨道模型（discrete phase model）采用欧拉法建立流体控制方程，采用拉格朗日法建

立离散相（如颗粒、气泡等非连续性组分）控制方程。模型适用于颗粒相足够稀的流体，实际应用中，一般要求离散相的体积比小于 10%~12%。但其质量百分数可相对较大。

根据颗粒-颗粒以及颗粒-液体间作用力处理方法不同，轨道模型可分为单颗粒动力学模型和颗粒群轨道模型。根据对流体脉动的不同处理，可分为确定型轨道模型和随机型轨道模型。

由于离散相采用的是拉格朗日坐标，因此轨道模型需要先定义单个颗粒的初始位置、速度、大小和温度。这些初始条件以及颗粒的物理性质，可作为轨道、质量和热量输运计算的初始条件。

## 4.3.1 颗粒轨道瞬时运动方程

### 4.3.1.1 单颗粒模型

单颗粒模型是最简单的轨道模型，模型忽略了颗粒对流体的影响，同时忽略了颗粒之间的相互作用。由于不考虑颗粒对于流体的影响，因此流体模拟可直接采用单相流模型，模型研究重点是颗粒运动方程的建立。

利用牛顿第二定理，考虑颗粒所受的重力 $F_G$、Basset 力 $F_B$、虚假质量力 $F_V$、Magnus 力 $F_M$、Saffman 力 $F_S$、拖曳力 $F_D$ 和其他力 $F_X$，可得到单颗粒运动模型

$$\frac{\mathrm{d}u_{S,i}}{\mathrm{d}t} = F_{G,i} + F_{B,i} + F_{V,i} + F_{M,i} + F_{S,i} + F_{D,i} + F_{X,i} \qquad (4-77)$$

对上式积分得颗粒运动过程的速度，进一步可求轨道方程

$$\frac{\mathrm{d}x_{S,i}}{\mathrm{d}t} = u_{S,i} \qquad (4-78)$$

式（4-77）各项受力的具体形式如下：

1）重力和浮力作用力

$$F_{G,i} = \frac{g_i(\rho_S - \rho)}{\rho_S} \qquad (4-79)$$

2）Basset 力是一个瞬时流动阻力，在这个加速过程中 Basset 力对颗粒的运动有较大影响。Basset 力只发生在黏性流体中，并且与流动的不稳定性有关，如流化床的初始流态化计算，Basset 力表达式

$$F_{B,i} = \frac{3}{2}d_S^2 \sqrt{\pi\rho\mu} \int_{t_0}^{t} \frac{\dfrac{\mathrm{d}u_S}{\mathrm{d}t} - \dfrac{\mathrm{d}u}{\mathrm{d}t}}{\sqrt{t-\tau}} \mathrm{d}\tau \qquad (4-80)$$

式中：$t_0$ 为起动时间。

3）虚假质量力 $F_V$ 颗粒施在周围流体增速所施加的力，当 $\rho$ 相对 $\rho_s$ 较大时较为明显

$$F_{V,i} = \frac{1}{2}\frac{\rho}{\rho_S}\frac{\mathrm{d}}{\mathrm{d}t}(u_i - u_{S,i}) \qquad (4-81)$$

4）Magnus 旋转升力 $F_M$

$$F_{M,i} = \frac{1}{3}\pi d_S^3 \rho [\varepsilon_{ijl}\omega_j(u_l - u_{S,l})] \qquad (4-82)$$

5）Saffman 力是颗粒在流体运动时，流场梯度对颗粒产生的一种侧向力 $F_S$：

$$F_{S,i} = \frac{2K\nu^{1/2}\rho d_{ij}}{\rho_S d_S (d_{lk}d_{kl})^{1/4}}(u_i - u_{S,i}) \tag{4-83}$$

$$F_{S,i} = 1.61(\mu\rho)^{\frac{1}{2}}d_S^2(u_i - u_{S,i})|\nabla \boldsymbol{u}|^{\frac{1}{2}} \tag{4-84}$$

式中：$d_{lk}$ 是变形张量（deformation tensor）。该力与速度梯度相关联，一般在边界层处影响较大。

6）拖曳力是对颗粒悬浮影响较大的力，拖曳力计算准确性对悬沙和床沙交换模拟非常重要。

①对于细颗粒，拖曳力计算可采用斯托克斯公式

$$F_D = \frac{18\mu}{d_S^2 \rho_S C_C} \tag{4-85}$$

$$C_C = 1 + \frac{2\lambda}{d_S}[1.257 + 0.4\exp(-1.1d_S/2\lambda)] \tag{4-86}$$

式中：$\lambda$ 为分子自由程。

② 当颗粒粒径较大时，可采用如下公式（Haider and Levenspiel，1989）

$$F_{D,i} = \frac{18\mu}{d_S^2 \rho_S}\frac{C_D Re_S}{24} \tag{4-87}$$

式中：

$$Re_S = \frac{\rho d_S |u_i - u_{S,i}|}{\mu} \tag{4-88}$$

$$C_D = a_1 + \frac{a_2}{Re_S} + \frac{a_3}{Re_S^2} \qquad (\text{Fenimore，1971}) \tag{4-89a}$$

或 $\qquad C_D = \frac{24}{Re_S}(1 + b_1 Re_S^{b_2}) + \frac{b_3 Re_S}{b_4 + Re_S} \qquad (\text{Grosshandler，1993})$

$$\tag{4-89b}$$

式中：$|u_i - u_{S,i}|$ 表示流体和颗粒在 $i$ 方向速度差的绝对值；$Re_S$ 为颗粒雷诺数；$a_1$、$a_2$、$a_2$ 以及 $b_1$、$b_2$、$b_3$、$b_4$ 为经验参数。

### 4.3.1.2　颗粒群模型

颗粒群轨道模型中，颗粒相是离散体系，颗粒群按照初始尺寸分组，每组颗粒从初始位置开始，沿着各自的轨道运动，运动过程尺寸、速度和温度都相同，计算同时考虑颗粒存在对于流体的影响。如果考虑颗粒相或流体相的湍流脉动等非确定因素的影响，则称为随机性轨道模型（Gosman，1981）。如果模型直接考察不同尺度下流体和颗粒的时均运动，而忽略湍流作用所产生的离散作用，则称为确定性颗粒轨道模型（Growe et al，1977）。

（1）颗粒群运动方程

考虑 $K$ 组颗粒所受重力 $F_{G,K}$、Basset 力 $F_{B,K}$、附加质量力 $F_{V,K}$、Magnus 力 $F_{M,K}$、Saffman 力 $F_{S,K}$、拖曳力 $F_{D,K}$，得到 $K$ 组颗粒的运动方程：

$$\frac{\mathrm{d}(u_K)_i}{\mathrm{d}t} = (F_{G,K})_i + (F_{B,K})_i + (F_{V,K})_i + (F_{M,K})_i + (F_{S,k})_i + (F_{D,K})_i + (F_{x,K})_i$$

$$(4-90)$$

式中：拖曳力计算如下（欧阳洁 等，2004）。

1）基于拖曳力平衡和双流体模型中两相间耦合关系的拖曳力公式

$$(F_{D,K})_i = \frac{V_K \beta_K}{1 - \varepsilon_K}(\tilde{u}_{K,i} - u_{K,i})$$

$$(4-91)$$

式中：$\varepsilon_K$、$\beta_K$ 分别代表颗粒 $K$ 的局部孔隙率、局部相间动量交换系数；$V_K$ 为颗粒 $K$ 的体积；$u_{K,i}$ 为颗粒质心处颗粒速度；$\tilde{u}_{K,i}$ 为质心处虚拟流体速度。当 $\varepsilon_K < 0.8$ 时，$\beta_K$ 由 Ergun（Ergun，1952）方程给出，否则由 Wen 和 Yu 公式（Wen and Yu，1966）给出

$$\beta_K = \begin{cases} 150\dfrac{(1-\varepsilon_K)^2}{\varepsilon_K}\dfrac{\mu}{(d_K)^2} + 1.75(1-\varepsilon_K)\dfrac{\rho}{d_K}|\boldsymbol{u} - \boldsymbol{u}_K|, & \varepsilon_K < 0.8 \\ \dfrac{3}{4}C_K\dfrac{\varepsilon_K(1-\varepsilon_K)}{d_K}\rho|\tilde{\boldsymbol{u}}_K - \boldsymbol{u}_K|\varepsilon_K^{-2.65}, & \varepsilon_K \geqslant 0.8 \end{cases}$$

$$(4-92)$$

$$C_{DK} = \begin{cases} \dfrac{24}{Re_K}(1 + 0.15(Re_K)^{0.687}), & Re_K < 1\,000 \\ 0.44, & Re_K \geqslant 1\,000 \end{cases}$$

$$(4-93)$$

式中：$\mu$、$\rho$ 为流体的黏性系数和密度。

2）基于对单颗粒进行修正，Helland 等（Helland et al，2002）应用 Wen 和 Yu 公式（Wen and Yu，1966）得出拖曳力公式

$$(F_{D,K})_i = \frac{\pi d_K^2}{8}C_{DK}\rho|\tilde{\boldsymbol{u}}_K - \boldsymbol{u}_K|(\tilde{u}_{Ki} - u_{Ki})\varepsilon_K^2\varepsilon_K^{-4.7}$$

$$(4-94)$$

3）基于对单颗粒进行修正，Xu 等（2000）得出如下拖曳力公式

$$(F_{D,K})_i = \frac{\pi d_K^2}{8}C_{DK}\rho|\tilde{\boldsymbol{u}}_K - \boldsymbol{u}_K|(\tilde{u}_{K,i} - u_{K,i})\varepsilon_K^2\varepsilon_K^{-\chi}$$

$$(4-95)$$

式中

$$C_{DK} = \left[0.63 + \frac{48}{(Re_K)^{0.5}}\right]^2$$

$$(4-96)$$

$$\chi = 4.7 - 0.65\exp\left\{-\frac{[1.5 - \lg(Re_K)]^2}{2}\right\}$$

$$(4-97)$$

4）在 Fluent 软件中，采用下式计算

$$(F_{DK})_i = \frac{18\mu}{\rho_K d_K^2}\frac{C_{DK}Re_{S,K}}{24}(u_i - u_{K,i})$$

$$(4-98)$$

式中：$u_i$ 为流体相速度；$u_{K,i}$ 为 $K$ 相颗粒速度；$\mu$ 为液体分子黏性系数；$\rho_K$ 为颗粒密度；$d_K$ 为颗粒直径；$C_{DK}$ 为拖曳系数；$Re_K$ 为 $K$ 相颗粒雷诺数。

$$Re_{S,K} = \frac{\rho_K d_K|\tilde{\boldsymbol{u}}_K - \boldsymbol{u}_K|}{\mu}$$

$$(4-99)$$

（2）流体相运动方程

流体相的控制方程与单相流类似，只是考虑到流体体积百分数，同时考虑颗粒对流体的影响，设 $F_{F,i}^{K}$ 为单位体积流体所受 $K$ 组颗粒的作用力：

$$\frac{\partial}{\partial t}(\alpha\rho) + \frac{\partial}{\partial x_j}(\alpha\rho u_j) = 0 \qquad (4-100)$$

$$\frac{\partial}{\partial t}(\alpha\rho u_i) + \frac{\partial}{\partial x_j}(\alpha\rho u_i u_j) = -\alpha\frac{\partial p}{\partial x_i}\mu_t\frac{\partial^2(\alpha u_i)}{\partial^2 x_j} + \alpha\rho g_i + \sum_K F_{F,i}^{K} \qquad (4-101)$$

当颗粒浓度很小时，可认为 $\alpha\approx 1$，且颗粒对流体的运动影响很小，即 $\sum\limits_K F_{F,i}^{K}=0$。当颗粒对流体作用力较大时，对控制体内所有单颗粒进行受力叠加，利用牛顿第三定律，将此力反作用于控制体内流体，即认为源项 $F_{F,i}^{K}$ 是颗粒反作用力所引起流体动量的变化量

$$\sum_K F_{F,i}^{K} = -(F_{G,i} + F_{B,i} + F_{V,i} + F_{M,i} + F_{S,i} + F_{D,i} + F_{X,i})Q_{FK}/\Delta V \qquad (4-102)$$

式中：$Q_{FK}$ 为单位时间内流过控制体的 $K$ 组颗粒质量通量。

（3）颗粒间作用的计算（欧阳洁和李静海，2004）

目前颗粒轨道模型中处理颗粒碰撞的基本模型有软球模型、硬球模型以及 DSMC 方法。在这三类模型中，硬球模型是颗粒轨道模型的原始雏形，但软球模型可以考虑颗粒在碰撞过程中的受力特征，因此应用更多。硬球模型中颗粒间碰撞被假设为二体瞬时碰撞，在此假设基础上，硬球模型根据碰撞力学中的动量守恒原理处理颗粒间的相互作用，即根据颗粒速度、角速度在碰撞前后的关系。硬球模拟的思想是由 Alder 和 Wainwright（1957）在分子系统的相变研究中提出的。但在 30 多年后硬球模拟才被应用于颗粒动力学的研究（Campbell and Brennen，1985），目前已被广泛应用于流化床等的多相流模拟中。

软球模型中颗粒被视为具有弹性的球。颗粒间的相互作用有一定的接触时间，颗粒间可以发生多元碰撞，并且碰撞过程中颗粒会产生形变，软球模型可用于高颗粒浓度下的塑性流（plastic flow）或者慢速颗粒流（slow granular flow）。软球模型直接计算颗粒间的接触力，而且接触力连同颗粒所受外力造成颗粒的空间状态发生变化，因此通常将颗粒的碰撞过程与悬浮过程合并考虑，并通过交替运用牛顿第二定律和接触力公式计算位移，其中接触力公式计算颗粒接触时产生的接触力，牛顿第二定律则计算颗粒运动。软球模型可用于流化床、气力输送、漏斗流、颗粒混合、颗粒分离等工业过程的模拟。

为了准确地描述碰撞后颗粒的运动，理想的方法是直接确定颗粒间的相互碰撞，跟踪系统中的每一个颗粒。但难点是如果物理颗粒很多，若要准确地判断颗粒间是否发生相互碰撞，计算工作量非常大。为了解决这一困难，DSMC 方法（Tsuji and Tanaka，1998）通过概率抽样方法判断颗粒间是否发生碰撞。常用的概率抽样方法是 Nanbu 法（Tsuji and Tanaka，1998；Crowe et al，1998）。该方法的基本思路是：产生一次随机数，就可找出与指定颗粒可能发生碰撞的候选颗粒，并决定所有候选颗粒是否与该指定颗粒发生碰撞。在 DSMC 方法中，真实系统的 $n$ 个颗粒由 $M$ 个计算颗粒所代替，其中每个计算颗粒代表性质相同的一组颗粒，且 $M<n$。具有不同颗粒速度的颗粒场就用具有样本颗粒速度的计算颗粒场代替。颗粒间是否发生碰撞和颗粒速度、角速度计算仅限于少量的样本颗粒。显然对于

数目不大的样本颗粒场，DSMC 方法处理颗粒碰撞的计算工作量较软球模型、硬球模型大为减少，因而有效地节省了计算时间与计算机内存。

## 4.3.2 确定型轨道模型

在数值模型中，若不考虑颗粒的脉动，则称模型为确定型轨道模型。体现在运动方程上，直接以时均速度代替瞬时速度。

在实际应用中，颗粒轨道模型常基于以下假设：①颗粒和液体间有速度滑移和温度滑移；②确定性轨道模型中扩散冻结，不存在颗粒脉动扩散；③颗粒群按初始尺寸分布分组，每组颗粒在任何时刻都有相同的尺寸、速度和温度；④每组颗粒从某一初始位置开始沿着各自轨道运动，颗粒的质量、速度及温度变化可沿轨道加以追踪；⑤认为颗粒作用于流体的动量符合牛顿第三定律。

## 4.3.3 随机型轨道模型

实验表明在许多情况下湍流离散作用是不可忽略的。常用的湍流模拟方法是扩散修正法、离散随机轨道模型（discrete Random walk，DRW）以及颗粒群轨道模型（particle cloud tracking）（Litchford and Jeng，1991；Baxter and Smith，1993；Jain，1995）。

### 4.3.3.1 颗粒湍流扩散的修正

最简单的修正方法是 Smoot and Smith（1985）提出的方法。该方法首先引入"颗粒湍流扩散速度"，后对颗粒离散进行湍流扩散速度概化处理。

假定颗粒速度 $u_{s,i}$ 分为颗粒对流速度 $\bar{u}_{s,i}$ 和颗粒扩散漂移速度 $u'_{s,i}$

$$u_{s,i} = \bar{u}_{s,i} + u'_{s,i} \qquad (4-103)$$

颗粒时均速度 $\bar{u}_{s,i}$ 由式（4-90）取平均求得，$u'_{s,i}$ 则类比 Fick 扩散作用给定

$$-\rho_s \overline{\alpha'_s u'_{s,i}} = \rho_s E_{t,s} \frac{\partial \alpha_s}{\partial x_j} \qquad (4-104)$$

式中：$\sigma_s$ 取 $0.5 \sim 1.0$；$E_{t,s}$ 可由 Hinze-Tchen 公式确定（Hinze，1975）

$$\frac{E_{t,s}}{E_t} = \frac{\mu_{t,s}}{\mu_t} = \left(\frac{k_s}{k_P}\right)^2 = \frac{1}{(1 + \tau_R/\tau_t)} \qquad (4-105)$$

式中：$\tau_R$ 是颗粒按斯托克斯阻力做相对脉动的弛豫时间；$\tau_t$ 为液体的湍流脉动时间。

### 4.3.3.2 离散随机轨道模型（DRW）

离散随机轨道模型在对单颗粒的轨道方程进行积分时使用颗粒周围流体的瞬时速度 $\bar{u} + u'(t)$。通过 $u'(t)$ 考虑流体脉动对于颗粒离散的影响，流体脉动速度在每一离散时间步长内为一常数。

积分时间尺度 $T$ 是随机追踪模型的一个重要参数，其物理意义是沿颗粒轨迹 $ds$ 方向的颗粒脉动时间。$T$ 与颗粒离散率成正比，$T$ 越大，说明脉动越强。

$$T = \int_0^\infty \frac{u'_s(t) u'_s(t+s)}{\overline{u'^2_s}} ds \qquad (4-106)$$

当颗粒很小，与流体无滑移时，$T$ 相当于流体拉格朗日积分时间 $T_L$

$$T_L = C_L \frac{k}{\varepsilon} \qquad (4-107)$$

式中：$C_L$ 为一常数，常基于类比方法给出，如对 $k$-$\varepsilon$ 中 $C_L = 0.15$，在 RSM 模型中取 $C_L = 0.3$，而在 LES 模型中采用 LES 的时间尺度。

进一步假定颗粒脉动速度符合 Gaussian 随机分布

$$u'_{S,i} = \zeta \sqrt{\overline{u'^2_{S,i}}} \qquad (4-108)$$

这里 $\zeta$ 是垂向分布的随机数，$\sqrt{\overline{u'^2_{S,i}}}$ 为脉动的 RSM 值，当采用 $k$-$\varepsilon$ 和 $k$-$\omega$ 脉动模型时，其值可由湍动能直接给定

$$\sqrt{\overline{u'^2_{S,i}}} = \sqrt{2k/3} \qquad (4-109)$$

### 4.3.3.3  随机型颗粒群轨道模型（particle cloud model）

颗粒群模型轨道模型中，湍流脉动是颗粒相对于平均轨道运动。采用系综平均法求得颗粒群的平均轨道后，应用统计方法求得颗粒相对于平均轨道的离散。基于颗粒相对于颗粒群中心的位置，采用概率密度函数（PDF）确定颗粒分布。

PDF 函数可定义为时间 $t$、位置 $x$ 处颗粒出现的概率。颗粒数密度可以通过计算颗粒群的总流量求得

$$[n(x_K)] = \dot{m}P(x_K, t) \qquad (4-110)$$

若假设 $P$ 符合 multivariate Gaussian 分布，则 $P$ 可直接由均值 $\mu_K$ 和方差 $\sigma_K^2$ 给定：

$$P(x_K, t) = \frac{1}{(8\pi)^{3/2} \prod_{K=1}^{3} \sigma_K} \exp(-s^2/2) \qquad (4-111)$$

$$s = \sum_{K=1}^{3} \frac{x_K - \mu_K}{\sigma_K} \qquad (4-112)$$

式中：均值 $\mu_K$ 作为颗粒群的中心，代表特定时间颗粒最可能出现的位置。颗粒群的半径取决于 PDF 函数的方差 $\sigma_K^2$。

# 第5章　河流动力数学模型

在经典多相流模型的基础上，构建了河流动力学多相流模型。不同模型本身在准确性和计算量方面存在明显不同，只能根据准确性需求和计算机速度选择最优的模型。本章详细分析了目前河流水沙模型在经典多相流模型理论中的发展阶段，指出模型未来的发展趋势，并介绍了当前计算河流动力学中的推移质和河床冲淤数学模型。

## 5.1　河流动力数学模型基本特点

同经典含颗粒多相流体动力相比，河流水沙动力模型具有如下特点。

1）动量方程中压强常分静压和动压计算。其中静压受到水位、浑水密度的制约。动量方程求解需要追踪计算自由表面和河道干湿边界的位置。水位确定后，动量方程可类似经典计算流体力学模型求解。

2）在泥沙动力计算中，由于计算量和床面泥沙作用机理复杂，短期内仍无法直接采用多相流模型对床面泥沙运动和交换进行直接模拟，需要采用河流动力学的经验公式计算。按照泥沙所处状态，常将其分为悬移质、推移质和床沙质，分别建立悬移质、推移质和河床演变模型。

河流悬沙水流相较于普通含颗粒多相流计算，具有如下不同：①计算范围大、泥沙级配宽；②泥沙作用机理复杂。多相流中底部河床泥沙的起动常考虑上举力、拖曳力和重力的平衡，而河流底部边界目前只能概化为源汇相，由泥沙起动条件、饱和挟沙力的确定。床面泥沙交换计算的准确性同时关系到悬移质、推移质计算的准确性；③相对于工业生产中的多相流模拟，河道地形、上下游流量水位过程、泥沙属性等资料的掌握更为粗糙。

推移质模型仍然采用 20 世纪中叶的经验公式，多数模型基于定常均匀流，将单宽输沙率概化为断面平均流速、底坡比降、比重的函数。由于床面泥沙运动的复杂性，不同公式间结果差异较大。

河床纵向变形多基于悬移质、推移质和床沙质量守恒进行计算。因此床面泥沙交换量不仅是推移质和悬移质计算的边界条件，而且是河床垂向变形计算的主要依据。河床横向变形不仅受水动力的影响，而且受河岸组成和结构等因素制约，目前这方面的研究仍停留在起步探索阶段。

## 5.2　河流水沙多相流动的控制方程

河流水沙运动属于多相流运动，因此理论上第 4 章所介绍的多相流模型都适用于河流动力计算，只是需要考虑重力主导下自由水面的存在。体现在数学模型中，主要有两方面：首先是增加水位控制方程，其次是考虑其对动量方程中压力的影响。

（1）动量方程

在应用第 4 章多相流模型时，控制方程中压强 $p$ 常被分解为水面大气压强 $p_a$、静压 $p_s$ 和动压 $p_d$ 之和。

$$p = p_a + p_s + p_d = p_a + g\int_z^\zeta \rho_M(x,\ y,\ z)\mathrm{d}z + p_d \qquad (5-1)$$

式中：$\zeta$ 为自由表面高程，即水位。

当泥沙浓度变化对垂向密度变化影响不大时，静压计算不考虑密度变化，上式进一步变为

$$p = p_a + \rho_M g(\zeta - z) + p_d \qquad (5-2)$$

式中：水位 $\zeta$ 必须采用额外控制方程确定。

（2）水位计算

水位求解的经典方法有两种，一个是体积分数法（Volume of Fluid），习惯上常简称 VOF，另一个是垂向积分法（Vertial integration method），以下简称积分法。VOF 方法优点是在每一时间步计算每一网格水体的体积分数，可应用于任何复杂的水面线分布，包括水面间断、垂向多值等情况，适用范围广；缺点是计算量大，不适用大范围河流计算。积分法则相反，主要优点是简单、计算效率高，但其只能应用于水面连续且垂向单值的区域。

1）VOF。

对于每一微小控制体，设含沙水体的体积分数为 $\alpha_M$，而气体体积分数为 $\alpha_a = 1 - \alpha_M$。将 $\alpha_M \approx \alpha_a \approx 0.5$ 的控制体作为水体自由表面，而 $\alpha_M > 0.5$ 的控制体则为水体。不考虑扩散影响和表面张力条件下，$\alpha_M$ 的输运方程为

$$\frac{\partial \alpha_M}{\partial t} + \vec{u} \cdot \nabla \alpha_M = 0 \qquad (5-3)$$

目前 VOF 模型仍主要用于水面形态复杂的局部河段精细计算，如空化、液滴或气泡流动、分层流和包含破波等。

2）垂向积分法。

对水流连续方程（3-15）沿垂向从床面 $z_b$ 至表面 $\zeta$ 积分可得水位的控制方程。

$$\frac{\partial \zeta}{\partial t} + \frac{\partial}{\partial x}\int_{z_b}^\zeta u\mathrm{d}z + \frac{\partial}{\partial y}\int_{z_b}^\zeta v\mathrm{d}z = 0 \qquad (5-4)$$

由上式也可看出其适用于水面连续、垂向单值的区域，不适于水面变化剧烈的区域。但在目前计算机速度条件下，该方法简单实用的特性使其仍极具诱惑力。

## 5.3　当前悬沙水流运动模型

### 5.3.1　悬移质输运方程的选择

现有多相流模型中，颗粒轨道模型可追踪颗粒运动的整个过程，并可模拟颗粒和流体的相互作用，但随颗粒个数增加，计算量也增加，因此尚不适于工程应用。而拟流体模型

基于连续介质假定，对变量取体积平均，较颗粒轨道模型计算量大为减小。进一步简化可得混合模型、小滑移模型和无滑移模型。不同模型的准确度、高效性及方法的成熟性的对比分析如图5-1所示。

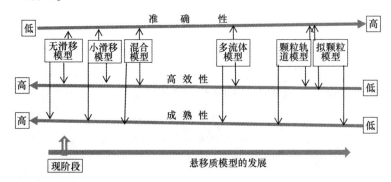

图 5-1　悬移质模型的发展

河流数学模型的选择需要综合考虑模型的准确性、经济性和成熟性。基于当前计算机水平，在大范围河流计算，目前悬沙水流运动模型仍与无滑移模型最为相似，只是在悬移质浓度输运模型中考虑了泥沙相对于水流的垂向滑移。

### 5.3.2　悬沙水流运动模型

（1）连续性方程

河流模拟中浑水密度随时间变化一般较小，即 $\frac{\partial \rho_M}{\partial t} = 0$，且不存在水和泥沙之间的质量转化，连续性方程式（4-37）可简化为

$$\frac{\partial u_{M,j}}{\partial x_j} = 0 \tag{5-5}$$

（2）动量方程

当前悬沙水流的运动动量方程实质上采用浑水单相流运动方程：

$$\frac{\partial(\rho_M u_{M,i})}{\partial t} + \frac{\partial(\rho_M u_{M,i} u_{M,j})}{\partial x_j} = -\frac{\partial p}{\partial x_i} + \mu_{M,t}\frac{\partial^2 u_{M,i}}{\partial^2 x_j} + \rho_M f_i + F_i \tag{5-6}$$

方程相当于在无滑移模型的动量方程式（4-51）的基础上，首先假设 $u_{K,j}\overline{\alpha'_k u'_{k,i}} + u_{k,i}\overline{\alpha'_k u'_{k,j}}$ 相对 $\alpha_k \overline{u'_{K,i} u'_{K,j}}$ 很小，忽略不计，其次应用了 Boussinesq 假定，即可得式（5-6）。式中 $\mu_{M,t}$ 可采用 4.2.3 节中介绍的混合型多相湍流模型计算得到。

$$\frac{\partial(\rho_M u_{M,i})}{\partial t} + \frac{\partial(\rho_M u_{M,i} u_{M,j})}{\partial x_j} = -\frac{\partial p}{\partial x_i} + \mu_{M,t}\frac{\partial^2 u_{M,i}}{\partial^2 x_j} + \rho_M f_i + F_i$$
$$-\frac{\partial}{\partial x_j}\sum_{K=1}^{N}\rho_k(u_{K,j}\overline{\alpha'_k u'_{K,i}} + u_{K,i}\overline{\alpha'_k u'_{K,j}} + \alpha_k\overline{u'_{K,i} u'_{K,j}}) \tag{5-7}$$

为了方便表示，以后直接用 $\rho$、$u_i$、$p$ 分别表示浑水 $\rho_M$、$u_{M,i}$、$p$。

（3）水位计算

直接采用 5.2 节中 VOF 模型或水位方程。

### 5.3.3　常用曲线坐标下的控制方程

在平面上采用曲线坐标，可以方便地实现河道边界的拟合。平面曲线坐标的转化见 3.7 节。

此外，垂向自由表面的追踪是河流数学模型的最大特点也是难点。由于天然条件下水面很少保持水平，因此如果采用笛卡儿坐标，则在数值计算中，一方面需要增加网格以覆盖所有水体可能出现的范围，另一方面计算水面呈阶梯状分布，计算网格无法准确捕获水面。$\sigma$ 坐标是地表水模型中特有的最具创造性的曲线坐标。该坐标是 Phillips 于 1957 年首次提出并应用于海洋，后引入河流数学模型，该坐标最大的优点是上下边界可以方便地追踪拟合水面和河床。因此，目前几乎所有大区域三维计算在垂向都采用该坐标，包括目前海洋中常用的 POM 模型、河流和河口常用的 EFDC 模型。

设 $\sigma$ 坐标系为 $(t, x, y, \sigma)$，$z$ 坐标系为 $(t, x^*, y^*, z)$，二者存在如下转换关系

$$x = x^*, \qquad y = y^*, \qquad \sigma = \frac{z + h}{H} \qquad (5-8)$$

式中变量关系如图 5-2 所示。

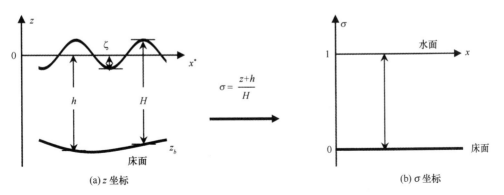

(a) $z$ 坐标　　　　　　　　　　　　　　(b) $\sigma$ 坐标

图 5-2　$\sigma$ 坐标转换示意

根据链式法则，对函数 $\varphi = \varphi(t^*, x^*, y^*, z)$ 有

$$\left( \frac{\partial \varphi}{\partial t^*}, \frac{\partial \varphi}{\partial x^*}, \frac{\partial \varphi}{\partial y^*}, \frac{\partial \varphi}{\partial z} \right) = \left( \frac{\partial \varphi}{\partial t}, \frac{\partial \varphi}{\partial x}, \frac{\partial \varphi}{\partial y}, 0 \right) + \frac{\partial \varphi}{\partial \sigma} \left( \frac{\partial \sigma}{\partial t^*}, \frac{\partial \sigma}{\partial x^*}, \frac{\partial \sigma}{\partial y^*}, \frac{\partial \sigma}{\partial z} \right)$$

$$= \left( \frac{\partial \varphi}{\partial t}, \frac{\partial \varphi}{\partial x}, \frac{\partial \varphi}{\partial y}, 0 \right) + \frac{1}{H} \frac{\partial \varphi}{\partial \sigma} \left( \frac{\partial h}{\partial t} - \sigma \frac{\partial H}{\partial t}, \frac{\partial h}{\partial x} - \sigma \frac{\partial H}{\partial x}, \frac{\partial h}{\partial y} - \sigma \frac{\partial H}{\partial y}, 1 \right) \qquad (5-9)$$

进一步根据上式可得水沙方程在 $(t, x, y, \sigma)$ 坐标下的形式。

（1）连续性方程

$$\frac{\partial u}{\partial x} + \frac{\partial u}{\partial \sigma} \frac{\partial \sigma}{\partial x^*} + \frac{\partial v}{\partial y} + \frac{\partial v}{\partial \sigma} \frac{\partial \sigma}{\partial y^*} + \frac{\partial w}{\partial \sigma} \frac{\partial \sigma}{\partial z} = 0 \qquad (5-10)$$

（2）动量方程

时变项

$$\frac{\partial u}{\partial t^*} = \frac{\partial u}{\partial t} + \frac{\partial u}{\partial \sigma}\frac{\partial \sigma}{\partial t^*} \tag{5-11}$$

对流项

$$\frac{\partial uu}{\partial x^*} + \frac{\partial vu}{\partial y^*} + \frac{\partial wu}{\partial z} = \frac{\partial uu}{\partial x} + \frac{\partial uu}{\partial \sigma}\frac{\partial \sigma}{\partial x^*} + \frac{\partial uv}{\partial y} + \frac{\partial uv}{\partial \sigma}\frac{\partial \sigma}{\partial y^*} + \frac{\partial uw}{\partial \sigma}\frac{\partial \sigma}{\partial z} \tag{5-12}$$

压力项

$$-\frac{1}{\rho}\frac{\partial p}{\partial x^*} = -\frac{1}{\rho}\left(\frac{\partial p}{\partial x} + \frac{\partial p}{\partial \sigma}\frac{\partial \sigma}{\partial x^*}\right) \tag{5-13}$$

扩散项

$$\frac{\partial^2 u}{\partial x^{*2}} = \frac{\partial}{\partial x^*}\left(\frac{\partial u}{\partial x} + \frac{\partial u}{\partial \sigma}\frac{\partial \sigma}{\partial x^*}\right) = \frac{\partial}{\partial x}\left(\frac{\partial u}{\partial x} + \frac{\partial u}{\partial \sigma}\frac{\partial \sigma}{\partial x^*}\right) + \frac{\partial \sigma}{\partial x^*}\frac{\partial}{\partial \sigma}\left[\frac{\partial u}{\partial x} + \frac{\partial u}{\partial \sigma}\frac{\partial \sigma}{\partial x^*}\right]$$

$$= \frac{\partial^2 u}{\partial x^2} + 2\frac{\partial^2 u}{\partial \sigma \partial x}\frac{\partial \sigma}{\partial x^*} + \frac{\partial u}{\partial \sigma}\frac{\partial^2 \sigma}{\partial x^* \partial x} + \left(\frac{\partial \sigma}{\partial x^*}\right)^2\frac{\partial^2 u}{\partial \sigma^2} \tag{5-14a}$$

同理：

$$\frac{\partial^2 u}{\partial y^{*2}} = \frac{\partial^2 u}{\partial y^2} + 2\frac{\partial^2 u}{\partial \sigma \partial y}\frac{\partial \sigma}{\partial y^*} + \frac{\partial u}{\partial \sigma}\frac{\partial^2 \sigma}{\partial y^* \partial y} + \left(\frac{\partial \sigma}{\partial y^*}\right)^2\frac{\partial^2 u}{\partial \sigma^2} \tag{5-14b}$$

$$\frac{\partial^2 u}{\partial z^2} = \frac{1}{H^2}\frac{\partial^2 u}{\partial \sigma^2} \tag{5-14c}$$

综合式（5-11）至式（5-14）得 $\sigma$ 坐标下 $x$ 方向动量方程为

$$\underbrace{\frac{\partial u}{\partial t}}_{\text{I：时变项}} + \underbrace{\frac{\partial uu}{\partial x} + \frac{\partial uv}{\partial y} + \frac{1}{H}\frac{\partial uw}{\partial \sigma} + \frac{\partial u}{\partial \sigma}\frac{\partial \sigma}{\partial t^*} + \frac{\partial uu}{\partial \sigma}\frac{\partial \sigma}{\partial x^*} + \frac{\partial uv}{\partial \sigma}\frac{\partial \sigma}{\partial y^*}}_{\text{II：对流项}}$$

$$= \underbrace{-\frac{1}{\rho}\left(\frac{\partial p}{\partial x} + \frac{\partial p}{\partial \sigma}\frac{\partial \sigma}{\partial x^*}\right)}_{\text{III：压力项}} + \underbrace{\nu\left(\frac{\partial^2 u}{\partial x^2} + \frac{\partial^2 u}{\partial y^2} + \frac{1}{H^2}\frac{\partial^2 u}{\partial \sigma^2}\right)}_{\text{IV：扩散项在}\sigma\text{变换产生的低阶项}}$$

$$+ \underbrace{\nu\left[2\frac{\partial^2 u}{\partial \sigma \partial x}\frac{\partial \sigma}{\partial x^*} + \frac{\partial u}{\partial \sigma}\frac{\partial^2 \sigma}{\partial x^* \partial x} + \left(\frac{\partial \sigma}{\partial x^*}\right)^2\frac{\partial^2 u}{\partial \sigma^2}\right]}_{\text{V：}x\text{方向扩散项在}\sigma\text{变换产生的高阶项}} \tag{5-15}$$

$$+ \underbrace{\nu\left[2\frac{\partial^2 u}{\partial \sigma \partial y}\frac{\partial \sigma}{\partial y^*} + \frac{\partial u}{\partial \sigma}\frac{\partial^2 \sigma}{\partial y^* \partial y} + \left(\frac{\partial \sigma}{\partial y^*}\right)^2\frac{\partial^2 u}{\partial \sigma^2}\right]}_{\text{VI：}y\text{方向扩散项在}\sigma\text{变换产生的高阶项}}$$

上述方程的形式和求解比较复杂，在实际应用中，可对模型进行如下假定：

1）引入垂直于等 $\sigma$ 坐标面运动的速度 $\omega$：

$$\omega = H\frac{d\sigma}{dt^*} = H\frac{\partial \sigma}{\partial t^*} + Hu\frac{\partial \sigma}{\partial x^*} + Hv\frac{\partial \sigma}{\partial y^*}$$

$$= w - u\left(\sigma\frac{\partial H}{\partial x} - \frac{\partial h}{\partial x}\right) - v\left(\sigma\frac{\partial H}{\partial y} - \frac{\partial h}{\partial y}\right) - \left(\sigma\frac{\partial H}{\partial t} - \frac{\partial h}{\partial t}\right) \tag{5-16}$$

2）忽略扩散项在 $\sigma$ 坐标转换中所产生的高阶项，即认为 V 和 VI 项为零；

基于以上假定，连续性方程变为

$$\frac{\partial \zeta}{\partial t} + \frac{\partial Hu}{\partial x} + \frac{\partial Hv}{\partial y} + \frac{\partial \omega}{\partial \sigma} = 0 \tag{5-17}$$

动量方程式（5-15）变为

$$\frac{\partial Hu}{\partial t} + \frac{\partial Huu}{\partial x} + \frac{\partial Hvu}{\partial y} + \frac{\partial \omega u}{\partial \sigma} = -\frac{H}{\rho}\left(\frac{\partial p}{\partial x} + \frac{\partial p}{\partial \sigma}\frac{\partial \sigma}{\partial x^*}\right) + \nu\left[H\frac{\partial^2 u}{\partial x^2} + H\frac{\partial^2 u}{\partial y^2} + \frac{\partial}{\partial \sigma}\left(\frac{1}{H}\frac{\partial u}{\partial \sigma}\right)\right] + f_x \tag{5-18a}$$

$$\frac{\partial Hv}{\partial t} + \frac{\partial Huv}{\partial x} + \frac{\partial Hvv}{\partial y} + \frac{\partial \omega v}{\partial \sigma} = -\frac{H}{\rho}\left(\frac{\partial p}{\partial y} + \frac{\partial p}{\partial \sigma}\frac{\partial \sigma}{\partial y^*}\right) + \nu\left[H\frac{\partial^2 v}{\partial x^2} + H\frac{\partial^2 v}{\partial y^2} + \frac{\partial}{\partial \sigma}\left(\frac{1}{H}\frac{\partial v}{\partial \sigma}\right)\right] + f_y \tag{5-18b}$$

$$\frac{\partial Hw}{\partial t} + \frac{\partial Huw}{\partial x} + \frac{\partial Hvw}{\partial y} + \frac{\partial \omega w}{\partial \sigma} = -\frac{1}{\rho}\frac{\partial p}{\partial \sigma} + \nu\left[H\frac{\partial^2 w}{\partial x^2} + H\frac{\partial^2 w}{\partial y^2} + \frac{\partial}{\partial \sigma}\left(\frac{1}{H}\frac{\partial w}{\partial \sigma}\right)\right] + f_z \tag{5-18c}$$

水位方程（5-4）变为

$$\frac{\partial \zeta}{\partial t} + \frac{\partial}{\partial x}\int_0^1 Hu\mathrm{d}\sigma\,\frac{\partial}{\partial y}\int_0^1 Hv\mathrm{d}\sigma = 0 \tag{5-19}$$

## 5.3.4　定解条件

河流水动力模型的定解条件包括上、下游边界，床面边界和自由表面边界。

（1）上游边界条件

河流上游边界条件包括动量方程中的 $p$、流速 $u_i$ 和水位 $\zeta$ 等。对于常用的 $k-\varepsilon$ 湍流模型需要给定 $k$、$\varepsilon$。目前这些边界条件的给定并没有可靠的方法，常采用经验公式给定，如在已知上游流量条件时，需进一步采用经验公式给定流速 $u_i$ 和水位 $\zeta$，甚至需要进一步迭代试算。

在实际计算中，也可采用一种简单的方法，将计算区域适当向上游延伸，若上延区域有实测地形资料，则按实测地形资料给定，若没有，则按实际上游边界形状切向上延。在上延区域入口处，可采用经验公式给定其边界条件，经过在上延区域的流动过渡，至真实边界处即可获得相对可靠的边界条件。

（2）下游边界条件

河流下游出口边界处一般采用纵向零梯度条件。如

$$\frac{\partial u_i}{\partial n} = 0, \qquad \frac{\partial p}{\partial n} = 0, \qquad \frac{\partial \zeta}{\partial n} = 0, \qquad \frac{\partial k}{\partial n} = 0, \qquad \frac{\partial \varepsilon}{\partial n} = 0 \tag{5-20}$$

若下游水位对计算河段影响明显时需直接给定水位

$$\zeta = \zeta_{下游} \tag{5-21}$$

剩余变量除 $\varepsilon$ 是直接采用

$$\varepsilon = \frac{k^{1.5}}{0.43H} \tag{5-22}$$

计算外，其他变量都采用法向零梯度条件给定。

（3）表面应力

当表面风力较大时，需要考虑风对水流的影响，设定表面应力：

$$\langle \tau_{1,x}, \tau_{1,y} \rangle = \frac{\mu}{H}\left(\frac{\partial u}{\partial \sigma}, \frac{\partial v}{\partial \sigma}\right) = \rho_a C_{DS}|\vec{v}_a|(u_a - u_1, v_a - v_1) \qquad \sigma \to 1 \quad (5-23)$$

式中：$\rho_a$ 为空气密度；$u_a$、$v_a$ 为水面垂直高度 10 m 处 $x$、$y$ 方向风速；$u_1$、$v_1$ 为表层 $x$、$y$ 向水流速度；$C_{DS}$ 为风力拖曳力系数。

（4）近壁流速

由 2.2 节可知，湍流的特性受边界的影响较大。近壁区域的切向和法向脉动速度分别在黏性或动能阻塞作用下都变得很小。而在此区域之外，由于时均速度梯度产生的湍动能，湍流脉动速度迅速变强。

固壁作用往往是河流漩涡和脉动产生的一个主要原因。在近壁区域，流速垂向梯度较大，动量交换较强。因此近壁区域的正确模拟是实现模型准确性的关键条件。

近壁流速的计算一般采用两种方法，一种是直接计算法，壁面采用无滑移条件，近壁区域流速计算采用与主流同样的控制方程和离散方法；另一种是壁面函数法。如 2.2 节所介绍，近壁区域可以分为三个区域：黏性底层、湍流区和过渡区。壁函数法并不直接采用模型直接计算黏性主导区域（黏性底层和过渡区），而是通过经验公式给出该区域的流速和湍流信息，由于这两种方法的特点及方法选择与数值离散有关，因此将在数值求解 6.2.2 一节详细介绍。

## 5.4 悬移质浓度输运模型

### 5.4.1 悬移质输运方程

目前常用的悬移质浓度公式如下：

$$\frac{\partial s}{\partial t} + \frac{\partial(u_j s - \delta_{j3}\omega_s s)}{\partial x_j} = \frac{\nu_t}{\sigma_s}\frac{\partial^2 s}{\partial^2 x_j} + Q_s \qquad (5-24)$$

式中：$Q_s$ 为源项，Schmidt 数常取 $\sigma_s = 0.5 \sim 1$。当 $j=3$ 时，$\delta_{j3}=1$；$j \neq 3$ 时，$\delta_{j3}=0$。

上式可写为

$$\frac{\partial \alpha_s}{\partial t} + \frac{\partial u_j \alpha_s}{\partial x_j} = \frac{\nu_t}{\sigma_s}\frac{\partial^2 \alpha_s}{\partial^2 x_j} + \delta_{j3}\omega_s\frac{\partial \alpha_s}{\partial x_j} + Q_s \qquad (5-25)$$

对比式（4-50）可发现，上式实际上与多相流无滑移模型是一致的，只是考虑了泥沙沉速所引起垂向滑移。因此目前悬移质模型中，水平方向泥沙颗粒完全符合无滑移假定，而垂向上则认为颗粒相对于水体存在 $-\omega_s$ 的滑移速度。

$\sigma$ 坐标下浓度输运方程为

$$\frac{\partial Hs}{\partial t} + \frac{\partial Hus}{\partial x} + \frac{\partial Hvs}{\partial y} + \frac{\partial(\omega - \omega_s)s}{\partial \sigma} = \frac{\nu_t}{\sigma_s}\left(H\frac{\partial^2 s}{\partial^2 x} + H\frac{\partial^2 s}{\partial^2 y} + \frac{1}{H}\frac{\partial^2 s}{\partial^2 \sigma}\right) + Q_s \quad (5-26)$$

## 5.4.2　定解条件

河流泥沙模型的边界条件远未完善，一方面由于泥沙作用的复杂性，另一方面是所采用经验公式与泥沙输运控制方程的衔接。边界条件的给定常采用以下方法：①系统分析边界处泥沙输运特殊规律，据此对控制方程中变量或关系式做出合理假定，若此假定可以作为边界条件，则直接以此假定为边界条件；②若此假定不能作为边界，则考虑基此假定对控制方程做出简化，分析简化所得方程是否可作为边界条件；③若通过上述所得关系式仍有未知项，则可借用经验公式对未知项进行封闭。

（1）悬移质输运的进口边界条件

一般我们仅知道断面平均含沙量或输沙量，无法直接给出浓度沿断面的分布。在实际应用中，常采用经验公式给定。在实际计算中也可采用如下简单实用方法，即将计算区域往上游延伸，若上延区域有实测地形资料时，则按实测地形资料给定，若没有，则按真实边界形状切向上延。在上延区域中，不考虑底部泥沙交换和其他源汇，目的是在真实边界处给出合理的泥沙浓度分布。应用此方法，在真实上游边界处泥沙输运符合式（5-24），避免较强不合理的冲淤变形现象。

（2）悬移质输运的下游边界条件

下游边界可直接假定浓度沿纵向梯度为零 $\frac{\partial s}{\partial n}=0$。联系控制方程式（5-24）有助于边界条件的正确使用。边界条件实际包括以下假设：

1）泥沙沿断面横向输运量远小于纵向输运量，$\frac{\partial (vs)}{\partial y}+\frac{\partial (ws-w_s s)}{\partial z}\ll\frac{\partial (us)}{\partial x}$，忽略式（5-24）中 $\frac{\partial (vs)}{\partial y}+\frac{\partial (ws-w_s s)}{\partial z}$；

2）$\frac{\nu_t}{\sigma_s}\frac{\partial^2 s}{\partial x^2}\ll\frac{\partial us}{\partial x}$，$\frac{\partial s}{\partial t}\ll\frac{\partial us}{\partial x}$，即浓度随时间的变化和扩散作用远小于纵向对流作用；

3）基于以上假设，浓度方程变为 $\frac{\partial us}{\partial x}=0$，又根据水动力边界条件 $\frac{\partial u}{\partial x}=0$，因此 $\frac{\partial s}{\partial x}=0$。

通过以上分析假设我们知道，此边界条件适用于横向速度较小、无回流、断面浓度变化足够小的下游边界。因此出口边界应取在较为顺直、变量沿断面变化小的河段。

（3）水面的泥沙边界条件

水面泥沙浓度是变化的，难以给定 I 型边界条件。通常基于泥沙法向通量为零给定边界条件：

$$\frac{\nu_t}{\sigma_s}\frac{\partial s}{\partial z}+w_s s=0 \qquad (5-27)$$

（4）河床底部泥沙条件

底部泥沙边界条件在理论上远未成熟。悬移质近底边界条件实质上是泥沙在悬移质、推移质和床沙中交换的问题。目前常采用以下公式近似给出悬移质近底边界。

I 型边界：$s_{z=z_b}=s_b$，即直接给定底层含沙量 $s_b$。$s_b$ 在基于某种假设下，由经验公式给

定，如将 $s_b$ 等同于饱和挟沙浓度 $s_{b*}$，即 $s\big|_{z=z_b}=s_b\approx s_{b*}$；

Ⅱ型边界：$\dfrac{\partial s}{\partial z}\Big|_{z=z_b}=0$，假定底部浓度梯度为零；

Ⅲ型边界：$\dfrac{\nu_t}{\sigma_s}\dfrac{\partial s}{\partial z}\Big|_{z=z_b}+w_s s_{b*}=Q_s$，以近底泥沙法向通量作为研究对象。认为近底的垂向泥沙通量为 $Q_s$。目前使用较多的是 $Q_s=D_b-E_b$，即简单概化沉降通量 $D_b$ 和悬浮通量 $E_b$ 差；Van Rijn（1987）给出 $Q_s=w_s(s_b-s_{b*})$，相当于假定：①近底泥沙有恢复饱和趋势；②恢复饱和的决定因素是垂向通量。在三维模型应用中，Van Rijn 方法使用相对较多（Celik and Rodi，1998；Wu and Rodi，2000；夏云峰，2002；假冬冬，2010）。

以上三类边界条件中，Ⅲ型边界条件相对更能反映河流底部泥沙的运动规律。但底部为床沙时，依然会存在如下问题：当底部不光滑或断面不规则时，湍流及其所致的漩涡会影响到床面底部，此时床面剪切应力及动压对床沙运动影响不可忽略，底部边界不再满足无滑移条件。此时底部颗粒滑移速度无法采用扩散速度近似，小滑移模型和无滑移模型已不再适用，需要使用双流体模型从力学角度入手解决此问题，控制方程（5-24）本身无法反映湍流作用下的底床冲淤变化。

### 5.4.3　底部泥沙交换通量计算

#### 5.4.3.1　近底饱和挟沙力

在三维模型中，底部边界常常涉及近底饱和挟沙力 $s_{b*}$。此处给出以下常用公式：

（1）Van Rijin（1986）公式

$$s_{b*}=0.015\frac{d_{50}}{Z_b}\frac{T^{3/2}}{D_*^{0.3}} \tag{5-28}$$

式中：$T=\dfrac{\tau_b-\tau_{b,cr}}{\tau_{b,cr}}$，$D_*=d_{50}\left(\dfrac{g\delta}{\nu}\right)^{1/3}$，$\tau_{b,cr}$、$\tau_b$ 分别为泥沙起动临界切应力和水流对床面的切应力；$Z_b$ 表示距床面距离。

（2）张瑞瑾（1996）给出近底饱和浓度和二维水流挟沙力之间的关系

$$s_{b*}=\frac{s_*}{\int_{\sigma_a}^{\sigma_h}\exp\left\{\frac{\omega}{\kappa u_*}[f(\sigma)-f(\sigma_a)]\right\}\mathrm{d}\eta} \tag{5-29}$$

式中：

$$f(\sigma)=2\tan^{-1}\sqrt{\sigma}+\ln\frac{1+\sigma}{1-\sigma}$$
$$+\frac{\sqrt{2}}{a^{3/2}}\left[\ln\frac{\eta+a+\sqrt{2a\sigma}}{\sqrt{a^2+\sigma^2}}+\tan^{-1}\left(1+\sqrt{\frac{2}{a}\sigma}\right)-\tan^{-1}\left(1-\sqrt{\frac{2}{a}\sigma}\right)\right] \tag{5-30}$$

式中：$a=1.5$，$\sigma=\dfrac{\zeta-z}{H}$；$H$ 为水深；$\sigma_a$、$\sigma_h$ 分别为近底部和自由水面的 $\sigma$ 值；$s_*$ 为二维水

流挟沙力。

由于 Van Rijn 公式将饱和浓度作为底部切应力的函数，因此在理论上更具合理性。

### 5.4.3.2　泥沙上扬通量 $E_b$ 和沉降通量 $D_b$

（1）由床面泥沙交换条件可知，河底冲起的泥沙将悬浮于水体中，即

$$E_b = -\frac{\nu_s}{\sigma_s}\frac{\partial s_b}{\partial z} \tag{5-31}$$

由于式中 $s_b$ 未知，$\frac{\partial s_b}{\partial z}$ 无法计算。直接取极限平衡条件近似计算，即 $s_{b*} = s_b$，且床面泥沙上扬通量等于沉降通量 $w_s s_{b*}$，于是可得（Celik and Rodi, 1998；Van Rijn, 1984b）：

$$E_b = \begin{cases} 0, & \tau_b \leqslant \tau_c \\ \min(w_s s_{b*},\ w_s s_{b,\,\max}), & \tau_b > \tau_c \end{cases} \tag{5-32}$$

沉降通量 $D_b$ 计算时直接采用床面泥沙浓度 $s_b$：

$$D_b = w_s s_b \tag{5-33}$$

式中：$s_{b,\,\max}$ 为近底最大泥沙浓度，$s_{b*}$ 为近底饱和含沙量。

（2）夏云峰（2002）在以上公式基础上考虑了沉降和扬起概率，认为 $D_b$ 等于交界面上泥沙相对水流有效下沉速度乘以泥沙沉降概率 $P_r$ 和床面附近含沙量 $s_b$，这样沉降通量 $D_b$ 为

$$D_b = P_r w_s s_b \frac{\left(1 - \dfrac{s_b}{\rho_s}\right)^m}{1 + \left(\dfrac{\rho_s - \rho}{\rho}\right)\dfrac{s_b}{\rho_s}} \tag{5-34}$$

式中：$P_r$ 为泥沙沉降概率。

当近底泥沙浓度 $s_b$ 较小时，上式可简化为

$$D_b = X_s w_s s_b \tag{5-35}$$

式中：$X_s = P_r \dfrac{\left(1 - \dfrac{s_b}{\rho_s}\right)^m}{1 + \left(\dfrac{\rho_s - \rho}{\rho}\right)\dfrac{s_b}{\rho_s}}$。

在极限平衡条件下，河底冲起的泥沙上扬通量等于沉降通量，于是可得

$$E_b = \begin{cases} 0, & \tau_b \leqslant \tau_c \\ X_s w_s s_{b*}, & \tau_b > \tau_c \end{cases} \tag{5-36}$$

式中：$\tau_b$ 为底部切应力；$\tau_c$ 为起动切应力。

## 5.5　推移质数学模型

利用质量守恒原理可简单获得如下推移质模型：

$$\frac{\partial}{\partial t}(\delta_b \bar{s}_b) + \gamma'_s \frac{\partial z_b}{\partial t} - (D_b - E_b) + \frac{\partial q_{bx}}{\partial x} + \frac{\partial q_{by}}{\partial y} = 0 \qquad (5-37)$$

式中：$\delta_b$ 为推移质运动层的厚度；$\bar{s}_b$ 为推移质平均含沙量；$z_b$ 为床面高程；$\gamma'_s$ 为泥沙干容重；$D_b - E_b$ 为由悬移质沉降 $D_b$ 和推移层上扬 $E_b$ 所导致推移质增加的通量；$q_{bx}$ 和 $q_{by}$ 分别为推移质沿纵向和横向的单宽输沙率：

$$q_{bx} = \alpha_x q_b, \qquad q_{by} = \alpha_y q_b \qquad (5-38)$$

式中：$\alpha_x$ 和 $\alpha_y$ 是推移质在 $x$ 和 $y$ 方向的相对大小。

由于式（5-37）同时存在床面和 $\bar{s}_b$、$z_b$、$q_b$ 三个未知函数，因此需要增加方程或经验关系予以封闭。下节首先介绍推移质所导致的纵向河床变形方程。

基本思想来源于传统河流动力学，引入平衡单宽输沙率 $q_{b*}$，并以平衡单宽输沙率 $q_{b*}$ 为参考，若推移质输沙率大于 $q_{b*}$，则该处发生淤积，否则为冲刷。引入非平衡推移质调整长度 $L_s$，用其表示达到平衡相对速度。由此得到推移质所导致的纵向河床变形方程：

$$\gamma'_s \frac{\partial z_b}{\partial t} = \frac{1}{L_s}(q_b - q_{b*}) \qquad (5-39)$$

假定推移质输运速度为近底水流速度，则由单宽输沙率与推移质输沙速度关系 $q_b = \bar{s}_b \sqrt{u_b^2 + v_b^2}\, \delta_b$ 得到：

$$\delta_b \bar{s}_b = \frac{q_b}{\sqrt{u_b^2 + v_b^2}} \qquad (5-40)$$

将式（5-38）至式（5-40）代入式（5-37），即可得推移质输沙率公式

$$\frac{\partial}{\partial t}\left(\frac{q_b}{\sqrt{u_b^2 + v_b^2}}\right) + \frac{1}{L_s}(q_b - q_{b*}) - (D_b - E_b) + \frac{\partial \alpha_x q_b}{\partial x} + \frac{\partial \alpha_y q_b}{\partial y} = 0 \qquad (5-41)$$

上式相当于假定：①推移层在床面厚度相等；②忽略推移质垂向运动；③推移质沿河床运动速度分量相对大小近似于近底水流速度；④推移质运动总是趋于平衡趋势，承认近底泥沙平衡输沙率 $q_{b*}$ 正确性；⑤推移质上层泥沙交换通量 $D_b - E_b$。

（1）推移层厚度

Einstein（1950）认为 $\delta_b = 2d_{50}$，$\delta_b = 10\theta d_{50}$，$\theta = \dfrac{u_*}{(\rho_s/\rho - 1)g d_{50}}$；Van Rijin（1984a）

则取 $\delta_b = 0.01 \sim 0.05H$；Bagnlod 认为 $\delta_b = K\left(\dfrac{u_*}{u_{*c}}\right)^{0.6} d_{50}$；Wu 和 Rodi（2000）对平整床面

取 $\delta_b = 2d_{50}$，而沙波床面取 $\delta_b = \dfrac{2}{3}\Delta$，$\Delta$ 为沙波高度，可用 Yalin 实测资料分析所得关系式

$\dfrac{\Delta}{H} = a\dfrac{\tau - \tau_c}{\tau_c}$ 确定，其中 $\tau_c$ 为泥沙起动的临界切应力。

（2）$L_s$ 的确定

不同学者对于 $L_s$ 取值相差较大。根据 Van Rijin（1987）试验得出 $L_s = 3d_{50}D_*^{0.6}T^{0.9}$；Phillips and Sutherland（1989）、Tran（1991）认为其与泥沙颗粒的跳跃长度相当，$L_s = $

$100d_{50}$；Rahuel 等（1989）认为其大小为两倍的网格长度。本书认为，该值至少满足 $|L_s| < 1$，且冲刷和淤积不应取相同值。

（3）临界起动切应力计算

河床坡度较小时，临界起动切应力 $\tau_{b,cr}$ 可按 Shields 曲线确定，或按式（2-29）确定。

床面坡度较大时，Van Rijn（1993）对床面纵向及横向坡度的影响也加以修正：

$$\tau'_{b,cr} = k_\theta k_\beta \tau_{b,cr} \tag{5-42}$$

式中：$k_\theta$ 为横向坡度影响系数，$k_\theta = \cos\theta\left(1 - \dfrac{\tan^2\theta}{\tan^2\varphi}\right)$，$\theta$ 为横向坡度；$k_\beta$ 为纵向坡度影响系数，$k_\beta = \dfrac{\sin(\varphi - \beta)}{\sin\varphi}$，$\beta$ 为纵向坡脚，顺坡为正，逆坡为负；$\varphi$ 为休止角。

（4）$\alpha_x$、$\alpha_y$ 确定

$x$、$y$ 方向的推移质输沙率直接采用速度分量 $u_b$、$v_b$ 进行加权计算：

$$\alpha_x = \sqrt{\frac{u_b^2}{u_b^2 + v_b^2}}, \qquad \alpha_y = \sqrt{\frac{v_b^2}{u_b^2 + v_b^2}} \tag{5-43}$$

不增加推移质动量方程条件下，以上推移质运动速度 $u_b$、$v_b$ 无法求得，目前常直接采用水流速度。

当河床坡度对推移质输沙率影响较大时，需要对式（5-41）所得结果进行进一步修正：

$$q'_{bx} = \frac{\tan\varphi}{\cos\beta(\tan\varphi - \tan\beta)} q_{bx} \tag{5-44}$$

$$q'_{by} = \left[ u_{by}/u_{bx} + \varepsilon(\tau_{b,cr}/\tau_{bx})^{0.5}\tan\theta \right] q_{by} \tag{5-45}$$

式中：$q'_{bx}$、$q'_{by}$ 为修正后的纵向和横向推移质输沙率；$\tau_{bx}$ 为床面剪切应力在纵向的分量；$\theta$ 为横向坡脚；$\varepsilon$ 为率定参量；$\beta$ 为向坡脚；$\varphi$ 为休止角。

（5）平衡输沙率计算

平衡输沙率 $q_{b*}$ 是决定推移质输运模型准确程度的变量。推移质平衡输沙率虽然研究很多，公式众多，但不同公式之间甚至存在量级上的差异。对于非均匀推移质输移，大量学者对此进行了宝贵的探索。但遗憾的是收获甚微，甚至至今还没有一个公式能反映非均匀沙的起动和输沙特点。在解决天然河流不均匀沙的输运问题时，一般借用均匀沙的研究成果，人为地把床沙分成若干级，每级作为均匀沙来处理，或再加一个或几个不均匀性的修正系数（秦荣昱，1981）。

平衡输沙率计算使用较多的是 Van Rijn 公式、Einstein 公式、窦国仁公式、Meyer-Peter 公式和岗村洛夫公式等（表5-1）。

表 5-1   推移质输运公式

| 名称 | 关系式 |
|---|---|
| Van Rijn 公式 | $q_{b*} = 0.053 \sqrt{\dfrac{\gamma_s - \gamma}{\gamma} g} d_{50}^{1.5} \dfrac{T^{2.1}}{d_*^{0.3}}, \quad d_* = 0.053 \left[ \left( \dfrac{\gamma_s - \gamma}{\gamma} g \right) \Big/ \nu^2 \right]^{1/3},$ $T = \dfrac{\tau_b - \tau_{b,cr}}{\tau_{b,cr}}$ |
| Einstein 方法 | $1 - \dfrac{1}{\sqrt{\pi}} \int_{-B_* \psi - 1/\eta_0}^{B_* \psi - 1/\eta_0} \exp(-t^2) \, \mathrm{d}t = \dfrac{A_* \Phi}{1 + A_* \Phi}$ $\Phi = \dfrac{g_b}{\gamma_s} \left( \dfrac{\gamma}{\gamma_s - \gamma} \right)^{1/2} \left( \dfrac{1}{g d_s^3} \right)^{\frac{1}{2}} \left( 4 - 4.17 \ln \dfrac{5.5}{3.5 - \ln \psi} \right) \quad (\psi < 27)$ $\psi = \dfrac{\gamma_s - \gamma}{\gamma} \dfrac{d_s}{R'_b J}, \quad \eta_0 = 0.5, \ A_* = 1/0.023, \ B_* = 1/7$ |
| Meyer-Peter | $\dfrac{Q_b}{Q} \left( \dfrac{k_b}{k'_b} \right)^{3/2} \gamma h J = 0.047 (\gamma_s - \gamma) d_s + 0.25 \left( \dfrac{\gamma}{g} \right)^{1/3} \left( \dfrac{\gamma_s - \gamma}{\gamma_s} \right)^{2/3} g_{b*}^{2/3}$ $Q_b = B R_b U, \quad Q = B h U$ |
| Shields 方法 | $\dfrac{q_{b*}}{q} = 10 \dfrac{\sin \theta}{s} \dfrac{\tau_b - \tau_{b,cr}}{g (\rho_s - \rho) d_s}$ |

注：$d_{50}$ 为泥沙中值粒径；$\tau_b$、$\tau_{b,cr}$ 分别为实际河床切应力和临界河床切应力；$k'_b$ 为沙粒的阻力系数；$k_b$ 为河床阻力系数；$R_b$ 为与阻力系数有关的水力半径；$g_{b*}$ 为以水下重量计的单宽输沙率。

## 5.6   河道纵向演变数学模型

河床纵向变形是基于床沙、悬移质和推移质沙量守恒建立的。仅由泥沙上扬量 $D_b$ 和沉降 $E_b$ 量所导致的河床变形公式为

$$\gamma'_s \frac{\partial z_b}{\partial t} = D_b - E_b \tag{5-46}$$

式中：$z_b$ 为床面高程；$\gamma'_s$ 为泥沙干容重。

同理，仅由推移质运动所引起的河床纵向变形为

$$(1 - p') \frac{\partial z_b}{\partial t} = \sum_{l=1}^{l_M} \left[ \frac{1}{L_{s,l}} (q_{b,l} - q_{b*,l}) \right] \tag{5-47}$$

式中：$p'$ 为泥沙的孔隙比；$L_s$ 为推移质泥沙非平衡调整长度；$l$ 表示粒径分组，共 $l_M$ 组数。

仅由悬移质导致的河床纵向变形为

$$(1 - p') \frac{\partial z_b}{\partial t} = -\left( \frac{\partial q_{sx}}{\partial x} + \frac{\partial q_{sy}}{\partial y} \right) \tag{5-48}$$

式中：

$$q_{sx} = \sum_{l=1}^{l_M} \left( u s_l - \frac{\nu_t}{\sigma_s} \frac{\partial s_l}{\partial x} \right), \quad q_{sy} = \sum_{l=1}^{l_M} \left( v s_l - \frac{\nu_t}{\sigma_s} \frac{\partial s_l}{\partial y} \right) \tag{5-49}$$

考虑推移质、悬移质的床面纵向变形方程：

$$\gamma'_s \frac{\partial z_b}{\partial t} + \frac{\partial Q_{sx}}{\partial x} + \frac{\partial Q_{sy}}{\partial y} - (D_b - E_b) = 0 \qquad (5-50)$$

式中：$Q_{sx}$ 和 $Q_{sy}$ 分别为 $x$ 和 $y$ 方向的总泥沙（包括悬沙和推移质）输运通量：

$$Q_{sx} = q_{bx} + q_{sx}, \qquad Q_{sy} = q_{by} + q_{sy} \qquad (5-51)$$

由上式看出，河床高程计算正确性依赖于悬移质和推移质输沙模型的正确性。

## 5.7　非均匀输沙模型

天然河流中运动的泥沙多为非均匀沙，无论推移质、悬移质，还是床沙都是由不同粒径的泥沙颗粒组成。随着水沙过程的改变，水流挟带的泥沙与床沙不断地进行交换，引起河床冲淤、床沙级配等一系列变化。较为典型的是大型河工建筑运行初期所引起的不平衡输沙过程。水库建成后库区床沙沿程细化也是一个非定常过程。床沙的细化将引起床沙质的沿程细化，而床沙质的沿程细化又将引起水流挟沙力和悬沙级配的改变。水库下游则是床沙粗化的一个非定常冲刷过程。

当颗粒不均匀性影响较大时，需要考虑其对浑水动量方程中的泥沙沉速、浓度方程中的饱和挟沙浓度、近底饱和浓度以及推移质模型中的平衡输沙率等影响。

### 5.7.1　非均匀悬移质输运模型

（1）基本方法

目前非均匀输沙模型是对均匀沙模型的一种修正，主要可分为如下三种方法。

1）最简单的方法是选择非均匀沙的代表粒径计算，直接采用均匀沙模型。梅叶-彼得（Meyer-Peter）采用床沙平均粒径 $d_m$ 作为代表粒径，爱因斯坦采用 $d_{35}$ 作为代表粒径。钱宁根据水槽实验资料分析认为，在输沙率不大时，采用 $d_m$ 较 $d_{35}$ 更为合理，而在高强度输沙时，两者无太大差别。该方法在泥沙资料缺少或非均匀性影响不大的工程问题中，可以方便地计算总输沙率。

2）第 II 种方法对不同粒径组分别求解，称为分组求解方法。该方法将不同粒径组泥沙分别采用均匀沙模型计算其浓度，最后利用分组泥沙浓度叠加求和得到混合泥沙浓度，具有代表性的是下面介绍的窦国仁方法。

3）第 III 种方法直接采用均匀沙模型求解混合泥沙浓度，但模型中泥沙沉速、挟沙力等变量都是通过非均匀沙组分叠加获得，称为组合求解方法。从方法的简单性和高效性而言，该方法介于上述两种方法之间。该方法的研究重点是如何叠加实现等效性的问题，这是近年来研究的重点，但多基于一维水沙模型进行，还远未成熟。

上述三种方法中第 I 种方法只需知道中值粒径就修正了；获得第 II 种方法则需要求得泥沙级配后分组求解；而第 III 种方法的前提是求得泥沙级配的条件下，求得非均匀沙的混合挟沙力和混合沉降速度。因此目前非均匀输沙模型的关键技术是挟沙力级配和挟沙力的修正。

（2）关键技术处理

非均匀输沙常分为平衡输沙和非平衡输沙。平衡输沙假定下，级配计算较为简单，可认为床沙和悬沙的泥沙级配是一致的，而不平衡条件下则需要同时考虑床沙和悬移质泥沙级配。

1）平衡输沙条件下级配计算。

李义天（1987）基于平衡条件下，得出了第 $l$ 组泥沙垂线含沙量级配 $P_{4,l}$ 及床沙级配 $P_{1,l,1}$ 关系：

$$P_{4,l} = \frac{P_{1,l,1}\frac{1-A_l}{\omega_l}(1-e^{\frac{6\omega_l}{\kappa u*}})}{\sum_{l=1}^{l_M} P_{1,l,1}\frac{1-A_l}{\omega_l}(1-e^{-\frac{6\omega_l}{\kappa u*}})} \tag{5-52}$$

式中：$A_l = \dfrac{\omega_l^2}{\dfrac{\sigma_v}{\sqrt{2\pi}}e^{-\frac{\omega_l^2}{2\sigma_v^2}} + \omega_l \Phi\left(\frac{\omega_l}{\sigma_v}\right)}$，其中 $\Phi\left(\dfrac{\omega_l}{\sigma_v}\right) = \int_{-\infty}^{\omega_l}\dfrac{1}{\sqrt{2\pi}}e^{-\frac{v'^2}{2\sigma_v^2}}\mathrm{d}v'$，$\sigma_v$ 为垂向脉动强度；

$l_M$ 为泥沙分组数。

2）不平衡输沙。

不平衡非均匀流输沙的计算远较平衡输沙复杂。在不平衡输沙中，床沙和悬沙的级配是不断变化的，因此需要确定床沙级配、悬沙级配以及水流综合挟沙力和挟沙力级配。目前方法可分为以窦国仁为代表的分组挟沙力法和以韩其为为代表的混合挟沙力法。

①窦国仁（1987）方法。

模型属于方法Ⅱ，根据泥沙级配将泥沙分为若干组，后分别建立各组泥沙的悬移质输运方程。以恒定一维悬移质输沙为例，对第 $l$ 组泥沙

$$\frac{\mathrm{d}s_l}{\mathrm{d}x} = \frac{-\alpha_l\omega_l}{q}P_{1,l}^\beta(s_l - S_l^*) = -\frac{\alpha_l\omega_l}{q}P_{1,l}^\beta(P_{4,l}s - P_{4,l}^*S^*) \tag{5-53}$$

式中：$\alpha_l$ 为沉降概率；$S$ 为断面泥沙平均浓度；当 $s_l \geq S_l^*$，$\beta=0$；当 $s_l < S_l^*$，$\beta=1$。

挟沙力 $S_l^*$ 公式为

$$S_l^* = P_{4,l}^* \frac{K_1}{C_0^2}\frac{\gamma_s\gamma}{\gamma_s-\gamma}\frac{U^3}{gh\omega} \tag{5-54}$$

挟沙力级配

$$P_{4,l}^* = \frac{\left(\dfrac{P_{4,l}}{\omega_l}\right)^\gamma}{\sum_{l=1}^{l_M}\left(\dfrac{P_{4,l}}{\omega_l}\right)^\gamma} \tag{5-55}$$

②韩其为方法。

模型属于方法Ⅲ。韩其为（2007）首先假定，挟沙力公式既可用于均匀沙，也可用于非均匀沙，关键在于选择非均匀沙的代表沉速。混合挟沙力计算的正确性是该方法的首要前提。韩其为认为清水冲刷时挟沙能力只能用床沙级配加权（在冲积河道），而超饱和淤积时（在卵石、基岩河床）只能用含沙量级配加权，因此挟沙力应由两者加权叠加。进一步设想各粒径组泥沙分别计算，将水体分为与粒径组组数相当的几部分，每组水体刚好挟

带一个粒径组的泥沙，每组均假定为均匀沙。基此经过多年反复研究，得到混合挟沙力 $S^*(\omega^*)$、挟沙能力级配 $P_{4,l}$ 及有效床沙级配 $P_{1,l}$ 的表达式（韩其为，2007）：

$$S^*(\omega^*) = \begin{cases} P_{4,1}S + P_{4,2}S\dfrac{S^*(\omega_2^*)}{S^*(\omega_{1,1}^*)} + \left[1 - \dfrac{P_{4,1}S}{S^*(\omega_1)} - \dfrac{P_{4,2}S}{S^*(\omega_{1,1}^*)}\right]P_1 S^*(\omega_{1,1}^*), & \left(\dfrac{P_{4,1}S}{S^*(\omega_1)} + \dfrac{P_{4,2}S}{S^*(\omega_{1,1}^*)} < 1\right) \\[4mm] P_{4,1}S + \left[1 - \dfrac{P_{4,1}S}{S^*(\omega_1)}\right]S^*(\omega_2^*), & \left(\dfrac{P_{4,1}S}{S^*(\omega_1)} + \dfrac{P_{4,2}S}{S^*(\omega_{1,1}^*)} \geqslant 1\right) \end{cases}$$

$$(5-56)$$

$$P_{4,l} = \begin{cases} P_{4,1}S + P_{4,l,1}\dfrac{s}{S^*(\omega^*)} + P_{4,2}P_{4,l,2}\dfrac{s}{S^*(\omega^*)}\dfrac{S^*(L)}{S^*(\omega_{1,1}^*)}\left[1 - \dfrac{P_{4,1}s}{S^*(\omega_1)} - \dfrac{P_{4,2}s}{S^*(\omega_{1,1}^*)}\right] \\[3mm] \times P_1 P_{4,l,1}\dfrac{S^*(\omega_{1,1}^*)}{S^*(\omega^*)}, & \left(\dfrac{P_{4,1}s}{S^*(\omega_1)} + \dfrac{P_{4,2}s}{S^*(\omega_{1,1}^*)} < 1\right) \\[4mm] P_{4,1}P_{4,l,1}\dfrac{s}{S^*(\omega^*)} + \left[1 - \dfrac{P_{4,1}s}{S^*(\omega_1)}\right]\dfrac{S^*(L)}{S^*(\omega_{1,1}^*)}, & \left(\dfrac{P_{4,1}s}{S^*(\omega_1)} + \dfrac{P_{4,2}s}{S^*(\omega_{1,1}^*)} \geqslant 1\right) \end{cases}$$

$$(5-57)$$

$$P_{1,l} = \begin{cases} P_{4,1}P_{4,l,1}\dfrac{s}{S^*(L)} + P_{4,2}P_{4,l,2}\dfrac{s}{S^*(\omega_{1,1}^*)} + \left[1 - \dfrac{P_{4,1}s}{S^*(\omega_1)} - \dfrac{P_{4,2}s}{S^*(\omega_{1,1}^*)}\right]P_1 P_{1,l,1,1}, \\[3mm] \qquad\qquad \left(\dfrac{P_{4,1}s}{S^*(\omega_{1,1}^*)} + \dfrac{P_{4,2}s}{S^*(\omega_{1,1}^*)} < 1\right) \\[4mm] P_{4,1}P_{4,l,1}\dfrac{s}{S^*(L)} + \left[1 - \dfrac{P_{4,1}s}{S^*(\omega_1)}\right]P_{4,l,2}, \qquad \left(\dfrac{P_{4,1}s}{S^*(\omega_{1,1}^*)} + \dfrac{P_{4,2}s}{S^*(\omega_{1,1}^*)} \geqslant 1\right) \end{cases}$$

$$(5-58)$$

其中

$$P_{4,1} = \sum_{l=1}^{k} P_{4,l} \qquad\qquad\qquad (5-59)$$

$$P_{4,2} = \sum_{l=k+1}^{l_M} P_{4,l} \qquad\qquad\qquad (5-60)$$

$$P_{4,l,1} = \begin{cases} \dfrac{P_{4,l}}{P_{4,1}} = \dfrac{P_{4,l}}{\sum\limits_{l=1}^{l_M} P_{4,l}}, & (l < k) \\[5mm] 0, & (l \geqslant k) \end{cases} \qquad (5-61)$$

$$P_{4,l,2} = \begin{cases} \dfrac{P_{4,l}}{P_{4,2}} = \dfrac{P_{4,l}}{\sum\limits_{l=k+1}^{l_M} P_{4,l}}, & (k+1 \leqslant l \leqslant l_M) \\[5mm] 0, & (k < l_m, \ l > k+1) \end{cases} \qquad (5-62)$$

$$S^*(\omega_1^*) = \sum_{l=1}^{n} P_{1,l,1}S^*(l) = \sum_{l=1}^{n} P_{1,l,1}S^*(\omega_1) \qquad (5-63)$$

式中：$l_M$ 为可悬的分组总数，粒径范围 $l_M<l \leqslant n$ 表示不能悬浮的泥沙组次，$k$ 由

$$d_k = f^{-1}(\omega_1^*) \tag{5-64}$$

确定。其中 $f^{-1}$ 是 $\omega=f(d)$ 的反函数。

$$S^*(\omega_{1,1}^*) = \sum_{l=1}^{n} P_{1,l,1,1} S^*(l) \tag{5-65}$$

$$P_{1,l,1,1} = \begin{cases} \dfrac{P_{1,l,1}}{P_1} = \dfrac{P_{1,l,1}}{\sum P_{1,l,1}}, & (l \leqslant l_M) \\ 0, & (l > l_M) \end{cases} \tag{5-66}$$

$$S^*(\omega_2^*) = \sum_{l=k+1}^{l_M} P_{4,l,2} S^* \tag{5-67}$$

$$\frac{1}{S^*(\omega_1)} = \sum_{l=k+1}^{l_M} \frac{P_{4,l,1}}{S^*(l)} \tag{5-68}$$

$$P_{4,l,1} = \frac{S^*(l)}{S^*(\omega_1^*)} P_{1,l,1} \tag{5-69}$$

$$P_{4,l,1,1} = \frac{S^*(l)}{S^*(\omega_{1,1}^*)} P_{1,l,1,1} \tag{5-70}$$

式中：$S^*(\omega_x^*)$ 为沉速是 $\omega_x^*$ 的混合沙（总）挟沙能力，可经过分组挟沙能力 $S^*(i)$ 叠加得到；$d$ 为泥沙粒径。有兴趣的读者可进一步参看文献（韩其为，2007）。

## 5.7.2　非均匀推移质输沙率修正

常对均匀推移质输沙率公式采用经验公式修正。如对某泥沙组，对 Eisntein 平衡输沙率公式进行如下修正（钱宁和万兆惠，1983）

$$1 - \frac{1}{\sqrt{\pi}} \int_{-B_*\psi_*-1/\eta_0}^{B_*\psi_*-1/\eta_0} \exp(-t^2)\,\mathrm{d}t = \frac{A_*\Phi_*}{1+A_*\Phi_*} \tag{5-71}$$

式中

$$\Phi_* = \frac{i_b \Phi}{i_0}, \qquad \psi_* = \xi Y \left(\frac{\beta}{\beta_x}\right)^2 \psi, \qquad \beta_x = \lg\left(10.6\frac{X}{\Delta}\right) \tag{5-72}$$

式中：$i_b$ 表示推移质中该组泥沙所占百分比；$i_0$ 表示床沙组成中该组粒径的泥沙所占百分比；$\Delta = K_s/\delta$，$K_s$ 为粗糙高度，$\delta$ 为近壁层流厚度；$\Phi$、$\psi$ 同表 5-1 所示；$\xi$ 为隐蔽系数；$X$ 为河床组成中受隐蔽作用的最大粒径。

关于更多推移质公式，此处不再详述。读者可以参看钱宁和万兆惠（1983）的《泥沙运动力学》。

## 5.7.3　颗粒隐蔽的修正

在床沙表面，粗颗粒对细颗粒具有阻拦、隐蔽的作用，反过来细颗粒对粗颗粒具有包围、填充密实作用。颗粒掩蔽修正的难点主要是：①不同颗粒相对位置的随机性。②颗粒受力与周围泥沙级配和该颗粒相对大小有关。对于同一粒径颗粒，随着相邻大颗粒级配的

增大，可能从隐蔽主体变为被隐蔽对象。③影响的复杂性，大颗粒除了对小颗粒有隐蔽作用，同时其所产生的床面粗糙性又会导致床面脉动的增加，增加上举力。

根据以上分析，在模型建立中需要注意以下问题：①泥沙起动判定中，必须将表层床沙和推移质特性作为判断指标。如在水库运行后，冲刷平衡的下游河道，如计算中将河床表层、下层泥沙参数互换，会发生继续冲刷。而变动回水区淤积区域，泥沙互换同样也增加较大颗粒的推移运动几率。这一现象并非隐暴作用，而是对泥沙属于推移质、床沙底部、床沙表层的鉴定问题。②直接计算相邻颗粒的大小和位置关系在数值计算中是不现实的。在泥沙起动判定中可同时考虑泥沙颗粒粒径和床面颗粒级配两个参数，基于这两个参数对颗粒起动进行修正。目前采用的是颗粒粒径 $d_i$ 和代表粒径 $d_m$ 这两个参数对起动流速 $U_{ci}$ 修正：

$$U_{ci} = \psi \sqrt{\frac{\rho_s - \rho}{\rho} g d_i} \frac{\lg \dfrac{11.1h}{\varphi d_m}}{\lg \dfrac{15.1 d_i}{\varphi d_m}} \tag{5-73}$$

式中：$\varphi = 2$，$\psi$ 由下式计算

$$\psi = \frac{1.12}{\varphi} \left(\frac{d_i}{d_m}\right)^{1/8} \left(\frac{d_{75}}{d_{25}}\right)^{1/7} \tag{5-74}$$

## 5.8　河道横向演变模型

河道横向演变模型不仅需要考虑上述水沙作用力，而且需要考虑河岸的土力学特性。理论上水流对于河岸的作用包括两方面，即直接作用力和对河岸土力学性质的影响。其中直接作用力包括切应力和压力。模型的空间维数不同，剪切应力计算方法不同，动压作用仅在三维模型中才可能考虑。

河岸土体冲刷和崩塌的判断主要基于冲刷力和抗冲刷力、内滑力和抗内滑力作用强弱判断，同时需要考虑冲刷和崩塌沙体的简单再分配问题。

根据土体性质不同，通常分黏性土河岸、非黏性土河岸和混合土河岸考虑。不同类型土体的具体崩塌过程不同，夏军强等（2005）在《游荡型河流演变及其数值模拟》对此进行了详细的介绍。本书着重介绍土体冲刷和崩塌的力学模型。

### 5.8.1　河岸冲刷的剪切力和抗剪切力

（1）剪切力计算

不同空间维数模型计算剪切力的方式不同，对于一维模型常采用

$$\tau_w = JUH \tag{5-75}$$

式中：$U$ 为断面平均流速；$H$ 为水深；$J$ 为河道比降。

对于二维模型有

$$\tau_w = JH\sqrt{U^2 + V^2} \tag{5-76}$$

式中：$U$、$V$ 分别为纵向和横向的平均流速。

对于三维模型，建立壁面切应力 $\tau_w$ 与第一层网格点速度 $U_2$ 的对数关系

$$\tau_w = -\lambda_w U_2 \qquad (5-77)$$

式中：$\lambda_w = \rho c_\mu^{1/4} k_2^{1/2} \kappa / \ln(E z_2^+)$；$z_2^+ = u_* z_2'/\nu$；下标 2 计算网格点第一层的计算值；$z_2'$ 为距壁面距离；$u_* = \sqrt{\tau_w/\rho}$ 为壁面摩阻流速；$\kappa$ 为 Von Karman 常数，取 0.41；$E$ 为边壁粗糙参数；且壁面处的脉动能 $k_2$ 和脉动能耗损率 $\varepsilon_2$ 分别为

$$k_2 = \frac{u_*^2}{c_\mu^{1/2}}, \qquad \varepsilon_2 = \frac{u_*^3}{\kappa z_2'} \qquad (5-78)$$

边壁粗糙参数 $E$ 随边壁粗糙 $Re$ 数 $k_s^+ = u_* k_s/\nu$（$k_s$ 为边壁当量粗糙高度）变化，计算公式为

$$E = \exp[\kappa(B' - \Delta B')] \qquad (5-79)$$

式中：$B'$ 为附加常数，取为 5.2；$\Delta B'$ 为边壁粗糙函数

$$\Delta B' = \begin{cases} 0, & k_s^+ < 2.25 \\ [B' - 8.5 + (1/\kappa)\ln k_s^+] \sin[0.4285(\ln k_s^+ - 0.811)], & 2.25 \leqslant k_s^+ < 90 \\ B' - 8.5 + (1/\kappa)\ln k_s^+, & k_s^+ \geqslant 90 \end{cases}$$
$$(5-80)$$

对于河岸边界而言，可以根据其岸边界泥沙构成来确定边壁当量粗糙度，如

$$k_s = 3d_{90} + 1.1\Delta(1 - e^{-25\psi}) \qquad (5-81)$$

式中：$d_{90}$ 为比这一粒径小的泥沙占总泥沙重量的 90%；$\Delta\psi = \Delta/\lambda$，$\Delta$ 和 $\lambda$ 分别为沙波的高度和长度，通过下式计算得到

$$\Delta/\lambda = 0.015(d_{50}/b)^{0.3}(25 - T)[1 - \exp(-0.5T)], \qquad \lambda = 7.3b$$
$$T = (u_*^2 - u_{*,cr}^2)/u_{*,cr}^2 \qquad (5-82)$$

式中：$b$ 为边界至主流区的河宽；$u_*$ 为边壁摩阻流速；$u_{*,cr}$ 为 Shields 曲线中泥沙起动流速。

（2）河岸土体的抗冲力

河岸土体的抗冲力常用土体的起动切应力来表征，一般与河岸土体的泥沙粒径、级配、颗粒间电化学作用与边坡角度等有关。

对于非黏性土体河岸，抗冲力一般由基于 Shields 曲线的起动拖曳力公式表示，在数值计算中为了避免试算，也可用第 2 章所介绍的式（2-29）计算。

黏性河岸土体的起动切应力，一种方法是采用 Osman 提出的查图法，如图 5-3 所示，根据粒径的大小确定起动拖曳力的大小。

但是，查图法不便于在数值计算中使用，因此常直接采用类似的公式，如唐存本（1963）根据力的平衡方程式得出的新黏性土起动切应力公式

$$\tau_c = 6.68 \times 10^2 d + 3.67 \times 10^{-6}/d \qquad (5-83)$$

上式中仍简单地将 $\tau_c$ 概化为粒径 $d$ 的函数。

对于简单平面滑动情况，抗剪切力可用库伦公式表征：

$$\tau_c = C + \tau_n \tan\phi \qquad (5-84)$$

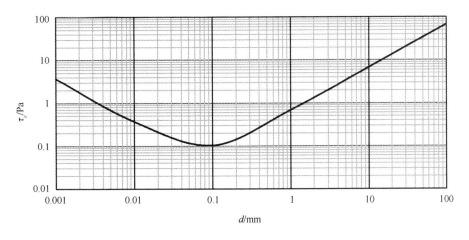

图 5-3　黏性土的起动拖曳力

式中：$C$ 为有效凝聚力（kPa）；$\tau_n = W\cos\beta$ 为作用于滑动面上的法向应力（kPa），$W$ 为滑动面以上河岸单位面积土体的重量（N/m$^2$）；$\beta$ 为河岸破坏面与水平面之间的夹角；$\phi$ 为土体有效内摩擦角。促使河岸滑动的应力 $\tau_c$ 可通过下式计算

$$\tau_c = W\sin\beta \tag{5-85}$$

### 5.8.2　非黏性土河岸冲刷过程的力学模拟方法

非黏性土河岸与其他类型的河岸不同，由于土体内部没有黏结力的作用，其边坡稳定的条件是坡度小于泥沙的水下休止角。如果河岸边坡角度超过这个休止角，那么河岸就会发生崩塌。

Ikeda 等（1981）、Pizzuto（1990）提出的非黏性土河岸冲刷过程的模拟方法是建立在河岸崩塌时沙量守恒基础上概化的冲刷模型，图 5-4 中 a 线是初始的岸边线，当近岸床面发生冲刷后，河岸的边坡变为 b 线；c 线表示水面以上岸坡土体崩塌后淤积在岸边上的形态。因此非黏性土河岸冲刷与崩塌过程的计算，通常包括以下几个步骤：

1）由河床变形方程计算出岸边的河床冲刷量；

2）由于坡脚冲刷使岸坡变陡，导致河岸崩塌；

3）崩塌下来的河岸土体堆积在岸边，且从河岸崩塌下来的土体面积与堆积在岸坡上的面积相等；

4）堆积在岸边的土体将被随后的水流输移搬运走。

这些步骤依次重复发生，因此河岸会持续后退。这个模型中第 1）步与第 4）步可以用非平衡输沙模型计算出。而第 2）步与第 3）步，需要用其他方法来处理。Hasegawa 对河岸冲刷过程进行了室内实验，发现河岸崩塌前后的剖面形态极其相似，岸坡角度都等于泥沙的水下休止角 $\theta_c$，即图 5-4 中折线 a 和 c 的坡度都等于 $\theta_c$。而且发现从水面以上岸坡崩塌下来的土体面积 $A_e$ 与崩塌后堆积在岸边的面积 $A_d$ 相等。因此根据上述两个条件，可以确定崩塌后的岸坡形态为折线 c。

岸顶后退的距离 $\Delta B_c$，被认为是河岸崩塌强度的象征。$\Delta B_c$ 取决于河岸组成物质的粒径、形状及材料，由河岸稳定性决定。为简化数值计算过程，通常假定 $\Delta B_c$ 与水面以上的河岸高度 $h_f$ 成正比。在下图中，水面以上的岸坡角度大于 $\theta_c$，这是由于这部分土体受到的空隙水负压力作用的缘故。

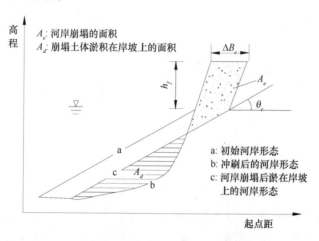

图 5-4　非黏性河岸的展宽计算模式

上述非黏性土河岸变形过程是一个冲刷—崩塌—淤积的循环过程。在野外观测中还发现，河岸崩塌以后的边坡角度与原河岸坡面形态相似，均为泥沙的水下休止角。采用这种方法，Nagata 等（2000）成功地模拟了顺直河道向弯曲河道的演变过程。

### 5.8.3　黏性土河岸冲刷过程的力学模拟方法

黏性土河岸冲刷过程的力学模拟方法，主要以 Osman 和 Thorne（1988）提出的模型为代表。该模型首先计算河岸横向冲刷距离，然后分析河岸边坡的稳定性。同时认为黏性土河岸的坡度较陡，崩塌时的破坏面为斜面，而且通过坡脚；在河岸稳定性分析中仅考虑水流侧向冲刷引起的岸坡变陡，以及床面冲刷引起的河岸高度增加对河岸稳定性的影响，而不考虑其他因素（如侧向水压力、空隙水压力等）影响。

#### 5.8.3.1　横向冲刷距离计算

在 $\Delta t$ 时间内，黏性土河岸被水流直接横向冲刷后退的距离为

$$\Delta B = \frac{C_l \Delta t (\tau_f - \tau_c) e^{-1.3\tau_c}}{\gamma_{bk}} \qquad (5-86)$$

式中：$\gamma_{bk}$ 为河岸土体的容重（kN/m³）；$\Delta B$ 为 $\Delta t$ 时间内河岸因水流横向冲刷而后退的距离（m）；$\tau_f$ 为作用在河岸上的水流切应力（N/m²）；$\tau_c$ 为河岸土体的起动切应力（N/m²）；$C_l$ 为横向冲刷系数，取决于河岸土体的物理化学特性，Osman 根据室内实验结果得到 $C_l = 3.64 \times 10^{-4}$。

#### 5.8.3.2　河岸稳定性分析

采用式（5-85）计算得到的河槽冲宽 $\Delta B$，用水动力学模型计算得到河床冲深 $\Delta Z$ 后，

河岸高度增加，坡度变陡，稳定性降低。根据土力学中的边坡稳定性关系，采用若干假定，可得到河岸发生初次崩塌时的临界条件。若河岸已发生初次崩塌，则假定以后的河岸崩塌方式为平行后退，即崩塌后的边坡角度恒为 $i_1$，仍可用土力学的方法判断河岸是否会发生二次崩塌。下面给出河岸稳定性分析的具体过程。

（1）河岸初次崩塌

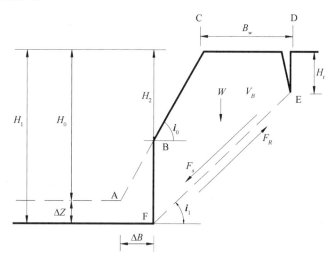

图 5-5　黏性土河岸初次崩塌示意

图 5-5 为河岸发生初次崩塌时的形态，在已知初始河岸高度 $H_0$，初始河岸坡度 $i_0$ 的情况下，根据水动力学模型计算得到床面冲刷深度 $\Delta Z$，由上式计算得出横向冲刷宽度 $\Delta B$，确定床面冲刷后的河岸高度 $H_1$ 以及转折点 $B$ 以上的河岸高度 $H_2$，即可计算得出相对河岸高度的实测值 $(H_1/H_2)_m$。当河岸发生初次崩塌时，破坏面与水平面的夹角为 $i_1$，可由下式计算：

$$i_1 = 0.5\left\{\arctan\left[\left(\frac{H_1}{H_2}\right)_m (1.0 - k_\beta^2)\tan(i_0)\right] + \phi_c\right\} \quad (5-87)$$

式中：$k_\beta$ 为河岸上部拉伸裂缝的深度 $H_t$ 与河岸高度 $H_1$ 之比，一般取 0.5，但实际计算中可根据黏性土河岸的临界直立高度确定 $k_\beta$ 值；$\phi_c$ 为河岸土体的内摩擦角。由上式求出 $i_1$，便可采用土力学中的边坡稳定性理论进行分析，计算将要发生崩塌时相对河岸高度的分析解 $(H_1/H_2)_c$，即

$$(H_1/H_2)_c = 0.5\left[\frac{\lambda_2}{\lambda_1} + \sqrt{\left(\frac{\lambda_2}{\lambda_1}\right)^2 - 4\left(\frac{\lambda_3}{\lambda_1}\right)}\right] \quad (5-88)$$

式中：

$$\lambda_1 = (1 - k^2)(\sin i_1\cos i_1 - \cos^2 i_1\tan\phi_c); \quad \lambda_2 = 2(1 - k_e)C_n/(\gamma_{bk}H_2);$$
$$\lambda_3 = (\sin i_1\cos i_1\tan\phi - \sin^2 i_1)/\tan(i_0) \quad (5-89)$$

式中：$C_n$ 为河岸土体的凝聚力。

根据 $(H_1/H_2)_m$ 和 $(H_1/H_2)_c$ 的大小，判断河岸是否会发生初次崩塌。

　　若 $(H_1/H_2)_m <  (H_1/H_2)_c$，那么河岸边坡稳定，$H_1$ 不是河岸发生崩塌的临界高度，则进入下一个时段的水沙计算。

　　若 $(H_1/H_2)_m \approx (H_1/H_2)_c$，那么河岸边坡不稳定，$H_1$ 是河岸发生崩塌的临界高度，则利用河岸几何形态关系，可计算出河岸崩塌土体的宽度 $B_W$ 及单位河长的崩塌体积 $V_B$，它们可分别表示为

$$B_W = \frac{H_1 - H_t}{\tan i_1} - \frac{H_2}{\tan i_0} \qquad (5-90)$$

$$V_B = 0.5\left(\frac{H_1^2 - H_t^2}{\tan i_1} - \frac{H_2^2}{\tan i_0}\right) \qquad (5-91)$$

　　若 $(H_1/H_2)_m > (H_1/H_2)_c$，则河岸边坡已发生崩塌，在这种情况下计算得到的床面冲刷深度 $\Delta Z$，河岸横向冲刷宽度 $\Delta B$ 值偏大，此时可通过减小计算时间步长来调整。

　　（2）河岸二次崩塌

　　若河岸已发生初次崩塌，则假定以后的河岸崩塌方式为平行后退，即以后边岸崩塌时破坏角度恒为 $i_1$，如图 5-6 所示，可用类似的方法，确定 $(H_1/H_2)_m$。在以后的河岸稳定性分析中，可用下式计算 $(H_1/H_2)_c$，即

$$(H_1/H_2)_c = 0.5\left[\frac{\omega_2}{\omega_1} + \sqrt{\left(\frac{\omega_2}{\omega_1}\right)^2 + 4}\right] \qquad (5-92)$$

式中：$\omega_1 = \sin i_1 \cos i_1 - \cos^2 i_1 \tan \varphi_c$；$\omega_2 = 2(1 - k_e)C_n/(\gamma_{bk}H_2)$。

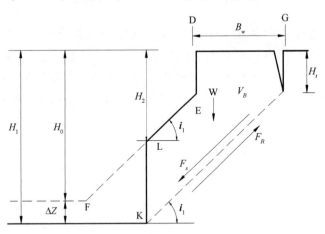

图 5-6　黏性土河岸二次崩塌示意

　　在已知 $(H_1/H_2)_m$、$(H_1/H_2)_c$ 的情况下，河岸边坡稳定性分析可采用类似河岸发生初始崩塌时的方法进行判断。根据河岸形态的几何关系，二次崩塌时岸顶后退的距离，可用下式计算：

$$B_W = \frac{H_1 - H_2}{\tan i_1} \qquad (5-93)$$

　　相应的单位河长的崩塌体积为

$$V_B = 0.5 \frac{H_1^2 - H_t^2}{\tan\beta} \tag{5-94}$$

### 5.8.4  混合土河岸冲刷过程的力学模拟方法

根据 Fukuoka（1996）对混合土河岸冲刷过程的研究，整个计算过程可以分为两个步骤（仅考虑发生绕轴崩塌的情况）。

首先确定某一时段 $\Delta t$ 内，河岸下部非黏性土层的冲刷后退距离为

$$L = f(\tau_f, \ \tau_c, \ \gamma_{bk2}, \ \Delta t) \tag{5-95}$$

从前式看，非黏性土层的冲刷距离与近岸水流切应力 $\tau_f$、非黏性土的抗冲力 $\tau_c$ 以及容重 $\gamma_{bk2}$ 等因素有关，如图 5-7（a）所示。

假设河岸崩塌时在断裂面上弯曲应力分布，如图 5-7（b）所示。当断裂面上缘的应力达到抗拉强度时，则混合土河岸中挂空部分自重产生的外力矩与断裂面上产生的抗拉力矩相平衡，此时河岸中凸出部分的长度即为临界的挂空长度。根据悬臂梁的力学平衡原理，可建立如下关系式：

$$\left(\gamma_{bk1} B_t H_{tn} L_c\right) \frac{L_c}{2} = H_{tn}^2 \frac{T_0 B_t}{6} \tag{5-96}$$

式中：$H_{tn}$、$\gamma_{bk1}$、$T_0$ 分别为黏性土层的高度、容重及抗拉强度；$B_t$ 为黏性土层的宽度。

化简上式，可得混合土河岸临界挂空长度的表达式：

$$L_c = \sqrt{\frac{T_0 H_{tn}}{3\gamma_{bk1}}} \tag{5-97}$$

根据非黏性土层的冲刷距离 $L$ 以及黏性土层的临界挂空长度 $L_c$ 的大小，判断黏性土层是否崩塌：当 $L \geqslant L_c$ 时，河岸上部的黏性土层受拉发生崩塌，即发生绕轴破坏；当 $L < L_c$ 时，河岸上部的黏性土层稳定，水流可以继续冲刷非黏性土层。

图 5-7 给出混合土河层冲刷过程的冲刷和受力。

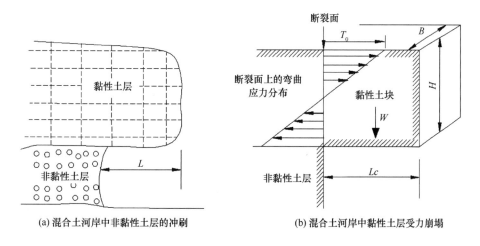

(a) 混合土河岸中非黏性土层的冲刷          (b) 混合土河岸中黏性土层受力崩塌

图 5-7   混合土河层冲刷过程的计算示意

### 5.8.5　河岸稳定性分析

边坡稳定性的研究方法很多，大致可分为刚体极限平衡法、弹塑性理论数组分析法、变形破坏判据法和破坏概率法四大类。这是土力学和岩石力学研究的重点，这里主要介绍极限平衡法以及考虑水位变化的边坡稳定分析模型。

#### 5.8.5.1　极限平衡法的基本方程

将滑动土体分成若干土条，每个土条和整个滑动土体都满足力的平衡和力矩平衡条件。以土条为隔离体，其受力分析如图5-8所示。

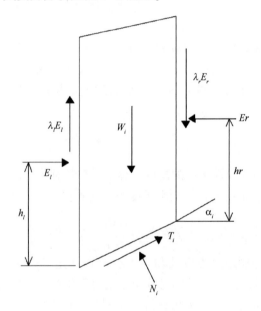

图5-8　土条受力分析图

在图5-8中，$W_i$ 为土条自重；$E_l$、$E_r$ 分别是土条左右两侧水平作用力；$N_i$ 为土条底部压力；$T_i$ 为土条底部剪切力。

根据力平衡条件得

$$
\begin{aligned}
E_r = \big[ &( W_i - C_n l_i \sin\alpha_i/\alpha_f + N_i \tan\varphi_c \sin\alpha_i/\alpha_f )( \tan\varphi_c \cos\alpha_i/\alpha_f - \sin\alpha_i ) \\
&- ( C_n l_i \cos\alpha_i/\alpha_f + N_i \tan\varphi_c \cos\alpha_i/\alpha_f )( \cos\alpha_i + \tan\varphi_c \sin\alpha_i/\alpha_f ) \\
&+ E_l( \cos\alpha_i + \tan\varphi_c \sin\alpha_i/\alpha_f - \lambda_r \tan\varphi_c \cos\alpha_i/\alpha_f + \lambda_r \sin\alpha_i ) \big] \\
&/( \cos\alpha_i + \tan\varphi_c \sin\alpha_i/\alpha_f - \lambda_r \tan\varphi_c \cos\alpha_i/\alpha_f + \lambda_r \sin\alpha_i )
\end{aligned} \tag{5-98}
$$

式中：$C_n$ 为黏聚力；$\varphi_c$ 为摩擦角；$l_i$、$\alpha_i$ 分别为土条底部长度和倾角；$\alpha_f$ 为安全系数；$\lambda_l$、$\lambda_r$ 反映了土条左右侧面剪应力与正应力的关系，通常假定其符合某一分布情况，如假定

$$
\begin{aligned}
\lambda_l(x) &= f_0(x) + \lambda_l f(x) \\
\lambda_r(x) &= f_0(x) + \lambda_r f(x)
\end{aligned} \tag{5-99}
$$

式中：$f_0(x)$ 在左右边界处为指定值；$f(x)$ 在左右边界处为 0。当 $f_0(x) = 0$ 时为 Morgenstern 和 Price 法，当 $f_0(x) = 0$ 同时 $f(x) = 1$ 时即为 Spencer 法。

假定土条底部作用力 $N_i$ 作用点距离土条左侧 $\theta_i\Delta x$，将作用在土条上的力对 $N_i$ 作用点取矩，建立土条的力矩平衡方程。当计算土条较宽时，土条重心作用线一般不通过 $N_i$ 作用点，因此要考虑重力对力矩的影响：

$$E_r[h_r - (1 - \theta_i)\Delta x(\lambda_r - \tan\alpha_i)] = E_l[h_l + (\lambda_l - \tan\alpha_i)\theta_i\Delta x] + \frac{W_i}{E_r}(x_G - x_l - \theta_i\Delta x)$$

$$(5 - 100)$$

$$h_r = \frac{E_l}{E_r}(h_l - \tan\alpha_i\theta_i\Delta x) + \frac{W_i}{E_r}(x_G - x_l - \theta_i\Delta x) + (1 - \theta_i)\Delta x(\lambda_r - \tan\alpha_i)$$

$$(5 - 101)$$

式中：$x_G$ 为土条重心横坐标；$x_l$、$x_r$ 分别为土条左右侧面横坐标；$\Delta x$ 为土条宽度；$h_l$、$h_r$ 分别为土条左右两侧作用点的位置；$\theta_i$ 通常假定为 0.5，在某些特殊情况当求得土条侧边界力作用点不满足合理性条件时可做适当调整。

左右边界处力的大小、作用点均已知，由每个土条左侧力的大小、作用点求右侧，依次递推，直到右边界为止，通过界定右边界力的大小和作用点位置进行求解，最终求得安全系数 $\alpha_f$。通常最右边界土条的 $E_r$ 为 0，不能采用上式进行计算。通过限定由左侧递推过来的作用点与最右侧土条左侧作用点位置重合，来保证力矩平衡。最右侧土条左侧作用点位置：

$$h_l = (\tan\alpha_i - \lambda_l)\theta_i\Delta x - \frac{W_i}{E_l}(x_G - x_l - \theta_i\Delta x) \qquad (5 - 102)$$

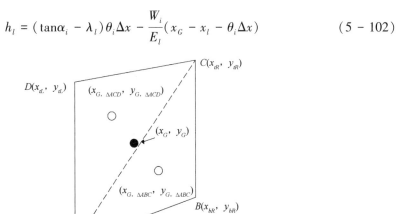

图 5-9 土条重心坐标示意

土条 $ABCD$ 重心坐标采用下列公式求出，将土条分成两个三角形，如图 5-9 所示。在图 5-9 中，实心圆为土条重心位置，空心圆为两个三角形土块重心位置。

$$S_{\Delta ABC} = \frac{1}{2} \begin{vmatrix} x_{bL} & y_{bL} & 1 \\ x_{bR} & y_{bR} & 1 \\ x_{tR} & y_{tR} & 1 \end{vmatrix} \tag{5-103}$$

$$S_{\Delta ACD} = \frac{1}{2} \begin{vmatrix} x_{bL} & y_{bL} & 1 \\ x_{tR} & y_{tR} & 1 \\ x_{tL} & y_{tL} & 1 \end{vmatrix} \tag{5-104}$$

每个三角形重心坐标分别为

$$\begin{aligned} x_{G,\Delta ABC} &= (x_{bL} + x_{bR} + x_{tR})/3 \\ y_{G,\Delta ABC} &= (y_{bL} + y_{bR} + y_{tR})/3 \end{aligned} \tag{5-105}$$

$$\begin{aligned} x_{G,\Delta ACD} &= (x_{bL} + x_{tR} + x_{tL})/3 \\ y_{G,\Delta ACD} &= (y_{bL} + y_{tR} + y_{tL})/3 \end{aligned} \tag{5-106}$$

整个土条的重心坐标为

$$x_G = \frac{S_{\Delta ABC} x_{G,\Delta ABC} + S_{\Delta ACD} x_{G,\Delta ACD}}{S_{\Delta ABC} + S_{\Delta ACD}}$$

$$y_G = \frac{S_{\Delta ABC} y_{G,\Delta ABC} + S_{\Delta ACD} y_{G,\Delta ACD}}{S_{\Delta ABC} + S_{\Delta ACD}} \tag{5-107}$$

### 5.8.5.2 考虑水位变化的边坡稳定分析模型

当需要考虑水位对边坡稳定性影响时，必须考虑坡外水压力的影响。当坡外存在水体时，可采用三种等效处理方案。

（1）第一种方案

将坡外水压力直接加在坡面上，边坡内土重、孔隙水压力取实际值，如图 5-10 所示。这种方案在理论上简单直观，国际著名的边坡稳定性分析软件 SLOPE/W 就是采用这一方案处理坡外水体作用的。但是在一般编程时采用这一方案，比较复杂，操作中的问题为：在土条划分好后，不同土条顶部存在不同的水压力，要对水压力的数值和方向进行计算，然后再计算安全系数，这么处理会加大程序的复杂性，特别是在需要寻找最危险滑裂面时会变得更加复杂。

（2）第二种方案

当坡外有水时，假设它是一个无水情况，只需将水位延伸至与滑动面相交后作以下两个处理（见图 5-11）：

1）水位延长线以下的土体由实际土重，置换成实际土重减去同体积水重，而水位延长线以上土体取实际土重；

2）水位延长线高程以下滑面上的孔隙水压力被置换为超孔隙水压力，水位延长线高程以上滑面上的孔隙水压力取实际值。

这一方案本质上为将边坡内土体假定为两部分组成，一部分为上述处理后的土体，另一部分为与库水位等高的水体，这两部分相加就是真实的边坡土体。边坡实际土体与库水组成一个静力平衡系统，坡外库水与坡体内假设与库水等高的水体部分也组成一个静力平衡系统。通过这一方案就可将其处理为一个无水情况，即置换法进行稳定分析。因为该方

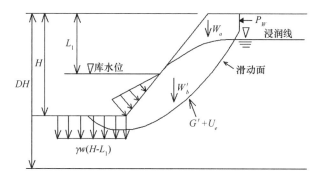

图 5-10　坡外水位处理方案一

案仅需在一般极限平衡法基础上对土条重量和土条底部孔隙水压力进行简单处理即可，故本文采用这一方案考虑库水影响。此时极限平衡法的方程为

$$
\begin{aligned}
E_r = &\big[ ( W'_i - C_n l_i \sin\alpha_i/\alpha_f + N'_i \tan\varphi_c \sin\alpha_i/\alpha_f )( \tan\varphi_c \cos\alpha_i/\alpha_f - \sin\alpha_i ) \\
&- ( C_n l_i \cos\alpha_i/\alpha_f + N'_i \tan\varphi_c \cos\alpha_i/\alpha_f )( \cos\alpha_i + \tan\varphi_c \sin\alpha_i/\alpha_f ) \\
&+ E_l ( \cos\alpha_i + \tan\varphi_c \sin\alpha_i/\alpha_f - \lambda_r \tan\varphi_c \cos\alpha_i/\alpha_f + \lambda_r \sin\alpha_i ) \big] \\
&/( \cos\alpha_i + \tan\varphi_c \sin\alpha_i/\alpha_f - \lambda_r \tan\varphi_c \cos\alpha_i/\alpha_f + \lambda_r \sin\alpha_i )
\end{aligned}
\tag{5-108}
$$

$$
h_r = \frac{E_l}{E_r}( h_l - \tan\alpha_i \theta_i \Delta x ) + \frac{W'_i}{E_r}( x_G - x_l - \theta_i \Delta x ) + ( 1 - \theta_i )\Delta x( \lambda_r - \tan\alpha_i )
\tag{5-109}
$$

式中：$W'_i$ 为处理后的土条重量；$N'_i$ 为土条底部处理后的水压力，其余参数与前式完全相同。

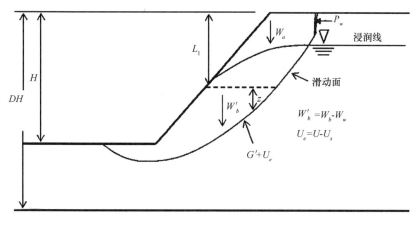

图 5-11　坡外水位处理方案二

（3）第三种方案

边坡内土重、孔隙水压力取实际值，将河道内水库看成强度指标为零的一种特殊材料。这一方案在理论上没有任何缺陷，只是相对于方案二而言处理相对麻烦。

### 5.8.5.3 水位变化对边坡稳定性影响简化分析

河岸水位变化将对河岸边坡的稳定性产生影响。河道水位上升时，水的入渗使河道岸边坡浸水，容重增加，孔隙水压提高，平衡的破坏将引起坍塌。河道水位下降时，由于坡体中浸润面下降的滞后性，导致坡体内产生水力梯度，增大了下滑力；同时由于边坡浸水体积的减小引起抗滑力和下滑力的变化。

河道水位下降时有两种特殊情况：河道水位骤降和河道水位缓降。所谓骤降是指河道水位降落得很快，边坡体内渗流自由面在河道水位降落后仍保持有总水头的90%左右，故可以认为坡体浸润线保持不变。所谓缓降是指水位的降落过程中，自由面与水位降落基本上同步。以往研究发现可将饱和渗透系数 $K$、有效孔隙率 $n_e$ 和水位下降速度 $V_s$ 的比值作为评价库水位降落快慢的依据。通过大量的计算分析认为，当 $K/n_eV_s<1/10$ 时，自由面（浸润线）下降极缓慢，可以按照水位骤降考虑；当 $K/n_eV_s>60$ 时，渗流自由面与水位同步下降，可以按照水位缓降考虑；而当 $60>K/n_eV_s>1/10$ 时，渗流自由面下降介于上述两种情况之间。水位骤降或缓降时，渗流自由面可以比较容易直接确定，而 $60>K/n_eV_s>1/10$ 时，渗流自由面需要通过计算确定。

## 5.8.6 浸润线计算模型

鉴于在大部分地下水流中潜水面坡度很小这一观测结果，提出 Dupuit 假定，即假定水流水平流动，相当于假定存在一种静水压力分布。基于以上假定可以得到潜水非稳定运动微分方程，即 Boussinesq 方程（Parlange et al, 1984）：

$$\frac{\partial h_e}{\partial t} = \frac{K}{n_e}\frac{\partial}{\partial x}\left(h_e\frac{\partial h_e}{\partial x}\right) \tag{5-110}$$

式中：$h_e$ 为浸润线到水平不透水层的距离；$K$ 为渗透系数；$n_e$ 为土条有效孔隙度；$x$ 为水平坐标；$t$ 为时间坐标。仅考虑水位变化对边坡稳定性的影响，故未考虑降雨对地下水的补给。同时 Boussinesq 方程忽略了含水层的垂向流动以及毛细力对地下水位的影响。Nielsen（1990）与 Parlange 和 Brutsaert（1987）对 Boussinesq 方程进行了修正来考虑含水层中的垂向流动以及毛细力对地下水位的影响，为了问题简单这里未考虑这些影响。

假定含水层均质，侧向无限延伸；库水降落前，原始潜水面水平；河岸倾斜且为直线。根据以上假定可得该问题边界条件和初始条件：

$$h_e[X(t),\ t] = H_1(t),\quad X(t) = H_1(t)\cos(\beta),\quad t \geq 0 \tag{5-111}$$

$$h_e(\infty,\ t) = h_i,\quad t \geq 0 \tag{5-112}$$

$$h_e(x,\ 0) = h_i,\quad H_1(0)\cot(\beta) \leq t < +\infty \tag{5-113}$$

式中：$X(t)$ 为水面与边坡坡面交点的 $x$ 坐标，随着水位变化而变化；$\beta$ 为坡面倾角；$H_1(t)$ 为河道水面到水平不透水层的距离；$h_i$ 为初始地下水位到水平不透水层的距离。图 5-12 为浸润线数学模型的计算简图。为了简化问题，仅考虑水位匀速下降的情况。

$$H_1(t) = h_i - V_s t \tag{5-114}$$

水面与坡面交点的 $x$ 坐标随库水变化而变化，为动边界问题，求解比较困难，为了简化该问题，引进新的变量 $x_1=x-X(t)$（Li et al, 2000），则上述方程可转换为

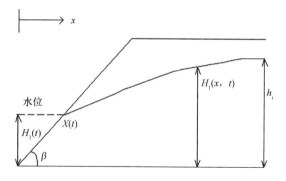

图 5-12　浸润线计算简图

$$\frac{\partial h_e}{\partial t} = \frac{K}{n_e} \frac{\partial}{\partial x_1}\left(h_e \frac{\partial h_e}{\partial x_1}\right) - v(t) \frac{\partial h_e}{\partial x_1} \qquad (5-115)$$

$$h_e(0, \ t) = h_i - V_s t, \qquad t \geqslant 0 \qquad (5-116)$$

$$h_e(\infty, \ t) = h_i, \qquad t \geqslant 0 \qquad (5-117)$$

$$h_e(x_1, \ 0) = h_i, \qquad 0 \leqslant x_1 < +\infty \qquad (5-118)$$

式中:

$$v(t) = -\frac{\mathrm{d}X(t)}{\mathrm{d}t} = V_s \cot(\beta) \qquad (5-119)$$

# 第6章 河流动力数学模型的数值求解

河流动力数学模型的构建，将河流动力规律抽象并翻译为数学语言。语言本身具有严密性，但由于动量方程中非线性项的存在，目前仅对少数简单流动，基于极强假设的前提下在数学上才具有解析解。在水沙方程的应用中，仍需回到离散时间和空间进行数值求解。

离散的目的是将"无限"变为"有限"。空间离散是指将连续空间分割为有限个节点或控制体，习惯上通俗地称此离散空间为网格。时间离散则是将连续时间表示为有限时间序列。控制方程离散则是将连续时间和空间的微积分方程及边界条件转化为有限个离散空间点和时间序列上的代数方程，后对此方程进行求解。

以上微积分控制方程离散和代数方程的求解，称为数值求解。河流动力学控制方程的数值求解主要涉及内容如下：①数值方法类型的选择；②网格点的布置；③离散格式的选取；④代数方程组的求解。

为了方便分析且不失一般性，下面主要采用笛卡尔坐标下三维河流控制方程的统一格式的数值求解加以介绍。考虑到通式重要性，将方程式（3-75）再次引列如下（本章内容用于离散空间，不再使用张量表示）：

$$\frac{\partial \varphi}{\partial t} + \nabla(v\varphi) = \Gamma \Delta \varphi + \hat{S}$$

本章河流动力相关微分方程的数值求解，不再使用张量表示。

## 6.1 数值方法简介

### 6.1.1 数值方法分类

根据数值求解过程所采用的离散方法不同，数值方法可分为有限差分法（FDM）、有限体积法（FVM）、有限元法（FEM）和有限分析法（FAM），目前在河流数值模拟中应用较多的是有限体积法、有限差分法和有限元法。不同方法对比见表6-1。

表6-1 不同数值方法对比

| 方法 | 程序化难度 | 网格 | 变量守恒性 | 优点 |
|------|-----------|------|-----------|------|
| FDM | 简单 | 结构性 | 不守恒 | 起源早、简单 |
| FVM | 较简单 | 结构性、非结构性 | 守恒 | 变量守恒；物理意义明确 |
| FEM | 较复杂 | 结构性、非结构性 | 守恒 | 区域适应性好 |

## 6.1.2　区域离散

区域离散是用有限个离散的点来代替原来的连续空间。把所计算的区域划分成许多个互不重叠的子区域，确定每个子区域中的节点位置及该节点对应的控制体积和界面。这一过程又称为网格生成。

区域离散过程结束后，可以得到以下 4 种几何要素：

1）节点：需要求解的未知物理量的几何位置；

2）控制容积：应用控制方程或守恒定律的最小几何单位；

3）界面：它规定了与各节点相对应的控制容积的分界面位置；

4）网格线：沿坐标轴方向连接相邻两节点而形成的曲线簇。

其中节点为控制容积的代表。在区域离散化过程开始时，由一系列与坐标轴相应的直线或曲线簇所划分出来的小区域称为子区域。视节点在子区域中位置的不同，可以把 FDM 及 FVM 中的区域离散化方法分成两大类：外节点法和内节点法（陶文铨，2001）。

1）外节点法：节点位于子区域的角顶上，划分子区域的曲线簇就是网格线，但子区域不是控制容积。为了确定各节点的控制容积，需要在相邻两节点的中间位置上作界面线，由这些界面线构成各节点的控制容积。从计算过程的先后来看，是先确定节点的坐标再计算相应的界面，因而也可称为先节点后界面的方法。

2）内节点法：节点位于子区域的中心，这时子区域就是控制容积，划分子区域的曲线簇就是控制体的界面线。就实施过程而言，先规定界面位置而后确定节点，因而是一种先界面后节点的方法。

控制方程离散为离散方程或离散方程计算时，常采用 $i$-$j$-$k$-$n$ 标识法，其中 $i$、$j$、$k$ 分别表示 $x$、$y$、$z$ 方向的第 $i$、$j$、$k$ 个节点，相邻界面表示为 $i+\frac{1}{2}$，$i-\frac{1}{2}$，$j+\frac{1}{2}$，$j-\frac{1}{2}$，$k+\frac{1}{2}$，$k-\frac{1}{2}$，$n$ 表示时间层。在单独分析某一节点或界面离散方程时，常采用 P 表示所研究的节点，E、S、W、N 表示其相邻东、南、西、北的 4 个节点，e，s，w，n 表示相应的界面，具体表示见图 6-1。相邻两节点间的距离以 $\delta x$、$\delta y$、$\delta z$ 表示，而 $\Delta x$、$\Delta y$、$\Delta z$ 则表示相邻两界面间的距离。均匀网格节点间和界面的距离相等。

若网格中节点排列有序，给出了一个节点的编号，立即可以得出其相邻节点的编号，则这种网格称为结构化网格，否则为无结构网格。结构化网格的优点是生成方法简单，缺点是对不规则区域的适应性较差。

## 6.1.3　离散方法

下面分别基于有限差分法和有限体积法介绍方程离散，对 $\phi$ 的输运方程式（3-75）的离散进行分析。

（1）有限差分法

有限差分法将控制方程中的每一个导数用相应的差分表达式来代替，差分形式可通过

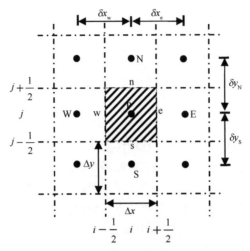

图 6-1　节点和网格位置及表示

泰勒公式得到。例如，$\phi_{i,j}$ 表示 $(i, j)$ 节点 $\phi$ 函数值，则 $(i+1, j)$ 节点的函数值 $\phi_{i+1,j}$ 可以用泰勒展开式得到：

$$\phi_{i+1, j} = \phi_{i, j} + \left(\frac{\partial \phi}{\partial x}\right)_{i, j} \Delta x + \left(\frac{\partial^2 \phi}{\partial^2 x}\right)_{i, j} \frac{\Delta x^2}{2} + \left(\frac{\partial^3 \phi}{\partial^3 x}\right)_{i, j} \frac{\Delta x^3}{6} + \cdots \qquad (6-1)$$

由式（6-1）进一步得到：

$$\left(\frac{\partial u}{\partial x}\right)_{i, j} = \underbrace{\frac{u_{i+1, j} - u_{i, j}}{\Delta x}}_{\text{有限差分近似}} - \underbrace{\left(\frac{\partial^2 u}{\partial^2 x}\right)_{i, j} \frac{\Delta x^2}{2} - \left(\frac{\partial^3 u}{\partial^3 x}\right)_{i, j} \frac{\Delta x^3}{6} + \cdots}_{\text{截断误差}} \qquad (6-2)$$

同样利用由泰勒公式可以得出一阶和二阶导数不同的差分格式，见表6-2。

表 6-2　不同差分格式及截断误差

| 一阶导数 | | | 二阶导数 | | |
|---|---|---|---|---|---|
| 导数 | 差分表达式 | 截差 | 导数 | 差分表达式 | 截差 |
| $\dfrac{\partial \phi}{\partial x}\Big|_i^n$ | $\dfrac{\phi_{i+1}^n - \phi_i^n}{\Delta x}$ | $O(\Delta x)$ | $\dfrac{\partial^2 \phi}{\partial x^2}\Big|_i^n$ | $\dfrac{\phi_i^n - 2\phi_{i+1}^n + \phi_{i+2}^n}{\Delta x^2}$ | $O(\Delta x)$ |
| | $\dfrac{\phi_i^n - \phi_{i-1}^n}{\Delta x}$ | $O(\Delta x)$ | | $\dfrac{\phi_i^n - 2\phi_{i-1}^n + \phi_{i-2}^n}{\Delta x^2}$ | $O(\Delta x)$ |
| | $\dfrac{\phi_{i+1}^n - \phi_{i-1}^n}{2\Delta x}$ | $O(\Delta x^2)$ | | $\dfrac{\phi_{i+1}^n - 2\phi_i^n + \phi_{i-1}^n}{\Delta x^2}$ | $O(\Delta x^2)$ |
| | $\dfrac{-3\phi_i^n + 4\phi_{i+1}^n - \phi_{i+2}^n}{2\Delta x}$ | $O(\Delta x^2)$ | | $\dfrac{-\phi_{i-2}^n + 16\phi_{i-1}^n - 30\phi_i^n + 16\phi_{i+1}^n - \phi_{i+2}^n}{12\Delta x^2}$ | $O(\Delta x^4)$ |
| | $\dfrac{3\phi_i^n - 4\phi_{i-1}^n + \phi_{i-2}^n}{2\Delta x}$ | $O(\Delta x^2)$ | | | |

（2）控制容积法

控制容积法对微分项离散，是通过对导数项在各控制体积上的积分实现的。如对一维对流扩散方程中的对流项和扩散项，在 $n$ 时间层的图6-1所示的内节点网格有：

$$\int_{x_w}^{x_e} \frac{\partial^2 \phi}{\partial x^2} \mathrm{d}x = \left.\frac{\partial \phi}{\partial x}\right|_e^n - \left.\frac{\partial \phi}{\partial x}\right|_w^n \qquad (6-3)$$

$$\int_{x_w}^{x_e} \frac{\partial u\phi}{\partial x} \mathrm{d}x = \left.(u\phi)\right|_e^n - \left.(u\phi)\right|_w^n \qquad (6-4)$$

而对于以上两式界面变量值，则需通过泰勒公式插值给出。如由 E、P 点值通过中心差分可得 $\left.\dfrac{\partial \phi}{\partial x}\right|_e^n = \left.\dfrac{\phi_E^n - \phi_P^n}{\delta x_e}\right|_P + O(\delta x_e^2)$，同理 $\left.\dfrac{\partial \phi}{\partial x}\right|_w^n = \left.\dfrac{\phi_P^n - \phi_W^n}{\delta x_w}\right|_P + O(\delta x_w^2)$。代入式（6-3）可得

$$\int_{x_w}^{x_e} \frac{\partial^2 \phi}{\partial x^2}\mathrm{d}x = \left.\frac{\partial \phi}{\partial x}\right|_e^n - \left.\frac{\partial \phi}{\partial x}\right|_w^n = \frac{\phi_E^n - \phi_P^n}{\delta x_e} - \frac{\phi_P^n - \phi_W^n}{\delta x_w} + \max(\delta x_w^2, \delta x_e^2) \qquad (6-5)$$

当网格均匀时，上式变为

$$\int_{x_w}^{x_e} \frac{\partial^2 \phi}{\partial x^2}\mathrm{d}x = \left.\frac{\partial \phi}{\partial x}\right|_e^n - \left.\frac{\partial \phi}{\partial x}\right|_w^n = \frac{\phi_E^n - 2\phi_P^n - \phi_W^n}{\Delta x} + (\Delta x^2) \qquad (6-6)$$

同理 $\left.(u\phi)\right|_e^n = \dfrac{\left.(u\phi)\right|_E^n + \left.(u\phi)\right|_P^n}{2} + O(\Delta x^2)$，$\left.(u\phi)\right|_w^n = \dfrac{\left.(u\phi)\right|_W^n + \left.(u\phi)\right|_P^n}{2} + O(\Delta x^2)$ 代入式（6-4）可得

$$\int_{x_w}^{x_e} \frac{\partial u\phi}{\partial x}\mathrm{d}x = \left[\left.(u\phi)\right|_e^n - \left.(u\phi)\right|_w^n\right] = \left.\frac{\left.(u\phi)\right|_E^n - \left.(u\phi)\right|_W^n}{2\Delta x}\right|_P + O(\Delta x^3) \qquad (6-7)$$

若假定 $\dfrac{\partial u\phi}{\partial x}$、$\dfrac{\partial^2 \phi}{\partial x^2}$ 值在控制容积 $P$ 内不变，则

$$\int_{x_w}^{x_e} \frac{\partial^2 \phi}{\partial x^2}\mathrm{d}x = \left.\frac{\partial^2 \phi}{\partial x^2}\right|_P^n \Delta x \Rightarrow \left.\frac{\partial^2 \phi}{\partial x^2}\right|_P^n = \frac{\phi_W^n - 2\phi_P^n + \phi_E^n}{\Delta x^2} \qquad (6-8)$$

$$\int_{x_w}^{x_e} \frac{\partial u\phi}{\partial x}\mathrm{d}x = \left.\frac{\partial u\phi}{\partial x}\right|_P^n \Delta x \Rightarrow \frac{\partial u\phi}{\partial x} = \frac{\left.(u\phi)\right|_E^n - \left.(u\phi)\right|_W^n}{2\Delta x} \qquad (6-9)$$

由上可以看出，在均匀网格条件下，控制容积法和有限差分法的离散表达式相同，而且可以证明二者截断误差完全一致。

但对于非均匀网格，由于界面间的距离 $\delta x$ 和 $\Delta x$ 并不相等，因此二者所得的离散方程不同，计算结果的准确性也不同。

## 6.1.4　离散方程的截断误差、相容性分析

在数值计算中，决定离散误差的并非微分方程中某项的离散误差，而是整个控制方程的截断误差。需要通过各项的截断误差计算离散方程的截断误差。

（1）离散方程的截断误差

若用 $A_i^n$ 表示函数 $\phi$ 在 $(i, n)$ 的微分运算形式，例如对一维非稳态对流扩散方程，定义 $A_i^n$ 为

$$A_i^n = \left(\frac{\partial \phi}{\partial t} + u\frac{\partial \phi}{\partial x} - \varGamma_x\frac{\partial^2 \phi}{\partial x^2}\right)_{i, n} \qquad (6-10)$$

用符号 $L_{\Delta x,\ \Delta t}(\phi_i^n)$ 表示式（6-10）的离散结果：

$$L_{\Delta x,\ \Delta t}(\phi_i^n) = \frac{\phi_i^{n+1} - \phi_i^n}{\Delta t} + u_i^n \frac{\phi_{i+1}^n - \phi_{i-1}^n}{2\Delta x} - \Gamma_x \frac{\phi_{i+1}^n - 2\phi_i^n + \phi_{i-1}^n}{\Delta x^2} + O(\Delta t,\ \Delta x^2)$$

$$(6-11)$$

若对式（6-11）在 $(i,\ n)$ 作泰勒展开，则截断误差 $TE$ 为

$$TE = L_{\Delta x,\ \Delta t}(\phi_i^n) - L(\phi)_{i,\ n} = O(\Delta t,\ \Delta x^2) \qquad (6-12)$$

即偏微分方程的精确解和差分方程的精确解之间的差别。

（2）相容性

当时间步长（$\Delta t$）、空间步长（$\Delta x$）趋近于零时，如果截断误差趋于零，则称此离散方程与微分方程相容。离散方程的截差呈 $O$（$\Delta t^M$，$\Delta x^N$）的形式时，若常数 $M$，$N$ 大于零，则离散方程具有相容性，如 $M$、$N$ 小于 0（如当截差项含有 $\Delta t/\Delta x$ 时），则仅在一定条件下相容。

### 6.1.5　非恒定问题的显式和隐式离散

为了计算离散方程的截断误差，必须将方程中每一项都在同一节点上展开，这样不同项的截断误差才能相加，从而得到整个离散方程的截断误差。而对于非恒定问题，当从初始时层出发时步步向前推进时，必须规定空间导数差分是按哪一时间层的函数值进行计算的。当 $n$ 时层空间函数已知，计算 $n+1$ 时间层时，如果空间导数的差分用到 $n$ 时间层或之前时间层，则称为显式计算，如下面关于对流扩散方程的离散：

$$\frac{\phi_i^{n+1} - \phi_i^{n-1}}{\Delta t} + u_i^n \frac{\phi_{i+1}^n - \phi_{i-1}^n}{2\Delta x} = \Gamma_x \frac{\phi_{i+1}^n - 2\phi_i^n + \phi_{i-1}^n}{\Delta x^2} \qquad (6-13)$$

如果空间导数项按 $n+1$ 或以后时层值计算时则为隐式计算：

$$\frac{\phi_i^{n+1} - \phi_i^n}{\Delta t} + u_i^n \frac{\phi_{i+1}^{n+1} - \phi_{i-1}^{n+1}}{2\Delta x} = \Gamma_x \frac{\phi_{i+1}^{n+1} - 2\phi_i^{n+1} + \phi_{i-1}^{n+1}}{\Delta x^2} \qquad (6-14)$$

显式格式和隐式格式的主要区别如下：

显式 { 优点：相对简单，易于编程
　　　 缺点：稳定性相对较差，显式计算单步时间步长受到严格限制

隐式 { 优点：满足稳定性要求的时间步长远远大于显式
　　　 缺点 { （1）需要解大型代数方程，程序编译工作量远远大于显式
　　　　　　　（2）每步需要解一个较大方程组，因此单步时间较长
　　　　　　　（3）随着时间步长的加大，单步计算的截断误差将会大于显式

## 6.2　水沙控制方程的离散

河流水沙控制方程可分为四项：时变项、对流项、扩散项和源项。离散方法的选择除了需考虑相应的准确性、稳定性、经济性、程序化难度，还必须考虑离散形式能否反映原微分形式所描述的物理意义。

由于离散方法在不同空间方向上表示出相似特性，为了简化分析，我们采用一维控制

方程进行讨论。

## 6.2.1　数值离散基本要求

（1）准确性

从导出离散方程的过程可以看出，无论哪一种方法，都在建立离散方程中作了近似处理，因而必然会引入误差。从数学的角度而言，这些误差包括：

1）离散误差，即网格点上离散浓度方程的精确解 $\phi_i^n$ 偏离该点上相应的微分方程精确解 $\phi(i,n)$ 的值，记为 $\rho_i^n = \phi(i,n) - \phi_i^n$。影响离散误差的因素主要有两个：截断误差的阶数和网格密度。

2）代数方程的求解误差。这一误差产生于离散代数方程的数值求解过程，主要包括舍入误差或收敛误差。

（2）稳定性

对于非恒定问题，无论是显式还是隐式，有限差分格式进行计算时是按时层推进的。这就需要考虑一个问题：在初始条件引入误差或某一时层计算时所引入的误差，会不会在以后各时层计算中逐步放大，最终物理解被完全破坏。

稳定性主要由数值误差的概念决定。如果一个给定的数值误差在由一个时间步向下一个时间步推进的过程中被放大了，则这个计算就是不稳定的。如果数值误差没有增加，特别是它在推进过程中是逐渐减小的，则这个计算就是稳定的，即数值误差 $\varepsilon$ 满足

$$\left| \frac{\varepsilon_i^{n+1}}{\varepsilon_i^n} \right| \leqslant 1 \qquad (6-15)$$

早在 1950 年就已经有了冯·诺伊曼（Von Neumann）的傅里叶分析方法，确定了线性微分方程稳定性和收敛性之间的联系。20 世纪 60 年代初，莱克斯和郭多诺夫等人又提出了能量法及其他的方法。尽管如此，对拟非线性的情况，还只能采用局部的近似来作出判定。所以仅就这一方面来看，也还没有实质性的突破。

常用的稳定性分析方法依然是冯·诺伊曼方法，在考察线性差分方程的稳定性的问题中经常被用到。冯·诺伊曼分析是通过研究小扰动传递过程的变化进行判定的。假定某一时层代数方程的求解引入误差 $\varepsilon_i^n$，如果这一误差随时间推移增加，则认为求解不稳定，如果不增加，则格式稳定。

以一维非稳态扩散方程为例，设 $\phi$ 是差分方程的精确解，精确满足差分方程：

$$\frac{\phi_i^{n+1} - \phi_i^n}{\Gamma_x \Delta t} = \frac{\phi_{i+1}^n - 2\phi_i^n + \phi_{i-1}^n}{(\Delta x)^2} \qquad (6-16)$$

数值求解中，数值解 $\widetilde{\phi}$ 也必须满足差分方程，但计算机求解显然引入舍入误差 $\varepsilon_i$ 等，即

$$\phi_i^n = \widetilde{\phi}_i^n - \varepsilon_i^n \qquad (6-17)$$

则

$$\frac{\phi_i^{n+1} + \varepsilon_i^{n+1} - \phi_i^n - \varepsilon_i^n}{\Gamma_x \Delta t} = \frac{\phi_{i+1}^n + \varepsilon_{i+1}^n - 2\phi_i^n - 2\varepsilon_i^n + \phi_{i-1}^n + \varepsilon_{i-1}^n}{(\Delta x)^2} \qquad (6-18)$$

从式（6-18）中减去式（6-16）得

$$\frac{\varepsilon_i^{n+1} - \varepsilon_i^n}{\Gamma_x \Delta t} = \frac{\varepsilon_{i+1}^n - 2\varepsilon_i^n + \varepsilon_{i-1}^n}{(\Delta x)^2} \qquad (6-19)$$

从方程可以看出，误差 $\varepsilon$ 满足差分方程。

对误差 $\varepsilon_i^n$ 进行傅里叶分解，看成由无数个具有不同频率的分量叠加而成：

$$\varepsilon_i^n = \varepsilon(x, t) = \sum_m e^{at} e^{ik_m x} \qquad (6-20)$$

式中：$k_m$ 为波数；$a$ 为常数。

由于 $\varepsilon_i^n$ 同样满足线性方程式（6-19），可以把误差矢量的一个谐波分量表达式代入到离散方程中，以得出相邻两时间层误差比值 $\left| \dfrac{\varepsilon_i^{n+1}}{\varepsilon_i^n} \right|$。

由式（6-15）得出式（6-16）的稳定条件是

$$\frac{\Gamma_x \Delta t}{\Delta x^2} \leqslant \frac{1}{2} \qquad (6-21)$$

由该方法也可以得出一阶波动方程 $\dfrac{\partial u}{\partial t} + c\dfrac{\partial u}{\partial x} = 0$ 的稳定条件，式中 $c$ 为波速。若采用

$$\frac{u_i^{n+1} - (u_{i-1}^n + u_{i+1}^n)/2}{\Delta t} = c\frac{u_{i+1}^n - u_{i-1}^n}{\Delta x} \qquad (6-22)$$

则同样方法可得稳定条件为

$$C = c\frac{\Delta t}{\Delta x} \leqslant 1 \qquad (6-23)$$

式中：$C$ 为 Courant（库兰特）数。称为 Courant-Friedrichs-Lewy（库兰特-弗里德里奇-莱维）条件，简写为 CFL 条件，它是双曲型方程重要的稳定性判据，也是二阶波动方程的稳定性条件。为了保证计算稳定，Courant 数必须小于等于 1，但同时为了计算的精确，要尽量使它接近于 1。

虽然 Courant 数是基于线性微分方程推导得到的，但目前 N-S 方程数值求解的时间步长选取经常用到它。

（3）经济性

离散格式的经济性主要是指离散代数方程式求解过程所需占用计算机内存多少及求解速度的大小，是决定离散格式选取的一个重要因素。当离散格式采用离散点较多时，则所得代数方程要求的内存也较高。而且离散格式也影响到代数方程的求解速度，如当离散格式产生方程为对称正定矩阵，则求解速度大大快于非对称矩阵的求解。

## 6.2.2　控制方程的离散

目前绝大多数工程应用中，截断误差只要满足二阶精度就可以接受。在纯数学方面很容易满足这一要求，只是在对流项离散时，需要考虑其方向性。

### 6.2.2.1　水位方程的离散

连续性方程和其他方程扩散项的离散较为简单，因不存在方向性，所以一般采用中心

差分法，获得二阶精度。如对水位方程可使用蛙跳格式直接对式（5-17）显式离散得

$$\zeta^{n+1} - \zeta^{n-1} + \Delta t H \delta_x^\zeta(\overline{U^n}) + \Delta t H \delta_y^\zeta(\overline{V^n}) = 0 \qquad (6-24)$$

但该格式时间步长受 Courant-Fredrick-Levy 条件的限制。也可采用 Madala 和 Piacsek（1977）提出的半隐格式。具体思路如下。

首先采用三层半隐式格式对水位方程离散：

$$\zeta^{n+1} - \zeta^{n-1} + \Delta t H \delta_x^\zeta(\overline{U^{n+1}} + \overline{U^{n-1}}) + \Delta t H \delta_y^\zeta(\overline{V^{n+1}} + \overline{V^{n-1}}) = 0 \qquad (6-25)$$

后对动量方程进行离散，如对式（5-18）离散有：

$$\overline{U^{n+1}} = \overline{U^{n-1}} - \Delta t H g \delta_x^u(\zeta^{n+1} + \zeta^{n-1}) - Q_{ADV,\,u}^n + Q_{\tau,\,u}^n + Q_{f,\,u}^n + \overline{Q_u^n} \qquad (6-26a)$$

$$\overline{V^{n+1}} = \overline{V^{n-1}} - \Delta t H g \delta_y^v(\zeta^{n+1} + \zeta^{n-1}) - Q_{ADV,\,v}^n + Q_{\tau,\,v}^n + Q_{f,\,v}^n + \overline{Q_v^n} \qquad (6-26b)$$

式中：$Q_{adv}$、$Q_\tau$、$Q_f$ 分别为由对流、切应力项和体积项的显式离散所得项。

将式（6-26）代入式（6-25）得 P 节点 $\zeta^{n+1}$ 的代数方程：

$$A_N \zeta_N^{n+1} + A_S \zeta_S^{n+1} + A_P \zeta_P^{n+1} + A_E \zeta_E^{n+1} + A_W \zeta_W^{n+1} = F_P \qquad (6-27)$$

式中：$A$ 为系数；下标 P、E、W、S、N 分别表示离散节点及其东、西、南、北相邻节点；$F_P$ 为其他已知项。

### 6.2.2.2　对流项常用离散格式

从离散精度和计算经济性方面讲，对流项的离散采用中心差分时，此格式既可保证一、二、三维控制方程离散所得的代数方程分别保持三、五、七点格式，又可使截断误差达到二阶精度。但该格式在物理上导致不真实的解，无法准确反映上游物理信息，且稳定性较差。因此，从 20 世纪 50 年代起，关于对流扩散方程的稳定性和准确性问题一直是计算流体力学的一个难点。

为了克服对流项这一问题，在 50 年代首先提出了迎风格式，以后又不断进行了改进。

一维条件下一阶迎风格式的离散格式如下：

$$\left.\frac{\partial u\varphi}{\partial x}\right|_i = \begin{cases} \dfrac{(u\varphi)_i - (u\varphi)_{i-1}}{\Delta x}, & u_i > 0 \\ \dfrac{(u\varphi)_{i+1} - (u\varphi)_i}{\Delta x}, & u_i < 0 \end{cases} \qquad (6-28)$$

在多维问题中，如果所有方向均采用以上迎风格式，则所得离散方程只有在求解区域内流速不发生逆向时，才具有守恒特性。

一阶迎风格式起源较早，其主要特性总结如下：

1）准确性：离散过程为一阶精度，精度较低，截断误差中包含的二阶导数导致假扩散现象，夸大真实流场和泥沙浓度均匀化程度；

2）物理特性：一阶迎风格式可以体现上风向的来流特性，这是一阶迎风格式的主要优点；

3）稳定性：由于一阶迎风格式离散所得的代数方程总是正定，因此代数方程的求解永远是稳定的，这是一阶迎风格式另一吸引人的地方；

4）经济性和容易实现性：一阶迎风格式离散简单，且其离散项并不影响其他项离散

后所产生的代数方程组结构，如一、二、三维的三、五、七点格式。因此具有容易程序化，使用内存少和计算快的经济性特点。

由于精度低问题，一阶迎风格式在研究论文中已很少采用。但由于其在物理特性、稳定性、经济性方面所表现出的优势，该格式依然作为一种经典格式，目前所有商业软件都依然保留着该格式。

在数值方法研究方面，一阶迎风格式可以认为是其他迎风格式的鼻祖，在一阶迎风格式基础上产生了基于一阶迎风格式的许多离散方法，如二阶迎风、三阶迎风及 QUICK 等格式。

对于河流数值模型，一阶迎风格式主要具有如下价值：①实测资料较少或精度要求较低时可直接采用一阶精度；②对于精度要求高的工况，用该格式初步试算了解河流水动力和泥沙冲淤情况，为进一步计算提供参考；或与其他高精度格式相结合，采用预测校正法，以一阶迎风格式进行预测，采用其他格式完成校正，实现高的精度。

### 6.2.2.3 对流扩散方程的离散通式

从纯数学的角度上讲，对流扩散方程的离散要达到目前普遍认可的二阶精度并无难点。主要问题仍然是对流项所具有强烈的方向性，在准确性、稳定性和计算经济性对数值离散格式产生不利的影响。就这三个因素分别来讲，目前数值格式已不存在任何问题，20世纪 90 年代以后发展的一些高阶格式，在准确性和稳定性方面已满足计算要求，但其计算量的经济性方面使这些格式在现阶段仍很难推广应用。而较早使用、成熟经济的一阶迎风对流格式存在假扩散误差。

下面为了方便分析并利于进一步程序化，根据对流项不同格式的特性，可分为临点格式和多点格式。

（1）临点格式

第一类临点格式，离散中仅采用相邻点，如一维中仅采用左右点，称三点格式。类似地在二维、三维中分别称为五点和七点格式。

设 $A$ 为过流断面面积，将通过界面的流量 $\rho u A$ 记为 $F$，将界面上 $\Gamma_x A / \delta x$ 记为 $D$。进一步 $P_\Delta = F / D = \rho u \delta x / \Gamma_x$ 表示对流和扩散作用的相对大小。表 6-3 给出了不同临点格式离散所得代数方程通式。其中 $a$、$b$ 为代数方程系数，$\hat{S}_c$ 为不包括压力项的源项中的常数部分。表中各变量下标 e、n、w、s、E、N、W、S 所表示位置如图 6-1 所示。而 t、b、T、B 表示垂直于该平面方向，t、b 分别表示 P 节点上部和下部相邻节点。

**表 6-3　临点格式离散的方程系数值**

| 维数 | 离散方程通式 | 方程系数 |
|---|---|---|
| 一维 | $a_P \phi_P = a_E \phi_E + a_W \phi_W + b$ | $a_E = D_e [A(\|P_{\Delta e}\|) + \| - P_{\Delta e}, 0\|]$<br>$a_W = D_w [A(\|P_{\Delta w}\|) + \|P_{\Delta w}, 0\|]$<br>$a_P = a_E + a_W + (F_e - F_w)$ |

| 维数 | 离散方程通式 | 方程系数 |
|---|---|---|
| 二维 | $a_P \phi_P = a_E \phi_E + a_W \phi_W$ <br> $+ a_N \phi_N + a_S \phi_S + b$ | $a_E = D_e A \lvert P_{\Delta e} \rvert + \lvert -F_e, \, 0 \rvert$ <br> $a_W = D_w A \lvert P_{\Delta w} \rvert + \lvert F_w, \, 0 \rvert$ <br> $a_N = D_n A \lvert P_{\Delta n} \rvert + \lvert -F_n, \, 0 \rvert$ <br> $a_S = D_S A \lvert P_{\Delta s} \rvert + \lvert F_s, \, 0 \rvert$ <br> $b = \hat{S}_c \Delta V + a_P^0 \phi_P^0$ <br> $a_P = a_E + a_W + a_N + a_S + a_P^0 - \hat{S}_P \Delta V$ <br> $a_P^0 = \dfrac{\rho_P \Delta V}{\Delta t}$ |
| 三维 | $a_P \phi_P = a_E \phi_E + a_W \phi_W$ <br> $+ a_N \phi_N + a_S \phi_S$ <br> $+ a_T \phi_T + a_B \phi_B + b$ | $a_E = D_e A \lvert P_{\Delta e} \rvert + \lvert -F_e, \, 0 \rvert$ <br> $a_W = D_w A \lvert P_{\Delta w} \rvert + \lvert F_w, \, 0 \rvert$ <br> $a_N = D_n A \lvert P_{\Delta n} \rvert + \lvert -F_n, \, 0 \rvert$ <br> $a_S = D_s A \lvert P_{\Delta s} \rvert + \lvert F_s, \, 0 \rvert$ <br> $a_T = D_t A \lvert P_{\Delta t} \rvert + \lvert -F_t, \, 0 \rvert$ <br> $a_B = D_b A \lvert P_{\Delta b} \rvert + \lvert F_b, \, 0 \rvert$ <br> $b = \hat{S}_c \Delta V + a_P^0 \phi_P^0$ <br> $a_P^0 = \dfrac{\rho_P \Delta V}{\Delta t}$ <br> $a_P = a_E + a_W + a_N + a_S + a_T + a_B - \hat{S}_P \Delta V$ |

对于不同临点格式，区别仅在于 $A(\lvert P_\Delta \rvert)$ 的计算式不同。表 6-4 列出了对流项 5 种不同离散格式的 $A(\lvert P_\Delta \rvert)$，其中扩散项均采用中心格式。

**表 6-4　一维对流扩散方程离散通式的 $A(\lvert P_\Delta \rvert)$ 具体表达式**

| 格式 | $A(\lvert P_\Delta \rvert)$ 表达式 |
|---|---|
| 中心格式 | $1 - 0.5 \lvert P_\Delta \rvert$ |
| 迎风差分 | $1$ |
| 混合格式 | $\lvert 0, \, 1 - 0.5 \lvert P_\Delta \rvert \rvert$ |
| 指数格式 | $\lvert P_\Delta \rvert / [\exp(\lvert P_\Delta \rvert) - 1]$ |
| 乘方格式 | $\lvert 0, \, (1 - 0.1 \lvert P_\Delta \rvert)^5 \rvert$ |

当 $P_\Delta$ 较大时，指数格式也具有一阶迎风格式的基本特性，因而在一部分国际学术刊物中，把一阶迎风、混合格式、指数格式都作为低阶格式，都存在较强的耗散性。

（2）多点格式

临点格式所产生的离散格式简单、经济，但无法同时满足准确性和稳定性要求，主要问题源于对流项。针对低阶格式的假扩散特点，提出了二阶迎风格式、三阶迎风格式和 Quick 格式。不同格式的离散精度和稳定性分析见表 6-5。

表 6-5　不同离散格式及离散精度、稳定性

| 分类 | 格式名称 | 离散表达式 | 对流项的扰动 向上游 | 向下游 | 稳定条件 | | 河流模拟中的应用情况 |
|---|---|---|---|---|---|---|---|
| 临点格式 | 一阶迎风 | $\left.\dfrac{\partial\varphi}{\partial x}\right\vert_i = \begin{cases} \dfrac{\varphi_{i+1}-\varphi_i}{\Delta x}, & (u_i>0) \\[2mm] \dfrac{\varphi_i-\varphi_{i-1}}{\Delta x}, & (u_i<0) \end{cases}$ | 0 | $\left(\dfrac{u\Delta t}{\Delta x}\right)\varepsilon$ | 绝对稳定 | 离散误差较大；假扩散较为严重；能够反映迎流的物理信息 | 在河流数值模拟中,当资料不足和要求精度较低时,常采用该格式 |
| | 中心差分 | $\left.\dfrac{\partial\varphi}{\partial x}\right\vert_i = \dfrac{\varphi_{i+1}-\varphi_{i-1}}{2\Delta x}+O(\Delta x^2)$ | $-\left(\dfrac{u\Delta t}{2\Delta x}\right)\varepsilon$ | $\left(\dfrac{u\Delta t}{2\Delta x}\right)\varepsilon$ | $P_\Delta\leqslant 2$ | 稳定条件下解较迎风格式准确,但无法体现对流的物理特性 | 在河流计算中使用较少 |
| | 指数格式 | $a_E=\dfrac{\rho u}{\exp(P_\Delta)-1}$ $a_W=\dfrac{\rho u\exp(P_\Delta)}{\exp(P_\Delta)-1}$ $a_P=a_E+a_W+a_P^0$ $b=a_P^0\phi_P^0,\ a_P^0=\dfrac{\rho\Delta x}{\Delta t}$ | 对流和扩散的总影响 $\dfrac{a_E}{a_P^0}\varepsilon(\geqslant 0)$ | 对流和扩散的总影响 $\dfrac{a_W}{a_P^0}\varepsilon(\geqslant 0)$ | 绝对稳定 | 对有非常数源项的场合,当$P_\Delta$较高时也存在假扩散,有较大的误差 | 近年来计算流体力学中使用较多,河流数值模型中尚使用较少 |
| 多点格式 | 二阶迎风 | $\left.\dfrac{\partial\varphi}{\partial x}\right\vert_i = \begin{cases} \dfrac{(\varphi_i-\varphi_{i-1})}{\Delta x}+\dfrac{\varphi_i-2\varphi_{i-1}+\varphi_{i-2}}{\Delta x^2}, \\ \hspace{3cm}(u_i>0) \\[2mm] \dfrac{(\varphi_{i+1}-\varphi_i)}{\Delta x}+\dfrac{\varphi_i-2\varphi_{i+1}+\varphi_{i+2}}{\Delta x^2}, \\ \hspace{3cm}(u_i<0) \end{cases}$ | 0 | $2\left(\dfrac{u\Delta t}{\Delta x}\right)\varepsilon$ | 绝对稳定 | 准确性高于一阶迎风格式,但依然有一定假扩散作用 | 目前在河流数值模拟中仍使用较少 |
| | 三阶迎风 | $\left.\dfrac{\partial\varphi}{\partial x}\right\vert_i = \begin{cases} \dfrac{2\varphi_{i+1}+3\varphi_i-6\varphi_{i-1}+\varphi_{i-2}}{\Delta x}, \\ \hspace{3cm}(u_i>0) \\[2mm] \dfrac{-\varphi_{i+2}+6\varphi_{i+1}-3\varphi_i-2\varphi_{i-1}}{6\Delta x}, \\ \hspace{3cm}(u_i<0) \end{cases}$ | $-\left(\dfrac{u\Delta t}{3\Delta x}\right)\varepsilon$ | $\left(\dfrac{u\Delta t}{\Delta x}\right)\varepsilon$ | $P_\Delta\leqslant 3$ | | 在计算流体力学和河流数值模拟中仍然使用较少 |

| 分类 | 格式名称 | 离散表达式 | 对流项的扰动 | | 稳定条件 | 河流模拟中的应用情况 |
|---|---|---|---|---|---|---|
| | | | 向上游 | 向下游 | | |
| 多点格式 | QUICK格式 | $\varphi_{i+\frac{1}{2}} = \begin{cases} \dfrac{(\varphi_i + \varphi_{i+1})}{2} - \dfrac{\varphi_{i+1} - 2\varphi_i + \varphi_{i-1}}{8}, \\ \qquad\qquad (u_i > 0) \\ \dfrac{(\varphi_i + \varphi_{i+1})}{2} - \dfrac{\varphi_{i+2} - 2\varphi_{i+1} + \varphi_i}{8}, \\ \qquad\qquad (u_i < 0) \end{cases}$ | $-\dfrac{3}{8}\left(\dfrac{u\Delta t}{\Delta x}\right)\varepsilon$ | $\dfrac{7}{8}\left(\dfrac{u\Delta t}{\Delta x}\right)\varepsilon$ | $P_\Delta \leqslant \dfrac{8}{3}$ | 可减小假扩散误差 | 在近年来已经得到较为普遍的使用 |

### 6.2.2.4　河流边界条件的离散

边界条件类型不同，离散方法也有不同。最简单的边界条件是 I 型边界条件，即直接给定边界变量值。内部网格节点离散依然如上所介绍，仅在边界节点处多了一个方程 $\varphi_{边界} = \varphi_{已知}$ 使方程组封闭，如上游流速 $u_{上游} = u_{已知}$ 或壁面无滑移条件 $u_{固壁} = 0$。而Ⅱ、Ⅲ型边界条件则涉及一阶导数的离散。离散可供选择的节点仅有边界内侧网格，常用大多离散格式，如中心差分格式、上游边界处的迎风格式都无法采用，因此在实际应用时通常需要降低离散精度。

如在一维模型中，下游出口零梯度条件常用一阶精度的 $\dfrac{\partial \varphi}{\partial x}\bigg|_{边界} = \dfrac{\varphi_{边界节点} - \varphi_{内部相邻节点}}{\Delta x}$。

### 6.2.2.5　近壁第一网格节点的求解

近壁区域流速的求解有两种方法：直接求解法和壁面函数法。直接求解法采用与主流同样的控制方程和离散方法，目的是计算近壁区域流速变化的详细信息，但是前提条件是近壁区域进行局部网格加密 [图 6-2（a）]，从而可以减小数值离散误差，尽量不遗漏近壁区域的物理信息。但由于近壁区域变量梯度很大，所需网格很小，时间步长限制较大，因此对于高 $Re$ 流体来说，计算量非常大。因此这种方法在计算河流动力学中仍很少应用。

正是因为这一点，壁函数法在不同领域都得到了广泛采用。壁函数法通过经验公式给出近壁黏性主导区域的流速和湍流信息，但需保证近底第一个网格节点 P 分布在黏性主导区，如图 6-2（b）所示。

（1）P 点流速

在壁函数法中，关于近底第一个网格节点 P，时均速度可采用如下经验公式（Launder and Spalding，1974）。

当 $y_P^* > 11.225$ 时，采用如下对数公式计算：

$$U_P^* = \frac{1}{\kappa}\ln(Ey_P^*) \qquad\qquad (6-29)$$

式中：

$$U^* \equiv \frac{U_P C_\mu^{1/4} k_P^{1/2}}{\tau_w/\rho} \qquad\qquad (6-30)$$

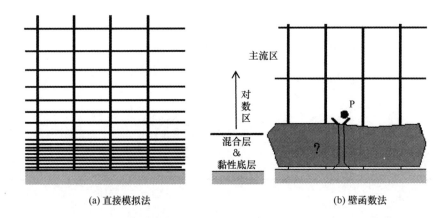

图 6-2　近壁区域数值计算方法

$$y^* \equiv \frac{\rho C_\mu^{1/4} k_P^{1/2} y_P}{\mu} \qquad (6-31)$$

式中：$\kappa = 0.42$ 为卡门常数；$U_P$ 和 $y_P$ 分别是 P 节点的时均速度和到壁面的距离；$\mu$ 为黏性系数。

$E$ 为床面粗糙系数，与粗糙雷诺数 $k_s^+$ 相关：

$$E = \exp[\kappa(B - \Delta B)], \quad (B = 5.2, \ \kappa = 0.4 \sim 0.41) \qquad (6-32)$$

$\Delta B$ 为粗糙函数，由下式计算（Cebeci and Bradshaw, 1977）：

$$\Delta B = \begin{cases} 0 \quad 2.25 < k_s^+ < 90, \quad (k_s^+ \leqslant 2.25) \\ B - 8.5 + \frac{1}{\kappa} \ln k_s^+ \sin[0.428\,5(\ln k_s^+ - 0.811)], \quad (2.25 < k_s^+ < 90) \\ B - 8.5 + \frac{1}{\kappa} \ln k_s^+, \quad (k_s^+ \geqslant 90) \end{cases} \qquad (6-33)$$

式中：

$$k_s^+ = \frac{U^* k_s}{\mu} \qquad (6-34)$$

式中：$k_s$ 为粗糙高度。

（2）切应力边界

在河流动力数学模型中，有时也会以切应力作为底部边界条件：

$$\langle \tau_{b,x}, \ \tau_{b,y} \rangle = \frac{\mu}{H} \left( \frac{\partial u}{\partial \sigma}, \ \frac{\partial v}{\partial \sigma} \right)_b \quad \sigma \to 0 \qquad (6-35)$$

壁面采用无滑移条件，近壁流速采用壁面函数法，可得

$$(\tau_{b,x}, \ \tau_{b,y}) = C_z(u_P^2 + v_P^2)^{1/2}(u_P, \ v_P) \quad \sigma \to 0 \qquad (6-36)$$

式中：$u_b$、$v_b$ 分别是 $x$、$y$ 方向近底流速，$C_z$ 为拖曳系数：

$$C_z = \mathrm{MAX}\left\{ \frac{\kappa^2}{[\ln(\sigma_P H/z_0)]^2}, \ 0.002\,5 \right\} \qquad (6-37)$$

式中：$z_0$ 为粗糙高度。

此外，在 $k$-$\varepsilon$ 中，湍动能的边界条件直接采用

$$\frac{\partial k}{\partial n} = 0 \tag{6-38}$$

而对于 $\varepsilon$，基于湍动能平衡理论，认为近壁区域湍动能的产生量与耗散量相抵，可得到 $\varepsilon$ 的经验公式：

$$\varepsilon_P = \frac{C_\mu^{3/4} k_P^{3/2}}{\kappa y_P} \tag{6-39}$$

壁函数法简单、高效，且准确性可满足多数天然和工程问题中的精度要求，因此获得了广泛的使用。但在壁函数使用中注意其基本假设，如在低 $Re$ 数流动中，流速将可能不再存在对数分布；又如在回流区或壁面压强梯度较大时，上述公式也不再成立。此时需要应用符合该条件下的壁面函数。

### 6.2.3　离散网格

方程离散前，首先需要确定的是：①采用结构网格还是非结构网格；②同位网格还是交错网格；③边界是采用静态边界还是动边界；④如何解决边界拟合的问题。

（1）结构网格和非结构网格

结构网格的特点是每一节点与其相邻点之间的连接关系固定不变，且隐含在所生成的网格中，因而不必专门设置数据去确认节点和相邻点之间的联系。网格生成简单高效、数据结构简单，不需占有太多内存。结构网格的主要缺陷是不易实现复杂区域边界拟合。

在非结构网格中，单元与节点的编号无固定规则可遵循，与该单元相邻的那些单元的编号等也必须作为连接关系的信息存储起来。非结构网格虽然相对复杂，但可以方便地拟合复杂区域的边界。

结构网格又进一步分为正交网格和斜交网格。正交网格的生成过程相较斜交网格复杂，但控制方程坐标在正交变换时所产生交叉导数项为零，避免了交叉项的离散和计算，因此目前仍使用较多。

（2）同位网格和交错网格

在水动力方程数值求解前，首先需确定速度节点和压强节点的排列方式，即交错网格法或同位网格法。

同位网格的压强和速度都分布在相同位置，如图 6-3 所示。同位网格生成简单，标识方便，但是在动量方程的离散中，若压强采用中心差分，会产生压强失偶现象，较为典型的是所谓的棋盘式分布，即对于任一网格节点 P，其相邻节点压强满足 $p_{i-1,j,k}^{n+1} = p_{i+1,j,k}^{n+1}$，$p_{i,j-1,k}^{n+1}=p_{i,j+1,k}^{n+1}$，$p_{i,j,k-1}^{n+1}=p_{i,j,k+1}^{n+1}$。在这种情况下，若采用中心差分，则即使相邻压强不等，压强也不会随着时间衰减，这种压强分布会依然保持下去。

交错网格是为了解决压力失偶问题而产生的。在交错网格中，速度和压强如图 6-4 所示交错分布，因此称交错网格。压强 $p$ 网格、$u$ 网格和 $v$ 网格的控制体表面 $\Gamma_{i,j}$、体积 $\tilde{V}_{i,j}$ 和中心坐标 $x_{i,j}$ 分别见表 6-6。交错网格有效地避免了压力失偶现象，如在 $u_{i,j}$ 控制网格对 $x$ 方向的动量方程进行离散时，压强梯度 $\left.\frac{\partial p}{\partial x}\right|_{i,j} = \frac{p_{i,j} - p_{i-1,j}}{\Delta x}$，避免了压强失偶现象。

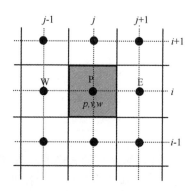

图 6-3  离散网格示意

泥沙浓度等其他标量场的位置分布与压强重合。

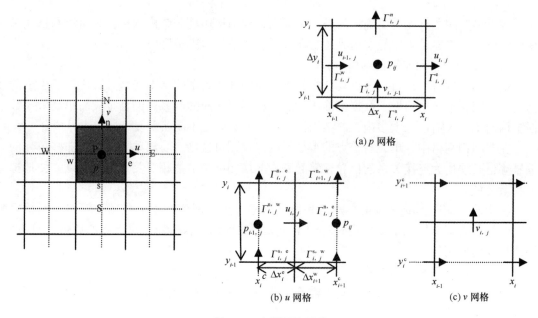

图 6-4  交错网格示意

表 6-6  交错网格表面 $\boldsymbol{\Gamma}_{i,j}$、体积 $\widetilde{V}_{i,j}$ 和中心 $\boldsymbol{x}_{i,j}$

| | $\Gamma_{i,j}$ | $\widetilde{V}_{i,j}$ | $\boldsymbol{x}_{i,j}$ |
|---|---|---|---|
| $\Omega_{i,j}$ | $\Gamma_{i,j} = \Gamma_{i,j}^{e} \cup \Gamma_{i,j}^{w} \cup \Gamma_{i,j}^{n} \cup \Gamma_{i,j}^{s}$ | $\widetilde{V}_{i,j} = \Delta x_i \Delta y_j$ | $\boldsymbol{x}_{i,j}^{c} = (x_i^c, y_j^c)$ |
| $\Omega_{i,j}^{u}$ | $\Gamma_{i,j}^{u} = \Gamma_{i,j}^{u,w} \cup \Gamma_{i,j}^{u,e} \cup$ $(\Gamma_{i,j}^{n,e} \cup \Gamma_{i+1,j}^{n,w}) \cup (\Gamma_{i,j}^{s,e} \cup \Gamma_{i+1,j}^{s,w})$ | $\widetilde{V}_{i,j}^{u} = (\Delta x_i + \Delta x_{i+1}) \Delta y_j^n / 4$ | $\boldsymbol{x}_{i,j}^{u} = (x_i^c + \Delta x_i/2, y_j^c)$ |
| $\Omega_{i,j}^{v}$ | $\Gamma_{i,j}^{v} = (\Gamma_{i,j}^{e,n} \cup \Gamma_{i,j+1}^{e,s}) \cup$ $(\Gamma_{i,j}^{w,n} \cup \Gamma_{i,j+1}^{w,s}) \cup \Gamma_{i,j}^{v,s} \cup \Gamma_{i,j}^{v,n}$ | $\widetilde{V}_{i,j}^{v} = \Delta x_i (\Delta y_j^n + \Delta y_{j+1}^s)/4$ | $\boldsymbol{x}_{i,j}^{v} = (x_j^c, y_j^c + \Delta y_i/2)$ |

（3）不规则边界拟合

河流边界包括河床、河岸边界以及河流中如丁坝、导流堤等水工建筑。河流水面比较特殊，若采用多相流模型，则自由表面为气液两相流的分界面，而若直接采用垂向积分法求得水面，则自由表面更多可以看作是水流上边界。水位受河床高程、河岸形态、上游来流、下游水位等影响，在时空分布上呈现出明显的变异性，水位准确求解依然是河流三维数值模拟的难题。

1）水平贴体和非贴体网格。当河岸和边界作用对研究结果影响不大时，可采用传统贴体网格进行处理。但在研究边岸冲刷变形或河工建筑物绕流时，边界动态拟合的准确性对结果正确性起着决定作用。如在模拟如图 6-5 所示的窝崩过程的水沙动力过程，环流对于河岸边界的切向应力具有重要作用。

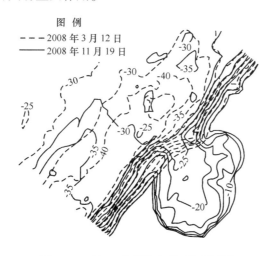

图 6-5　三江口窝崩发生前后河道形态

目前常用网格见表 6-7。在不考虑河岸快速变形影响时，常采用曲线贴体网格或非结构网格可以实现河岸的拟合。曲线贴体网格简单高效，但难以实现对复杂区域边界的拟合。非结构网格虽可任意拟合复杂边界，但尚难实现对动边界的追踪拟合。

表 6-7　常用数值计算网格对比

| 网格分类 | | 适合边界 | 适合区域 | 补充说明 |
|---|---|---|---|---|
| 传统网格 | 曲线贴体网格 | 固定边界 | 简单 | 无 |
| | 非结构网格 | 固定边界 | 极端复杂 | 无 |
| ALE | ALE | 动边界 | 简单不规则 | 无 |
| 浸没网格法（IBM） | 经典 IBM | 动边界 | 极端复杂 | 边界耗散，精度低 |
| | 数值切割单元法 | 动边界 | 极端复杂 | 保持边界间断性，精度高 |

因此在考虑边岸冲淤过程的水动力过程时，必须对岸边界进行追踪拟合。目前用于计算动边界的网格方法可分为两类：①动网格贴体方法，主要是 ALE 方法；②非贴体固定

网格，主要是浸没边界法（IBM）。ALE 通过追踪动边界，不断重新生成网格，以维持网格的贴体性，但网格的生成时间往往需占整个计算时间的 2/3，影响计算效率。且当网格变形较大或区域复杂时，甚至由于网格质量问题导致计算中断，从而降低了模型的实用性。

浸没边界法（immersed boundary method，常简称 IBM）是 Peskin（1972）在研究心脏血液流动中提出的一种非贴体网格方法。浸没边界法根据流体的物理界面 $\Gamma$，在更大的区域 $\Omega=\Omega_1 \cap \Omega_2$ 内，采用固定笛卡儿网格作为背景网格，物体 $\Omega_1$ 就像浸没在流体区域 $\Omega$ 内，故得名浸没边界法。基本原理是将边界作用模化成一种等效力源项，边界对流体的作用通过此源项考虑。但由于 IBM 方法具有耗散性、精度低的缺陷，因此不适于高 $Re$ 数和突变型边界的流体计算。对此，不同学者基于不同原理进行大量改进。根据各类方法的不同特点，将 IBM 分为两种方法：经典 IBM 法和数值切割单元法（黑鹏飞 等，2013）。后者具有高精度、无耗散特点，包括直接切割法（cut-cell method、Cartesian grid method 以及 Sharp interface method 不定，常称 cut-cell method）、虚源切割法（ghost-cell method）及混合切割法（direct forcing method，或称 Hybid cartesian and immersed method），已广泛用于不同领域中，其中包括河流动力的模拟过程。

2）垂向 $\sigma$ 网格。相对于河床及水工建筑，水位边界变化较快，具有明显的动边界特征，若采用笛卡儿坐标，仍存在非贴体动边界拟合问题，影响到模型的实用性。$\sigma$ 坐标是目前解决这一问题的简单高效的方法，获得了普遍采用。

不过虽然 $\sigma$ 坐标因其简单高效的特性被广泛用于河流三维模型中，但该方法仅适用于河床和水面高程变化较为平缓的区域，且不适用于建筑绕流计算的河流，从而限制了 $\sigma$ 坐标在河流数值模拟中的适用范围。对于包含破波或水库泄洪道等水位变化较为剧烈的河段，可以采用 VOF 模型进行计算。但 VOF 模型无法应用于大范围水域的计算，对此 Hei 等（2014）提出采用 $\sigma$-SIBM 方法解决 $\sigma$ 网格坐标在绕流计算中所存在的问题。

## 6.3　代数方程组求解

### 6.3.1　求解基本步骤——耦合求解和分离求解

计算河流动力学控制方程主要包括水动力方程以及泥沙方程的求解。根据两部分求解的方式不同，可分为分离求解和耦合求解。

泥沙浓度的主要影响体现在对于水流密度和黏性系数的影响。如求解 $n+1$ 步方程时，当 $n+1$ 时层泥沙浓度和河床变形对于含沙水流运动的影响不明显时，即 $u^{n+1}$、$v^{n+1}$、$w^{n+1}$、$p^{n+1}$ 受 $s^{n+1}$ 影响很小时，则水动力方程组可独立求解，即可先求解连续性方程和动量方程得 $u^{n+1}$、$v^{n+1}$、$w^{n+1}$、$p^{n+1}$，后求解浓度方程得 $s^{n+1}$，最后求解河床变形方程，该解法称为分离解法。如图 6-6（a）所示。

当 $n+1$ 时间层泥沙浓度变化对水流运动特性（如流变特性）的影响非常明显时，则需对连续性方程、动量方程和浓度方程或床面变形公式同时求解，但在本时间步，河床变形对于流速的影响不是太大，采用 $n+1$ 或 $n$ 时层的河床形态对计算结果影响不大，则河床变形可在流速和浓度求解后计算，这种解法称为半耦合求解。如图 6-6（b）所示。

当河床和河岸变形非常快，采用 $n+1$ 时层和 $n$ 时层河道形态对于流速和泥沙浓度影响非常大时，则水沙动力方程和河床演变方程需要同时求解，称为全耦合解法。如图 6-6（c）所示。

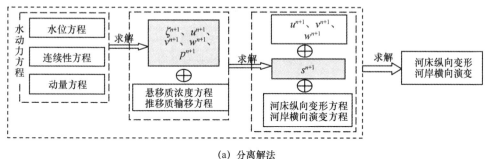

(a) 分离解法

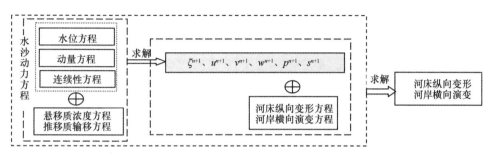

(b) 半耦合解法

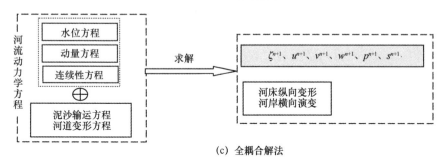

(c) 全耦合解法

图 6-6　分离式和耦合式求解步骤

河流泥沙数值模型中，为了降低求解的难度，常采用分离求解。即在第 $n+1$ 时间步，先求解水动力方程得 $\zeta^{n+1}$、$u^{n+1}$、$v^{n+1}$、$w^{n+1}$、$p^{n+1}$，后求解浓度方程得 $s^{n+1}$，最后进行河床变形计算。

浓度离散方程组求解较为简单，如直接采用共轭梯度法或 GMRES 方法求解。但 $\zeta^{n+1}$、$u^{n+1}$、$v^{n+1}$、$w^{n+1}$、$p^{n+1}$ 的求解较为复杂，一般需先求解水位，后对连续方程和动量方程联立求解得压强和速度。

## 6.3.2　水位求解

若采用显式离散，则可直接求解。隐式离散的水位方程也多表现为形如式（6-27）

的五对角方程，可以采用 CG 法或 GMRES 等方法方便求解。

### 6.3.3　连续方程和动量方程求解

水位获得后，动压 $p$ 和速度 $v$ 的求解实际上完全等同于经典计算流体力学，可以采用 SIMPLE 方法和投影解法（Projection method）。投影解法虽已广泛用于不可压流体的求解中，但在计算河流动力学中仍使用较少。SIMPLE 迭代解法从 1993 年 Paktan 提出后，现在仍然是 N–S 时均方程组求解的主要方法，在河流水动力三维求解中经常使用。

#### 6.3.3.1　压力校正法（SIMPLE 解法）

（1）基本原理和步骤

在水动力方程中，连续性方程并不包括压强 $p^{n+1}$，且不可压连续性方程离散形式简单。这给我们的启发是，在计算时可先假定一压强 $p^{*n+1}$：

①将 $p^{*n+1}$ 代入离散动量方程。常用网格多为交错网格，动量方程的离散格式如下：

$$a_e u_e^{*n+1} + \sum_{nb} a_{nb}^e u_{nb}^{*n+1} = b_e + (p_P^{*n+1} - p_E^{*n+1})A_e$$

$$a_n v_n^{*n+1} + \sum_{nb} a_{nb}^n v_{nb}^{*n+1} = b_n + (p_P^{*n+1} - p_N^{*n+1})A_n \qquad (6-40)$$

$$a_t w_t^{*n+1} + \sum_{nb} a_{nb}^t w_{nb}^{*n+1} = b_t + (p_P^{*n+1} - p_T^{*n+1})A_t$$

式中下角标 nb 表示离散点的相邻节点，如 $a_{nb}^e$ 表示离散方程中 e 节点处 $u_{nb}^{*n+1}$ 的系数通过上式即可求解三个速度分量 $u^{*n+1}$、$v^{*n+1}$、$w^{*n+1}$，但由于 $p^{*n+1}$ 是假定的，因此 $u^{*n+1}$、$v^{*n+1}$、$w^{*n+1}$ 通常不能满足连续性方程，必须对其进行修正。

②利用连续性方程对压力场进行改进，获得修正值 $w'$、$u'$、$v'$、$p'$，进一步获得压强和速度的准确值 $p^{n+1}$、$u^{n+1}$、$v^{n+1}$、$w^{n+1}$：

$$p^{n+1} = p^{*n+1} + p', \quad u^{n+1} = u^{*n+1} + u', \ v^{n+1} = v^{*n+1} + v', \quad w^{n+1} = w^{*n+1} + w'$$
$$(6-41)$$

（2）速度修正值的计算

第②步中需要同时对 $u^{*n+1}$、$v^{*n+1}$、$w^{*n+1}$、$p^{*n+1}$ 进行修正，引出修正值 $p'$、$u'$、$v'$、$w'$，显然仅利用连续性方程无法封闭，必须同时考虑到动量方程。而若直接联立求解，则丝毫无法体现该方法在计算效率方面的优势。因此只能利用迭代求解，以简化此求解过程。

1）利用动量方程，给出 $u'$、$v'$、$w'$ 与 $p'$ 之间的关系。

以 $x$ 方向为例，$u_e^{*n+1}$ 为修正前速度，假设 $u'$ 是 $u_e^{*n+1}$ 的修正值，速度修正后同压力场严格满足动量方程

$$a_e(u_e^{*n+1} + u'_e) = \sum_{nb} a_{nb}^e(u_{nb}^{*n+1} + u'_{nb}) + b_e$$
$$+ \left[(p_P^{*n+1} + p'_P) - (p_E^{*n+1} + p'_E)\right]A_e \qquad (6-42)$$

式中：$u^{*n+1}$、$v^{*n+1}$、$w^{*n+1}$、$p^{*n+1}$ 满足动量方程：

$$a_e u_e^{*n+1} = \sum_{nb} a_{nb}^e u_{nb}^{*n+1} + b_e + (p_P^{*n+1} - p_E^{*n+1})A_e \qquad (6-43)$$

两式相减得：

$$a_e u'_e = \sum a_{nb}^e u'_{nb} + (p'_P - p'_E) A_e \qquad (6-44a)$$

相应地在 $y$ 和 $z$ 方向有：

$$a_n v'_n = \sum_{nb} a_{nb}^n v'_{nb} + (p'_P - p'_N) A_n \qquad (6-44b)$$

$$a_t w'_t = \sum_{nb} a_{nb}^t w'_{nb} + (p'_P - p'_T) A_t \qquad (6-44c)$$

以上 $u'$、$v'$、$w'$ 与 $p'$ 是对 $u^{*n+1}$、$v^{*n+1}$、$w^{*n+1}$、$p^{*n+1}$ 一次性修正至准确值。但上式同时包括 4 个变量，不易求解。而采用迭代法计算时，可以逐渐进行修正。对此先不考虑式 (6-44) 中临点速度修正值，假定 $\sum a_{nb}^e u'_{nb}$、$\sum a_{nb}^n v'_{nb}$、$\sum a_{nb}^t w'_{nb}$ 为零，则式 (6-44) 变为

$$a_e u'_e = (p'_P - p'_E) A_e \qquad (6-45a)$$
$$a_n v'_n = (p'_P - p'_N) A_n \qquad (6-45b)$$
$$a_t w'_t = (p'_P - p'_T) A_t \qquad (6-45c)$$

2）进一步利用连续方程求解 $p'$。

假设修正后的 $u^{n+1}$、$v^{n+1}$、$w^{n+1}$ 需满足连续性方程，因此有

$$[(u_e^{*n+1,\,k} + u'_e) - (u_w^{*n+1} + u'_w)]\Delta y \Delta z + [(u_n^{*n+1} + u'_n) - (u_s^{*n+1} + u'_s)]\Delta x \Delta z$$
$$+ [(u_t^{*n+1} + u'_t) - (u_b^{*n+1} + u'_b)]\Delta x \Delta z = 0$$
$$(6-46)$$

将式 (6-45) 代入上式并整理得

$$a_P p'_P = a_E p'_E + a_W p'_W + a_N p'_N + a_S p'_S + a_T p'_T + a_B p'_B + b \qquad (6-47)$$

式中：

$$a_E = d_e \Delta y \Delta z, \quad a_W = d_w \Delta y \Delta z, \quad a_N = d_n \Delta x \Delta z, \quad a_S = d_s \Delta x \Delta z, \quad a_T = d_T \Delta x \Delta y$$
$$a_B = d_b \Delta x \Delta y, \quad a_P = a_E + a_W + a_N + a_S + a_T + a_B$$
$$b = (u_e^* - u_w^*)\Delta y \Delta z + (v_s^* - v_n^*)\Delta x \Delta z + (v_b^* - v_t^*)\Delta x \Delta y$$

显然经式 (6-45) 和式 (6-47) 所得修正值代入式 (6-41) 修正一次后的压强和速度并不能满足动量方程。因此一般需要多次迭代。如在计算 $n+1$ 时层速度和压强时，设经迭代修正 $k$ 次后的压强和速度为 $u^{n+1,k}$、$v^{n+1,k}$、$w^{n+1,k}$、$p^{n+1,k}$，则仍需将 $u^{n+1,k}$、$v^{n+1,k}$、$w^{n+1,k}$、$p^{n+1,k}$ 作为 $n+1$ 时层速度和压强假设值，进行本时间层下一次压力修正迭代计算，即利用式 (6-45) 和式 (6-47) 计算修正值 $u'$、$v'$、$w'$ 与 $p'$，对 $u^{n+1,k}$、$v^{n+1,k}$、$w^{n+1,k}$、$p^{n+1,k}$ 进行修正：

$$p^{n+1,\,k+1} = p^{n+1,\,k} + p', \quad u^{n+1,\,k+1} = u^{n+1,\,k} + u'$$
$$v^{n+1,\,k+1} = v^{n+1,\,k} + v', \quad w^{n+1,\,k+1} = w^{n+1,\,k} + w' \qquad (6-48)$$

直至 $p'$ 小于给定值后，进行下一时间层计算。

### 6.3.3.2　投影解法（projection method）

（1）同位网格中的投影解法

设控制体中心速度为 $v$，不失一般性，用下式表示时间上采用三层格式的离散后动量

方程：

$$\frac{a_1 \boldsymbol{v}^{n+1} + a_2 \boldsymbol{v}^n - a_3 \boldsymbol{v}^{n-1}}{\delta t} + a_4 \nabla \cdot (\boldsymbol{vv})^n + a_5 \nabla \cdot (\boldsymbol{vv})^{n-1}$$

$$= -\frac{1}{\rho}(a_6 \nabla p^n + a_7 \nabla p^{n+1}) + \nu(a_8 \nabla \cdot \boldsymbol{v}^{n-1} + a_9 \nabla \cdot \boldsymbol{v}^n) \qquad (6-49)$$

式中：$a_i$ $(i=1, \cdots, 9)$ 为系数，具体取值根据不同离散格式 $a_i$ 而不同。

对上式采用分步求解，首先引入中间速度 $\boldsymbol{v}^{*n+1}$：

$$a_1 \boldsymbol{v}^{*n+1} = a_2 \boldsymbol{v}^n + a_3 \boldsymbol{v}^{n-1}$$

$$+ \delta t \left[ a_4 \nabla \cdot (\boldsymbol{vv})^n + a_5 \nabla \cdot (\boldsymbol{vv})^{n-1} + \frac{1}{\rho} a_6 \nabla^n - \nu(a_8 \nabla \cdot \boldsymbol{v}^{n-1} + a_9 \nabla \cdot \boldsymbol{v}^n) \right]$$

$$(6-50)$$

则式 (6-49) 可写为

$$a_1 \frac{\boldsymbol{v}^{n+1} + \boldsymbol{v}^{*n+1}}{\delta t} = -\frac{a_7}{\rho} \nabla p^{n+1} \qquad (6-51)$$

对式 (6-51) 两边取散度，并联系连续性方程

$$\nabla \cdot \boldsymbol{v}^{n+1} = \nabla \cdot \boldsymbol{v}^{ib} = 0 \qquad (6-52)$$

对于表面为 CS 的控制体有

$$\int_{CS} (\nabla p^{n+1}) \cdot \mathbf{n} \mathrm{d}S = \frac{1}{\delta t} \int_{CS} \boldsymbol{V}^* \cdot \mathbf{n} \mathrm{d}S \qquad (6-53)$$

式中：$\boldsymbol{V}^*$ 为控制表面中心速度，由 $\boldsymbol{v}^*$ 插值求得。

速度修正：

$$\boldsymbol{v}^{n+1} = \boldsymbol{v}^* - \delta t (\nabla p^{n+1})_{\mathrm{cc}}, \qquad \boldsymbol{V}^{n+1} = \boldsymbol{V}^* - \delta t (\nabla p^{n+1})_{\mathrm{fc}} \qquad (6-54)$$

式中：下标 cc 与 fc 分别代表控制体中心及控制面中心，如 P 及 e 处的 $x$ 向压强梯度为

$$(\partial p/\partial x)_{\mathrm{P}} = (p_{\mathrm{E}} - p_{\mathrm{W}})/2\Delta x, \qquad (\partial p/\partial x)_{\mathrm{e}} = (p_{\mathrm{E}} - p_{\mathrm{P}})/\Delta x \qquad (6-55)$$

在以上计算中，式 (6-54) 中分别对 $\boldsymbol{v}^{n+1}$ 和 $\boldsymbol{V}^{n+1}$ 进行了修正，修正过程用到了控制节点及其两侧相邻节点压强，有效避免了同位网格压强失偶问题。但在以上求解方法中，中心速度并不能像交错网格一样，既满足连续性方程又满足动量方程。仅能保证中心节点速度满足动量方程，而界面速度满足连续性方程。

(2) 交错网格的投影解法

对于交错网格，方程离散方法也类似，只是交叉网格仅需对速度控制节点处进行一次修正，速度控制体表面速度由直接插值求得。上述控制体表面速度 $\boldsymbol{V}^{n+1}$ 无需利用插值给定，可由速度控制节点直接给定。为了方便表示，以二维为例，三维原理完全相同。对于 $u$、$v$ 和 $p$，都需在不同网格节点进行离散。

第 I 步：给定中间速度 $u^*$

$$\int_{\Omega^u} \frac{u^* - u^n}{\delta t} \mathrm{d}V = -\frac{1}{2} \int_{\Gamma^u} [3u^n(\boldsymbol{v}^n \cdot \mathbf{n}) - u^{n-1}(\boldsymbol{v}^{n-1} \cdot \mathbf{n})] \mathrm{d}S + \frac{1}{2Re} \int_{\Gamma^u} (\nabla u^* + \nabla u^n) \cdot \mathbf{n} \mathrm{d}S$$

$$(6-56a)$$

$$\int_{\Omega^v} \frac{v^* - v^n}{\delta t} \mathrm{d}V = -\frac{1}{2} \int_{\Gamma^v} [3v^n(\boldsymbol{v}^n \cdot \mathbf{n}) - v^{n-1}(\boldsymbol{v}^{n-1} \cdot \mathbf{n})] \mathrm{d}S + \frac{1}{2Re} \int_{\Gamma^v} (\nabla v^* + \nabla v^n) \cdot \mathbf{n} \mathrm{d}S$$

$$(6-56b)$$

式中：$v^* \cdot \mathbf{n} = v^{n+1} \cdot \mathbf{n} = 0$。

第 II 步：压力校正

投影：

$$\int_{\Omega^u} \frac{u^{n+1} - u^*}{\delta t} \mathrm{d}V = - \int_{\Gamma^u} \frac{\partial p^{n+1}}{\partial x} \mathbf{e}_x \cdot \mathbf{n}\mathrm{d}S, \qquad \int_{\Omega^v} \frac{v^{n+1} - v^*}{\delta t} \mathrm{d}V = - \int_{\Gamma^v} \frac{\partial p^{n+1}}{\partial y} \mathbf{e}_y \cdot \mathbf{n}\mathrm{d}S$$

$$(6-57)$$

由上式可求得在 $\Gamma_{ij}^w$、$\Gamma_{ij}^e$ 面上通量为

$$u_{i-1,j}^{n+1} \Delta y_{i-1,j}^u = u_{i-1,j}^* \Delta y_{i-1,j}^u + \delta t M_{i-1,j}^u \left. \frac{\partial p^{n+1}}{\partial x} \right|_{x_{i-1}} \Delta y_{i-1,j}^u \qquad (6-58a)$$

$$u_{i,j}^{n+1} \Delta y_{i,j}^u = u_{i,j}^* \Delta y_{i,j}^u + \delta t M_{i,j}^u \left. \frac{\partial p^{n+1}}{\partial x} \right|_{x_i} \Delta y_{i,j}^u \qquad (6-58b)$$

在 $\Gamma_{ij}^s$、$\Gamma_{ij}^n$ 面上通量有

$$v_{i,j-1}^{n+1} \Delta x_{i,j-1}^v = v_{i,j-1}^* \Delta x_{i,j-1}^v + \delta t (M_{i,j-1}^v)^{-1} \left. \frac{\partial p^{n+1}}{\partial y} \right|_{y_{j-1}} \Delta x_{i,j-1}^v \qquad (6-59a)$$

$$v_{i,j}^{n+1} \Delta x_{i,j}^v = v_{i,j}^* \Delta x_{i,j}^v + \delta t (M_{i,j}^v)^{-1} \left. \frac{\partial p^{n+1}}{\partial y} \right|_{y_j} \Delta x_{i,j}^v \qquad (6-59b)$$

对于 $\Omega_{i,j}$，由式（6-58a）-式（6-58b）+式（6-59a）-式（6-59b）得

$$\Delta x_{i,j}^v \frac{p_{i,j+1}^{n+1} - p_{i,j}^{n+1}}{M_{i,j}^v \Delta y_{i,j}^v} + \Delta x_{i,j}^v \frac{p_{i,j}^{n+1} - p_{i,j-1}^{n+1}}{M_{i,j-1}^v \Delta y_{i,j-1}^v} + \Delta y_{i,j}^u \frac{p_{i+1,j}^{n+1} - p_{i,j}^{n+1}}{M_{i,j}^u \Delta x_{i,j}^u} - \Delta y_{i,j-1}^u \frac{p_{i,j}^{n+1} - p_{i-1,j}^{n+1}}{M_{i-1,j}^u \Delta x_{i-1,j}^u}$$

$$= \rho \frac{(u_{i-1,j}^{n+1} \Delta y_{i-1,j}^u - u_{i,j}^{n+1} \Delta y_{i,j}^u) + (v_{i,j-1}^{n+1} \Delta x_{i,j-1}^v - v_{i,j}^{n+1} \Delta x_{i,j}^v)}{\delta t}$$

$$+ \rho \frac{(u_{i-1,j}^* \Delta y_{i-1,j}^u - u_{i,j}^* \Delta y_{i,j}^u) + (v_{i,j-1}^* \Delta x_{i,j-1}^v - v_{i,j}^* \Delta x_{i,j}^v)}{\delta t} \qquad (6-60)$$

$$D^{n+1} M^{-1} G P^{n+1} \big|_{i,j}^x \cong \frac{\theta_{i,j}^u [\theta_{i,j}^u \Delta y_j (p_{i+1,j} - p_{i,j})]}{\left(\frac{V_{i,j}}{\Delta y_j}\right)\left(\frac{1}{2} V_{i,j} + \frac{1}{2} V_{i+1,j}\right)} - \frac{\theta_{i-1,j}^u [\theta_{i-1,j}^u \Delta y_j (p_{i,j} - p_{i-1,j})]}{\left(\frac{V_{i,j}}{\Delta y_j}\right)\left(\frac{1}{2} V_{i-1,j} + \frac{1}{2} V_{i,j}\right)}$$

$$(6-61)$$

上式可以理解为积分方程

$$\int_{\Gamma_{i,j}} (v^{n+1} \cdot \mathbf{n}) \mathrm{d}S - \int_{\Gamma_{i,j}} (v^* \cdot \mathbf{n}) \mathrm{d}S = \int_{\Gamma_{i,j}} (\nabla p \cdot \mathbf{n}) \mathrm{d}S \qquad (6-62)$$

的离散形式。

考虑不可压流体的连续性方程 $\int_{\Omega_{i,j}} \nabla \cdot v^{n+1} \mathrm{d}V = \int_{\Gamma_{i,j}} (v^{n+1} \cdot \mathbf{n}) \mathrm{d}S = 0$，式（6-60）变为

$$\Delta x_{i,j}^v \frac{p_{i,j+1}^{n+1} - p_{i,j}^{n+1}}{M_{i,j}^v \Delta y_{i,j}^v} + \Delta x_{i,j}^v \frac{p_{i,j}^{n+1} - p_{i,j-1}^{n+1}}{M_{i,j-1}^v \Delta y_{i,j-1}^v} + \Delta y_{i,j}^u \frac{p_{i+1,j}^{n+1} - p_{i,j}^{n+1}}{M_{i,j}^u \Delta x_{i,j}^u} - \Delta y_{i,j-1}^u \frac{p_{i,j}^{n+1} - p_{i-1,j}^{n+1}}{M_{i-1,j}^u \Delta x_{i-1,j}^u}$$

$$= \rho \frac{(u_{i-1,j}^{n+1} \Delta y_{i-1,j}^u - u_{i,j}^{n+1} \Delta y_{i,j}^u) + (v_{i,j-1}^{n+1} \Delta x_{i,j-1}^v - v_{i,j}^{n+1} \Delta x_{i,j}^v)}{\delta t} \qquad (6-63)$$

求解 $p_{i,j}^{n+1}$ 后利用式（6-58）至式（6-59）可得 $u_{i,j}^{n+1}$，$v_{i,j}^{n+1}$。

### 6.3.4 代数方程组的基本解法

代数方程组 $Ax = b$ 求解方法的发展，对于数值模型具有重要的作用。目前河流数值模拟中常用的代数求解方法有 TDMA、GMRES、CG 法。其中 TDMA 常用于对角方程的求解中，CG 法用于对称正定矩阵的求解。

#### 6.3.4.1 追赶法

追赶法是一维和二维水沙模型以及三维泥沙输运方程求解常用的方法。该方法无须迭代求解，简单高效，但方法主要适用于三对角或五对角方程的求解。具体求解过程可参见第 8、第 9 章中离散模型方程组的求解。

#### 6.3.4.2 共轭梯度法（CG）方法

共轭梯度法是一种迭代求解方法，对于二次泛函

$$\varphi(x) = \frac{1}{2}(Ax) - (b, x) \tag{6-64}$$

当 $A$ 正定时有

$$Ax^* = b \Leftrightarrow \varphi(x^*) = \min_{x \in R^n} \varphi(x) \tag{6-65}$$

基于这一性质，将线性代数方程的求解问题转化为求 $\varphi(x)$ 的极小值问题。CG 法的基本思想是首先选择 $x^{(0)}$ 作为初始解向量，后采用

$$x^{(k+1)} = x^{(k)} + \alpha^{(k)} p^{(k)} \quad (k = 1, 2, \cdots) \tag{6-66}$$

对 $x^{(k)}$ 进行修正，直到某一步（$n$）时接近真值。由式（6-65）知 $p^{(k)}$ 的选择原则是力求满足

$$\varphi[x^{(k+1)}] = \min_{x \in [p^{(0)}, \cdots, p^{(k)}]} \varphi(x) \tag{6-67}$$

而 $\alpha^{(k)}$ 的选择力求满足

$$\varphi[x^{(k+1)}] = \min_{\alpha} \varphi[x^{(k)} + \alpha^{(k)} p^{(k)}] \tag{6-68}$$

研究表明，$p^{(k+1)}$、$\alpha_k$ 可选择如下：

$$p^{(k+1)} = r^{(k)} - \beta_{k+1} p^{(k)} \tag{6-69}$$

$$\alpha_k = \frac{(r^{(k-1)}, r^{(k-1)})}{(p^{(k)}, Ap^{(k)})} \tag{6-70}$$

其中

$$r^{(k)} = r^{(k-1)} - \alpha_k Ap^{(k)} \tag{6-71}$$

$$\beta_{k+1} = \frac{(r^{(k)}, r^{(k)})}{(r^{(k-1)}, r^{(k-1)})} \tag{6-72}$$

其具体步骤如下：

1）选取 $x^{(0)} \in R^n$，计算 $r^{(0)} = b - Ax^{(0)}$，$p^{(1)} = r^{(0)}$。

2）对 $k = 1, 2, \cdots$ 进行如下计算：

$$\alpha_k = \frac{(r^{(k-1)}, r^{(k-1)})}{(p^{(k)}, Ap^{(k)})} \tag{6-73}$$

$$\boldsymbol{x}^{(k)} = \boldsymbol{x}^{(k-1)} + \alpha_k \boldsymbol{p}^{(k)} \tag{6-74}$$

$$\boldsymbol{r}^{(k)} = \boldsymbol{r}^{(k-1)} - \alpha_k \boldsymbol{A} \boldsymbol{p}^{(k)} \tag{6-75}$$

$$\beta_{k+1} = \frac{(\boldsymbol{r}^{(k)}, \boldsymbol{r}^{(k)})}{(\boldsymbol{r}^{(k-1)}, \boldsymbol{r}^{(k-1)})} \tag{6-76}$$

$$\boldsymbol{p}^{(k+1)} = \boldsymbol{r}^{(k)} - \beta_{k+1} \boldsymbol{p}^{(k)} \tag{6-77}$$

直至 $\|\boldsymbol{r}_k\| < \varepsilon$ ($\varepsilon$ 为人为给定收敛判定标准)。

### 6.3.4.3　GMRES

该方法与 CG 法一样,同属投影方法,但不同的是,该方法对原控制方程进行了转化处理,用到了 Hessenberg 分解定理,即对 $n$ 维矩阵 $\boldsymbol{A}$,存在一正交矩阵 $\boldsymbol{V}_n$,使

$$\boldsymbol{V}_n^{\mathrm{T}} \boldsymbol{A} \boldsymbol{V}_n = \boldsymbol{H}_n \tag{6-78}$$

式中: $\boldsymbol{H}_n$ 为上 Hessenberg 矩阵。

由此线性方程组转化为

$$\boldsymbol{V}_n^{\mathrm{T}} \boldsymbol{b} = \boldsymbol{V}_n^{\mathrm{T}} \boldsymbol{A} \boldsymbol{x} = \boldsymbol{V}_n^{\mathrm{T}} \boldsymbol{A} (\boldsymbol{V}_n \boldsymbol{V}_n^{\mathrm{T}}) \boldsymbol{x} = \boldsymbol{H}_n (\boldsymbol{V}_n^{\mathrm{T}} \boldsymbol{x}) = \boldsymbol{H}_n \boldsymbol{y} \tag{6-79}$$

$$\boldsymbol{x} = \boldsymbol{V}_n \boldsymbol{y} \tag{6-80}$$

经过进一步处理,将线性方程组的求解转化为迭代求解 $\boldsymbol{V}$ 和 $\boldsymbol{y}$ 的问题。具体步骤如下:

1) 选取 $\boldsymbol{x}^{(0)} \in \boldsymbol{R}^n$,计算 $\boldsymbol{r}^{(0)} = \boldsymbol{b} - \boldsymbol{A}\boldsymbol{x}^{(0)}$,　$\beta = \|\boldsymbol{r}^{(0)}\|$,　$\boldsymbol{v}^{(0)} = \boldsymbol{r}^{(0)}/\beta$。

2) 对 $m = 1, 2, \cdots$,直到收敛

对 $j = 1, 2, \cdots m$ 计算

$$\boldsymbol{w} = \boldsymbol{A} \boldsymbol{v}_j$$

对 $i = 1, 2, \cdots, j$ 计算

$$h_{ij} = \boldsymbol{v}_i^{\mathrm{T}} \boldsymbol{w}_j$$

$$\boldsymbol{w}_j = \boldsymbol{w}_j - h_{ij} \boldsymbol{v}_i$$

end

$$h_{j+1, j} = \|\boldsymbol{w}\|$$

如 $h_{j+1, j} = 0$ 结束,否则 $\boldsymbol{v}_{j+1} = \boldsymbol{w}_j / h_{j+1, j}$

$\boldsymbol{v}_j$ 为 $\boldsymbol{V}_m$ 的第 $j$ 列向量,$h_{ij}$ 为 Hessenberg 矩阵第 $i$ 行、第 $j$ 列值。

由此获得 $\boldsymbol{V}_{m+1} = (\boldsymbol{V}_m, \boldsymbol{v}_{m+1})$,　$\overline{\boldsymbol{H}}_m = \begin{pmatrix} \boldsymbol{H}_m \\ h_{m+1, m} \boldsymbol{e}_m^{\mathrm{T}} \end{pmatrix}$。

3) 计算 $\min\limits_{\boldsymbol{y} \in \boldsymbol{R}^m} \|\beta \boldsymbol{e}_1 - \overline{\boldsymbol{H}}_m \boldsymbol{m}_m\|$ 的解 $\boldsymbol{y}_m$ 和 $\boldsymbol{x}_m = \boldsymbol{x}_0 + \boldsymbol{V}_m \boldsymbol{y}_m$。

# 第7章　河流动力数学模型的空间维度简化

从模型应用角度讲，计算河流动力学模型是从一维走向二维，再逐渐过渡到准三维、三维模型。但在模型理论体系构建时，河流一维和二维模型更多地可以理解为 N–S 方程在空间维度上的简化。空间维度简化是增加模型计算效率，提高计算河流动力学实用性的主要手段。每一简化都基于特定的假设，一定程度上降低了模型准确性和一般性，限制了模型的适用范围，但提高了模型计算效率，增加了模型在更大尺度河流中应用的可行性。

## 7.1　准三维河流动力数学模型

### 7.1.1　模型假设和控制方程

准三维模型最初应用于海洋计算，模型假设动压对水沙运动的影响远小于静压，因此忽略动量方程中动压，垂向动量方程常直接采用静压假定：

$$\frac{\partial p}{\partial z} = -\rho g \qquad (7-1)$$

若不考虑密度变化，则压强可直接表示为

$$p(x^*, y^*, z) = \rho g(\zeta - z) \qquad (7-2)$$

代入 $x$、$y$ 方向动量方程（5-6）并考虑科氏力有

$$\frac{\partial u}{\partial t^*} + \frac{\partial uu}{\partial x^*} + \frac{\partial vu}{\partial y^*} + \frac{\partial wu}{\partial z} = -g\frac{\partial \zeta}{\partial x^*} + \nu_t\left(\frac{\partial^2 u}{\partial x^{*2}} + \frac{\partial^2 u}{\partial y^{*2}} + \frac{\partial^2 u}{\partial z^2}\right) + f_x + F_u \quad (7-3)$$

$$\frac{\partial v}{\partial t^*} + \frac{\partial uv}{\partial x^*} + \frac{\partial vv}{\partial y^*} + \frac{\partial wv}{\partial z} = -g\frac{\partial \zeta}{\partial y^*} + \nu_t\left(\frac{\partial^2 v}{\partial x^{*2}} + \frac{\partial^2 v}{\partial y^{*2}} + \frac{\partial^2 v}{\partial z^2}\right) + f_y + F_v \quad (7-4)$$

式中：$f$ 为柯氏力；$F_u$、$F_v$ 为力源项。

泥沙输运方程、连续性方程和水位方程同全三维模型：

$$\frac{\partial S}{\partial t^*} + \frac{\partial (uS)}{\partial x^*} + \frac{\partial (vS)}{\partial y^*} + \frac{\partial (w - \omega_s S)}{\partial z} = E_t\left(\frac{\partial^2 S}{\partial x^{*2}} + \frac{\partial^2 S}{\partial y^{*2}} + \frac{\partial^2 S}{\partial z^2}\right) + Q_s \quad (7-5)$$

$$\frac{\partial u}{\partial x^*} + \frac{\partial v}{\partial y^*} + \frac{\partial w}{\partial z} = 0 \qquad (7-6)$$

$$\frac{\partial \zeta}{\partial t^*} + \frac{\partial}{\partial x^*}\int_{-h}^{\zeta} u\,\mathrm{d}z + \frac{\partial}{\partial y^*}\int_{-h}^{\zeta} v\,\mathrm{d}z = 0 \qquad (7-7)$$

式中：$Q_s$ 为质量源项。

采用水位方程计算自由表面时，$\zeta$ 随时间不断变化，为了便于拟合自由表面，垂向坐

标依然多采用 $\sigma$ 坐标。

采用如式 (5-8) 所示 $\sigma$ 坐标，式 (7-1) 表示为

$$\frac{\partial p}{\partial \sigma} = -\rho g H \tag{7-8}$$

连续性方程、水位方程分别同第 5 章的式 (5-17) 和式 (5-19)。

由式 (5-16) 可得笛卡儿坐标和 $\sigma$ 坐标下垂向速度之间的关系：

$$w = \omega + u\left(\sigma \frac{\partial H}{\partial x} - \frac{\partial h}{\partial x}\right) + v\left(\sigma \frac{\partial H}{\partial y} - \frac{\partial h}{\partial y}\right) + \left(\sigma \frac{\partial H}{\partial t} - \frac{\partial h}{\partial t}\right) \tag{7-9}$$

水平方向动量方程：

$$\frac{\partial Hu}{\partial t} + \frac{\partial Huu}{\partial x} + \frac{\partial Hvu}{\partial y} + \frac{\partial \omega u}{\partial \sigma} = fv - g\frac{\partial \zeta}{\partial x} + \nu\left[H\frac{\partial^2 u}{\partial x^2} + H\frac{\partial^2 u}{\partial y^2} + \frac{\partial}{\partial \sigma}\left(\frac{1}{H}\frac{\partial u}{\partial \sigma}\right)\right] + Q_u \tag{7-10a}$$

$$\frac{\partial Hv}{\partial t} + \frac{\partial Huv}{\partial x} + \frac{\partial Hvv}{\partial y} + \frac{\partial \omega v}{\partial \sigma} = -fu - g\frac{\partial \zeta}{\partial y} + \nu\left[H\frac{\partial^2 v}{\partial x^2} + H\frac{\partial^2 v}{\partial y^2} + \frac{\partial}{\partial \sigma}\left(\frac{1}{H}\frac{\partial v}{\partial \sigma}\right)\right] + Q_v \tag{7-10b}$$

浓度输运方程：

$$\frac{\partial Hs}{\partial t} + \frac{\partial Hus}{\partial x} + \frac{\partial Hvs}{\partial y} + \frac{\partial(\omega - \omega_s)s}{\partial \sigma} = \frac{\nu_t}{\sigma_s}\left(H\frac{\partial^2 s}{\partial^2 x} + H\frac{\partial^2 s}{\partial^2 y} + \frac{1}{H}\frac{\partial^2 s}{\partial^2 \sigma}\right) + Q_s \tag{7-11}$$

## 7.1.2　模型求解

静压假定后，动量方程中压强 $p$ 可由水位 $\zeta$ 简单表示，且 $\zeta$ 有独立的控制方程，因此无需采用压力修正法求解。目前不同模型的具体求解方法不同，但基本思路是先直接采用显式求解获得 $\zeta^{n+1}$，后分别由动量方程和连续性方程先后求得流速 $u^{n+1}$、$v^{n+1}$ 和 $w^{n+1}$。下面以 EFDC 模型为例介绍。

（1）垂向速度

动量方程对第 $k$ 层网格积分有

$$\frac{\partial(H\Delta\sigma_k u_k)}{\partial t} + \frac{\partial(H\Delta\sigma_k u_k u_k)}{\partial x} + \frac{\partial(H\Delta\sigma_k v_k u_k)}{\partial y} + (wu)_k - (wu)_{k-1} - H\Delta\sigma_k fv_k$$

$$= -H\Delta\sigma_k g\frac{\partial \zeta}{\partial x} + \frac{\nu}{H}\left[\left(\frac{\partial u}{\partial \sigma}\right)_k - \left(\frac{\partial u}{\partial \sigma}\right)_{k-1}\right] + H\Delta\sigma_k \nu\left(\frac{\partial^2 u}{\partial x^2} + \frac{\partial^2 u}{\partial y^2}\right)_k + (\Delta F_u)K \tag{7-12a}$$

$$\frac{\partial(H\Delta\sigma_k v_k)}{\partial t} + \frac{\partial(H\Delta\sigma_k u_k v_k)}{\partial x} + \frac{\partial(H\Delta\sigma_k v_k v_k)}{\partial y} + (wv)_k - (wv)_{k-1} + H\Delta\sigma_k fu_k$$

$$= -H\Delta\sigma_k g\frac{\partial \zeta}{\partial y} + \frac{\nu}{H}\left[\left(\frac{\partial v}{\partial \sigma}\right)_k - \left(\frac{\partial v}{\partial \sigma}\right)_{k-1}\right] + H\nu\Delta\sigma_k\left(\frac{\partial^2 v}{\partial x^2} + \frac{\partial^2 v}{\partial y^2}\right)_k + (\Delta F_v)_k \tag{7-12b}$$

沿垂向各层求和可以得到垂向平均速度 $\overline{U}$、$\overline{V}$：

$$\frac{\partial(H\overline{U})}{\partial t} + \sum_{k=1}^{k_m}\left(\frac{\partial(H\Delta\sigma_k u_k u_k)}{\partial x} + \frac{\partial(H\Delta\sigma_k v_k u_k)}{\partial y} - H\Delta\sigma_k f v_k\right)$$

$$= -Hg\frac{\partial\zeta}{\partial x} + \frac{\nu}{H}\left[\left(\frac{\partial v}{\partial\sigma}\right)_{k_m} - \left(\frac{\partial v}{\partial\sigma}\right)_0\right] + H\nu\sum_{k=1}^{k_m}\left(\frac{\partial^2 u}{\partial x^2} + \frac{\partial^2 u}{\partial y^2}\right)_k + \overline{F}_u \quad (7-13\text{a})$$

$$\frac{\partial(H\overline{V})}{\partial t} + \sum_{k=1}^{k_m}\left[\frac{\partial(H\Delta\sigma_k u_k v_k)}{\partial x} + \frac{\partial(H\Delta\sigma_k v_k v_k)}{\partial y} + H\Delta\sigma_k f u_k\right]$$

$$= -Hg\frac{\partial\zeta}{\partial y} + \frac{\nu}{H}\left[\left(\frac{\partial v}{\partial\sigma}\right)_{k_m} - \left(\frac{\partial v}{\partial\sigma}\right)_0\right] + H\nu\sum_{k=1}^{k_m}\left(\frac{\partial^2 v}{\partial x^2} + \frac{\partial^2 v}{\partial y^2}\right)_k + \overline{F}_v \quad (7-13\text{b})$$

式中：$\left(\dfrac{\nu}{H}\dfrac{\partial u}{\partial\sigma}\right)_0$、$\left(\dfrac{\nu}{H}\dfrac{\partial v}{\partial\sigma}\right)_{k_m}$ 分别为底部和表层切应力，$\overline{U}$、$\overline{V}$ 为垂向平均速度：

$$\overline{U} = \sum_{k=1}^{k_m} H\Delta\sigma_k u_k, \qquad \overline{V} = \sum_{k=1}^{k_m} H\Delta\sigma_k v_k \quad (7-14)$$

（2）水位求解

由于静压假定，准三维模型不适用于研究水面剧烈变化的区域，因此无需采用 VOF 计算水位，可直接采用垂向积分法所得的水位方程进行水位计算。数值求解同 6.3 节介绍。

（3）速度求解

$\zeta^{n+1}$ 求解后，由式（7-10）求解水平流速 $u^{n+1}$、$v^{n+1}$ 时，最简单的方法是采用显式离散后直接求解，较为典型的是 POM 模型；或仅对垂向扩散项采用隐式离散，后求解三对角方程，如 EFDC 模型。

$$u_k^{n+1} = u_k^{n-1} - g\Delta t\left(\frac{\partial\zeta^{n+1}}{\partial x} + \frac{\partial\zeta^{n-1}}{\partial x}\right)$$

$$+ \frac{\nu\Delta t}{H^2\Delta\sigma_k}\left\{\left[\left(\frac{\partial u}{\partial\sigma}\right)_k - \left(\frac{\partial u}{\partial\sigma}\right)_{k-1}\right]^{n+1} + \left[\left(\frac{\partial u}{\partial\sigma}\right)_k - \left(\frac{\partial u}{\partial\sigma}\right)_{k-1}\right]^{n-1}\right\} + RHS_x$$

$$(7-15\text{a})$$

$$v_k^{n+1} = v_k^{n-1} - g\Delta t\left(\frac{\partial\zeta^{n+1}}{\partial y} + \frac{\partial\zeta^{n-1}}{\partial y}\right)$$

$$+ \frac{\nu\Delta t}{H^2\Delta\sigma_k}\left\{\left[\left(\frac{\partial v}{\partial\sigma}\right)_k - \left(\frac{\partial v}{\partial\sigma}\right)_{k-1}\right]^{n+1} + \left[\left(\frac{\partial v}{\partial\sigma}\right)_k - \left(\frac{\partial v}{\partial\sigma}\right)_{k-1}\right]^{n-1}\right\} + RHS_y$$

$$(7-15\text{b})$$

式中：$RHS_x$、$RHS_y$ 包括了对流项和边界条件等其他已知项，若采用交错网格，则对平面网格 $(i,j)$ 点上式最终整理可得下面三对角方程：

$$A^{k-1}u_{i,\,j+1/2,\,k-1}^{n+1} + A^k u_{i,\,j+1/2,\,k}^{n+1} + A^{k+1}u_{i,\,j+1/2,\,k+1}^{n+1} = F_i^k \quad (7-16\text{a})$$

$$A_j^{k-1}v_{i+1/2,\,j,\,k-1}^{n+1} + A_j^k v_{i+1/2,\,j,\,k}^{n+1} + A_j^{k+1}v_{i+1/2,\,j,\,k+1}^{n+1} = F_j^k \quad (7-16\text{b})$$

增加边界条件后分别求得 $u^{n+1}$、$v^{n+1}$。

由式（5-17）和式（5-19）相减可得

$$\frac{\partial\omega}{\partial\sigma} = \frac{\partial}{\partial x}\left(\int_0^1 Hu\,\mathrm{d}\sigma - Hu\right) + \frac{\partial}{\partial y}\left(\int_0^1 Hv\,\mathrm{d}\sigma - Hv\right) \quad (7-17)$$

离散得

$$\omega_k^{n+1} = \omega_{k-1}^{n+1} - \Delta\sigma_k \left[ \frac{\partial(u_k + u_{k-1} - \overline{U})}{\partial x} + \frac{\partial(v_k + v_{k-1} - \overline{V})}{\partial y} \right]^{n+1} \tag{7-18}$$

进一步由式（7-9）得

$$w^{n+1} = \omega^{n+1} + u^{n+1} \left( \sigma \frac{\partial H}{\partial x} - \frac{\partial h}{\partial x} \right)^{n+1} + v^{n+1} \left( \sigma \frac{\partial H}{\partial y} - \frac{\partial h}{\partial y} \right)^{n+1} + \left( \sigma \frac{\partial H}{\partial t} - \frac{\partial h}{\partial t} \right)^{n+1}$$

$$\tag{7-19}$$

## 7.2　平面二维河流动力数学模型

### 7.2.1　模型假设

在全三维模型的基础上，做如下假定：

1）垂向动量方程符合如式（7-2）的静压假定；

2）如不特别说明，认为水动力和泥沙参数沿垂向变化较小。

### 7.2.2　控制方程建立

对 N-S 方程垂向积分有

$$\int_{z_0}^{\zeta} \left( \frac{\partial u}{\partial x} + \frac{\partial v}{\partial y} + \frac{\partial w}{\partial z} \right) \mathrm{d}z = 0 \tag{7-20}$$

$$\int_{z_0}^{\zeta} \left[ \left( \frac{\partial u}{\partial t} + \frac{\partial uu}{\partial x} + \frac{\partial vu}{\partial y} + \frac{\partial wu}{\partial z} \right) - fv + \frac{1}{\rho} \frac{\partial p}{\partial x} - f_x - \mu \left( \frac{\partial^2 u}{\partial x^2} + \frac{\partial^2 u}{\partial y^2} + \frac{\partial^2 u}{\partial z^2} \right) \right] \mathrm{d}z = 0$$

$$\tag{7-21a}$$

$$\int_{z_0}^{\zeta} \left[ \left( \frac{\partial v}{\partial t} + \frac{\partial uv}{\partial x} + \frac{\partial vv}{\partial y} + \frac{\partial wv}{\partial z} \right) + fu + \frac{1}{\rho} \frac{\partial p}{\partial y} - f_y - \mu \left( \frac{\partial^2 v}{\partial x^2} + \frac{\partial^2 v}{\partial y^2} + \frac{\partial^2 v}{\partial z^2} \right) \right] \mathrm{d}z = 0$$

$$\tag{7-21b}$$

$$\int_{z_0}^{\zeta} \left[ \frac{1}{\rho} \frac{\partial p}{\partial z} - g \right] \mathrm{d}z = 0 \tag{7-21c}$$

式中：$z_0$ 和 $\zeta$ 分别是河床高程和水位高程。进一步应用莱布尼茨公式和相应边界条件：

1）莱布尼兹积分公式：

$$\frac{\partial}{\partial x_i} \int_{z_0}^{\zeta} \varphi \mathrm{d}z = \int_{z_0}^{\zeta} \frac{\partial \varphi}{\partial x_i} \mathrm{d}z + \varphi \bigg|_{\zeta} \frac{\partial \zeta}{\partial x_i} - \varphi \bigg|_{z_0} \frac{\partial z_0}{\partial x_i} \tag{7-22}$$

2）利用底部的动力学边界条件：

$$w \bigg|_{z_0} = \frac{Dz_0}{Dt} = \frac{\partial z_0}{\partial t} + \frac{\partial z_0}{\partial x} u \bigg|_{z=z_0} + \frac{\partial z_0}{\partial y} v \bigg|_{z=z_0} \tag{7-23}$$

$$u \big|_{z_0} = 0, \quad v \big|_{z_0} = 0 \tag{7-24}$$

3）自由表面动力学边界条件：

$$w\Big|_\zeta = \frac{D\zeta}{Dt} = \frac{\partial \zeta}{\partial t} + \frac{\partial \zeta}{\partial x}u\Big|_{z=\zeta} + \frac{\partial \zeta}{\partial y}v\Big|_{z=\zeta} \qquad (7-25)$$

可得垂向平均的平面二维水动力学模型。

（1）平面二维连续性方程

$$\int_{z_0}^{\zeta} \left( \frac{\partial u}{\partial x} + \frac{\partial v}{\partial y} + \frac{\partial w}{\partial z} \right) \mathrm{d}z = \frac{\partial}{\partial x}\int_{z_0}^{\zeta} u\mathrm{d}z - u\Big|_{z=\zeta}\frac{\partial \zeta}{\partial x} + u\Big|_{z=z_0}\frac{\partial z_0}{\partial x}$$

$$+ \frac{\partial}{\partial y}\int_{z_0}^{\zeta} v\mathrm{d}z - v\Big|_{z=\zeta}\frac{\partial \zeta}{\partial y} + v\Big|_{z=z_0}\frac{\partial z_0}{\partial y} + w\Big|_{z=\zeta} - w\Big|_{z=z_0}$$

$$= \frac{\partial \zeta}{\partial t} + \frac{\partial HU}{\partial x} + \frac{\partial HV}{\partial y} = 0$$

$$(7-26)$$

（2）动量方程

$x$ 方向的动量方程如下。

1）非恒定项：

$$\int_{z_0}^{\zeta} \frac{\partial u}{\partial t}\mathrm{d}z = \frac{\partial}{\partial t}\int_{z_0}^{\zeta} u\mathrm{d}z - u\Big|_{z=\zeta}\frac{\partial \zeta}{\partial t} + u\Big|_{z=z_0}\frac{\partial z_0}{\partial t}$$

$$= \frac{\partial HU}{\partial t} - u\Big|_{z=\zeta}\frac{\partial \zeta}{\partial t} - u\Big|_{z=z_0}\frac{\partial z_0}{\partial t} \qquad (7-27)$$

2）对流项：

首先将时均速度 $u_i$ 分解垂向平均速度 $U_i$ 和差值 $\delta u_i$ 之和

$$u_i = U_i + \delta u_i \qquad (7-28)$$

于是有

$$\int_{z_0}^{\zeta} \frac{\partial uu}{\partial x}\mathrm{d}z = \frac{\partial}{\partial x}\int_{z_0}^{\zeta} uu\mathrm{d}z - uu\Big|_{z=\zeta}\frac{\partial \zeta}{\partial x} + uu\Big|_{z=z_0}\frac{\partial z_0}{\partial x} \qquad (7-29)$$

$$\int_{z_0}^{\zeta} uu\mathrm{d}z = \int_{z_0}^{\zeta}(u + \delta u)(u + \delta u)\mathrm{d}z$$

$$= \int_{z_0}^{\zeta}(uu + u\delta u + u\delta u + \delta u\delta u)\mathrm{d}z$$

$$= \int_{z_0}^{\zeta}(uu + \delta u\delta u)\mathrm{d}z = \beta_{xx}HUU$$

$$(7-30)$$

式中：$\beta_{xx} = 1 + \dfrac{\displaystyle\int_{z_0}^{\zeta}\delta u\delta u\mathrm{d}z}{HUU}$，可认为是在对流项积分取平均时因流速不均匀而引入的修正因子，下面若无特别说明，取 $\beta \approx 1$。则由式（7-29）和式（7-30）得

$$\int_{z_0}^{\zeta} \frac{\partial uu}{\partial x}\mathrm{d}z = \beta_{xx}HUU - uu\Big|_{z=\zeta}\frac{\partial \zeta}{\partial x} + uu\Big|_{z=z_0}\frac{\partial z_0}{\partial x} \qquad (7-31a)$$

同理可得

$$\int_{z_0}^{\zeta} \frac{\partial uv}{\partial y}\mathrm{d}z = \beta_{xy}HUV - uv\big|_{z=\zeta}\frac{\partial \zeta}{\partial y} + uv\big|_{z=z_0}\frac{\partial z_0}{\partial y} \qquad (7-31\mathrm{b})$$

$$\int_{z_0}^{\zeta} \frac{\partial uw}{\partial z}\mathrm{d}z = uw\big|_{z=\zeta} - uw\big|_{z=z_0} \qquad (7-31\mathrm{c})$$

由式（7-27）至式（7-31）可得

$$\int_{z_0}^{\zeta} \left[\left(\frac{\partial u}{\partial t} + \frac{\partial uu}{\partial x} + \frac{\partial uv}{\partial y}\right)\right]\mathrm{d}z = \frac{\partial HU}{\partial t} + \beta_{xx}\frac{\partial HUU}{\partial x} + \beta_{xy}\frac{\partial UV}{\partial y} \qquad (7-32)$$

3）压强项：

$$\int_{z_0}^{\zeta} \frac{\partial p}{\partial x}\mathrm{d}z = \frac{\partial}{\partial x}\int_{z_0}^{\zeta} p\,\mathrm{d}z - p\big|_{z=\zeta}\frac{\partial \zeta}{\partial x} + p\big|_{z=z_0}\frac{\partial z_0}{\partial x}$$

$$= \frac{\partial}{\partial x}\int_{z_0}^{\zeta} \rho g(\zeta - z)\,\mathrm{d}z - \rho g(\zeta - z)\big|_{z=\zeta}\frac{\partial \zeta}{\partial x} + \rho g(\zeta - z)\big|_{z=z_0}\frac{\partial z_0}{\partial x}$$

$$= \rho g H\frac{\partial H}{\partial x} + \rho g H\frac{\partial z_0}{\partial x} = \rho g H\frac{\partial \zeta}{\partial x}$$

$$(7-33)$$

同理

$$\int_{z_0}^{\zeta} \frac{\partial p}{\partial y}\mathrm{d}z = \rho g H\frac{\partial \zeta}{\partial y} \qquad (7-34)$$

4）黏性项：

$$\int_{z_0}^{\zeta} \frac{\partial^2 u}{\partial^2 x}\mathrm{d}z = \frac{\partial}{\partial x}\int_{z_0}^{\zeta} \frac{\partial u}{\partial x}\mathrm{d}z - \frac{\partial u}{\partial x}\bigg|_{z=\zeta}\frac{\partial \zeta}{\partial x} + \frac{\partial u}{\partial x}\bigg|_{z=z_0}\frac{\partial z_0}{\partial x}$$

$$= \frac{\partial}{\partial x}\left[\frac{\partial}{\partial x}\int_{z_0}^{\zeta} u_i\,\mathrm{d}z - u\big|_{z=\zeta}\frac{\partial \zeta}{\partial x} + u\big|_{z=z_0}\frac{\partial z_0}{\partial x}\right] - \frac{\partial u}{\partial x}\bigg|_{z=\zeta}\frac{\partial \zeta}{\partial x} + \frac{\partial u}{\partial x}\bigg|_{z=z_0}\frac{\partial z_0}{\partial x}$$

$$= \frac{\partial^2 (HU)}{\partial^2 x} + 2\left(\frac{\partial u}{\partial x}\bigg|_{z=z_0}\frac{\partial z_0}{\partial x}\right) - 2\left(\frac{\partial u}{\partial x}\bigg|_{z=\zeta}\frac{\partial \zeta}{\partial x}\right)$$

$$(7-35\mathrm{a})$$

同理

$$\int_{z_0}^{\zeta} \frac{\partial^2 u}{\partial^2 y}\mathrm{d}z = \frac{\partial^2 (HU)}{\partial^2 y} + 2\left(\frac{\partial u}{\partial y}\bigg|_{z=z_0}\frac{\partial z_0}{\partial y}\right) - 2\left(\frac{\partial u}{\partial y}\bigg|_{z=\zeta}\frac{\partial \zeta}{\partial y}\right) \qquad (7-35\mathrm{b})$$

而

$$\int_{z_0}^{\zeta} \frac{\partial^2 u}{\partial^2 z}\mathrm{d}z = \frac{\partial u}{\partial z}\bigg|_{z=\zeta} - \frac{\partial u}{\partial z}\bigg|_{z=z_0} \qquad (7-35\mathrm{c})$$

进一步

$$\int_{z_0}^{\zeta} \nu_t\left(\frac{\partial^2 u}{\partial^2 x} + \frac{\partial^2 u}{\partial^2 y} + \frac{\partial^2 u}{\partial^2 z}\right)\mathrm{d}z = \nu_t\left(\frac{\partial^2 (HU)}{\partial^2 x} + \frac{\partial^2 (HU)}{\partial^2 y}\right) + 2\nu_t\left(\frac{\partial u}{\partial x}\bigg|_{z=z_0}\frac{\partial z_0}{\partial x} + \frac{\partial u}{\partial y}\bigg|_{z=z_0}\frac{\partial z_0}{\partial y} - \frac{\partial u}{\partial z}\bigg|_{z=z_0}\right)$$

$$- 2\nu_t\left(\frac{\partial u}{\partial x}\bigg|_{z=\zeta}\frac{\partial \zeta}{\partial x} + \frac{\partial u}{\partial y}\bigg|_{z=\zeta}\frac{\partial \zeta}{\partial y} - \frac{\partial u}{\partial z}\bigg|_{z=\zeta}\right) \qquad (7-36)$$

上式后两项分别表征床面和水面的阻力项，通常用下式计算：

$$2\nu_t\left(\frac{\partial u}{\partial x}\Big|_{z=z_0}\frac{\partial z_0}{\partial x}+\frac{\partial u}{\partial y}\Big|_{z=z_0}\frac{\partial z_0}{\partial y}-\frac{\partial u}{\partial z}\Big|_{z=z_0}\right)=g\frac{n^2 U\sqrt{U^2+V^2}}{H^{1/3}}\qquad(7-37a)$$

$$2\nu_t\left(\frac{\partial u}{\partial x}\Big|_{z=\zeta}\frac{\partial\zeta}{\partial x}+\frac{\partial u}{\partial y}\Big|_{z=\zeta}\frac{\partial\zeta}{\partial y}-\frac{\partial u}{\partial z}\Big|_{z=\zeta}\right)=C_w\frac{\rho_a}{\rho}V_a^2\cos\beta_x\qquad(7-37b)$$

式中：$C_w$ 为无因次风应力系数；$\rho_a$ 为空气密度；$V_a$ 为风速；$\beta_x$ 为风向与 $x$ 轴的夹角。

将式（7-32）、式（7-33）和式（7-36）代入式（7-24a），$x$ 方向的动量方程变为

$$\frac{\partial HU}{\partial t}+\beta_{xx}\frac{\partial HUU}{\partial x}+\beta_{xy}\frac{\partial HUV}{\partial y}=-gH\frac{\partial\zeta}{\partial x}+\nu_t\left[\frac{\partial^2(HU)}{\partial^2 x}+\frac{\partial^2(HU)}{\partial^2 y}\right]$$
$$+g\frac{n^2 U\sqrt{U^2+V^2}}{H^{1/3}}-C_w\frac{\rho_a}{\rho}V_a^2\cos\beta_x\qquad(7-38a)$$

同上可得 $y$ 方向的动量方程为

$$\frac{\partial HV}{\partial t}+\beta_{xy}\frac{\partial HUV}{\partial x}+\beta_{yy}\frac{\partial HVV}{\partial y}=-gH\frac{\partial\zeta}{\partial y}+\nu_t\left[\frac{\partial^2(HV)}{\partial^2 x}+\frac{\partial^2(HV)}{\partial^2 y}\right]$$
$$+g\frac{n^2 V\sqrt{U^2+V^2}}{H^{1/3}}-C_w\frac{\rho_a}{\rho}V_a^2\cos\beta_y\qquad(7-38b)$$

若设单宽流量为

$$Q=HU,\ P=HV\qquad(7-39)$$

则控制方程为

$$\frac{\partial P}{\partial t}+\beta_{xx}\frac{\partial UP}{\partial x}+\beta_{xy}\frac{\partial VP}{\partial y}=-fQ-gH\frac{\partial\zeta}{\partial x}+\nu_t\left(\frac{\partial^2 P}{\partial^2 x}+\frac{\partial^2 P}{\partial^2 y}\right)$$
$$+g\frac{n^2 U\sqrt{U^2+V^2}}{H^{1/3}}-C_w\frac{\rho_a}{\rho}V_a^2\cos\beta_x\qquad(7-40a)$$

$$\frac{\partial Q}{\partial t}+\beta_{xx}\frac{\partial UQ}{\partial x}+\beta_{xy}\frac{\partial VQ}{\partial y}=fP-gH\frac{\partial\zeta}{\partial y}+\nu_t\left(\frac{\partial^2 Q}{\partial^2 x}+\frac{\partial^2 Q}{\partial^2 y}\right)$$
$$+g\frac{n^2 V\sqrt{U^2+V^2}}{H^{1/3}}-C_w\frac{\rho_a}{\rho}V_a^2\cos\beta_y\qquad(7-40b)$$

（3）泥沙输运方程

对三维泥沙输运方程垂向积分有

$$\int_{z_0}^{\zeta}\left[\left(\frac{\partial s}{\partial t}+\frac{\partial us}{\partial x}+\frac{\partial vs}{\partial x}+\frac{\partial(w-w_s)s}{\partial z}\right)-\frac{\gamma_t}{\Delta s}\left(\frac{\partial^2 s}{\partial x^2}+\frac{\partial^2 s}{\partial y^2}+\frac{\partial^2 s}{\partial z^2}\right)\right]dz=0\qquad(7-41)$$

方程各项的积分步骤同运动方程中相应的时变项、对流项和扩散项。将三维时均浓度 $s$ 分解为垂向平均浓度 $S$ 和差值 $\delta s$ 之和，$s=S+\delta s$，则

1）非恒定项：

$$\int_{z_0}^{\zeta}\frac{\partial}{\partial t}dz=\frac{\partial}{\partial t}\int_{z_0}^{\zeta}sdz+s\Big|_{z=\zeta}\frac{\partial\zeta}{\partial t}-s\Big|_{z=z_0}\frac{\partial z_0}{\partial t}$$

$$= \frac{\partial HS}{\partial t} + s\big|_{z=\zeta} \frac{\partial \zeta}{\partial t} - s\big|_{z_0} \frac{\partial z_0}{\partial t} \tag{7-42}$$

2）对流项：

$$\int_{z_0}^{\zeta} \frac{\partial us}{\partial x} \mathrm{d}z = \frac{\partial}{\partial x}\Big[\int_{z_0}^{\zeta}(US + \delta u \delta s)\mathrm{d}z\Big] + us\big|_{z=\zeta} \frac{\partial \zeta}{\partial x} - us\big|_{z=z_0} \frac{\partial z_0}{\partial x} = \frac{\partial(\gamma_x HUS)}{\partial x}$$

$$\tag{7-43a}$$

同理：

$$\int_{z_0}^{\zeta} \frac{\partial vs}{\partial y} \mathrm{d}z = \frac{\partial(\gamma_y HVS)}{\partial y} \tag{7-43b}$$

$$\int_{z_0}^{\zeta} \frac{\partial ws}{\partial z} \mathrm{d}z = ws\big|_{z=\zeta} - ws\big|_{z=z_0} \tag{7-43c}$$

式中：$\gamma_x = 1 + \dfrac{\int_{z_0}^{\zeta} \delta u \delta s \mathrm{d}z}{HUS}$，$\gamma_y = 1 + \dfrac{\int_{z_0}^{\zeta} \delta v \delta s \mathrm{d}z}{HVS}$ 可认为是在泥沙对流输运项积分平均时因流速和泥沙不均匀而引入的修正因子，下面若不特别说明，取 $\gamma_x \approx \gamma_y \approx 1$。

3）扩散项：

$$\int_{z_0}^{\zeta} \frac{\partial^2 s}{\partial^2 x} \mathrm{d}z = \frac{\partial}{\partial x}\int_{z_0}^{\zeta} \frac{\partial s}{\partial x}\mathrm{d}z - \frac{\partial s}{\partial x}\Big|_{z=\zeta} \frac{\partial \zeta}{\partial x} + \frac{\partial s}{\partial x}\Big|_{z=z_0} \frac{\partial z_0}{\partial x}$$

$$= \frac{\partial}{\partial x}\Big[\frac{\partial}{\partial x}\int_{z_0}^{\zeta} s\mathrm{d}z - s\big|_{z=\zeta} \frac{\partial \zeta}{\partial x} + s\big|_{z=z_0} \frac{\partial z_0}{\partial x}\Big] - \frac{\partial s}{\partial x}\Big|_{z=\zeta} \frac{\partial \zeta}{\partial x} + \frac{\partial s}{\partial x}\Big|_{z=z_0} \frac{\partial z_0}{\partial x}$$

$$= \frac{\partial^2(HS)}{\partial^2 x} + 2\Big(\frac{\partial s}{\partial x}\Big|_{z=z_0} \frac{\partial z_0}{\partial x}\Big) - 2\Big(\frac{\partial s}{\partial x}\Big|_{z=\zeta} \frac{\partial \zeta}{\partial x}\Big) \tag{7-44a}$$

$$\int_{z_0}^{\zeta} \frac{\partial^2 s}{\partial^2 y} \mathrm{d}z = \frac{\partial^2(HS)}{\partial^2 y} + 2\Big(\frac{\partial s}{\partial y}\Big|_{z=z_0} \frac{\partial z_0}{\partial y}\Big) - 2\Big(\frac{\partial s}{\partial y}\Big|_{z=\zeta} \frac{\partial \zeta}{\partial y}\Big) \tag{7-44b}$$

$$\int_{z_0}^{\zeta} \frac{\partial^2 s}{\partial^2 z} \mathrm{d}z = \frac{\partial s}{\partial z}\Big|_{z=\zeta} - \frac{\partial s}{\partial z}\Big|_{z=z_0} \tag{7-44c}$$

由式（7-44）式得

$$\int_{z_0}^{\zeta}\Big(\frac{\partial^2 s}{\partial^2 x} + \frac{\partial^2 s}{\partial^2 y} + \frac{\partial^2 s}{\partial^2 z}\Big)\mathrm{d}z = \Big[\frac{\partial^2(HS)}{\partial^2 x} + \frac{\partial^2(HS)}{\partial^2 y}\Big]$$

$$+ 2E_t\Big(\frac{\partial s}{\partial x}\Big|_{z=z_0} \frac{\partial z_0}{\partial x} + \frac{\partial s}{\partial y}\Big|_{z=z_0} \frac{\partial z_0}{\partial y} - \frac{\partial s}{\partial z}\Big|_{z=z_0}\Big)$$

$$- 2E_t\Big(\frac{\partial s}{\partial x}\Big|_{z=\zeta} \frac{\partial \zeta}{\partial x} + \frac{\partial s}{\partial y}\Big|_{z=\zeta} \frac{\partial \zeta}{\partial y} - \frac{\partial s}{\partial z}\Big|_{z=\zeta}\Big) \tag{7-45}$$

由式（7-41）至式（7-45）得泥沙二维浓度输运方程：

$$\frac{\partial HS}{\partial t} + \frac{\partial(\gamma_x HUS)}{\partial x} + \frac{\partial(\gamma_y HVS)}{\partial y} = E_t\left(\frac{\partial^2(HS)}{\partial^2 x} + \frac{\partial^2(HS)}{\partial^2 y}\right)$$

$$- \left(s\big|_{z=\zeta}\frac{\partial \zeta}{\partial t} - s\big|_{z=z_0}\frac{\partial z_0}{\partial t}\right) - \left[(ws)\big|_{z=\zeta} - (ws)\big|_{z=z_0}\right] + w_s(s\big|_{z=\zeta} - s\big|_{z=z_0})$$

$$+ 2E_t\left(\frac{\partial s}{\partial x}\bigg|_{z=z_0}\frac{\partial z_0}{\partial x} + \frac{\partial s}{\partial y}\bigg|_{z=z_0}\frac{\partial z_0}{\partial y} - \frac{\partial s}{\partial z}\bigg|_{z=z_0}\right)$$

$$- 2E_t\left(\frac{\partial s}{\partial x}\bigg|_{z=\zeta}\frac{\partial \zeta}{\partial x} + \frac{\partial s}{\partial y}\bigg|_{z=\zeta}\frac{\partial \zeta}{\partial y} - \frac{\partial s}{\partial z}\bigg|_{z=\zeta}\right) \qquad (7-46)$$

其中，水体表面的边界条件很简单，可直接根据泥沙在水体表面垂向通量为零得到：

$$w_s s + E_t\frac{\partial s}{\partial z} = 0 \qquad (7-47)$$

床面泥沙输运直接用 $w_s(S-S^*)$ 和恢复饱和系数 $\alpha$ 确定：

$$\left(E_t\frac{\partial s}{\partial z} + w_s s_b^*\right)\bigg|_{z=z_b} = w_s(S - S^*) \qquad (7-48)$$

将式（7-47）、式（7-48）代入式（7-46）并考虑到水动力边界条件可得二维垂向积分的泥沙浓度方程式：

$$\frac{\partial HS}{\partial t} + \gamma_x\frac{\partial HUS}{\partial x} + \gamma_y\frac{\partial HVS}{\partial y} = E_t\left[\frac{\partial^2(HS)}{\partial^2 x} + \frac{\partial^2(HS)}{\partial^2 y}\right] - w_s(S - S^*) \qquad (7-49)$$

式中：$\alpha$ 反映了不平衡输沙过程中恢复饱和的速率，不同学者提出经验公式不同。

窦国仁（1963b）较早提出了悬移质一维不平衡输沙模式。在该模型中，$\alpha$ 被解释为沉降概率，与泥沙沉速和近底垂向脉动流速的均方根有关，且 $\alpha$ 取值范围为 $0.5\sim1.0$。窦国仁认为淤积时泥沙恢复饱和系数等于沉降概率，而冲刷时由于受到床沙的补给条件影响，泥沙恢复饱和系数等于沉降概率与泥沙级配的乘积。

非平衡输沙多采用韩其为（1979）建议的恢复饱和系数值。韩其为不平衡输沙方程中，$\alpha^* = s_{b*}/s_*$ 为近底平衡含沙量 $s_{b*}$ 与水流挟沙力 $s_*$ 的比值。$\alpha$ 的取值需根据实测资料率定，韩其为建议冲刷时 $\alpha=2\alpha^*=1.0$，淤积时 $\alpha=0.5\alpha^*=0.25$。

### 7.2.3 控制方程求解

对于河流二维控制方程，若采用临点格式离散，每一方程在不同点离散时都会涉及相邻五个节点变量。

动量方程求解通常采用交替方向隐式方法（ADI 法）。在每一时间步 $n\Delta t_n \rightarrow (n+1)\Delta t_n$ 分为两半步，前半步 $n\Delta t_n \rightarrow \left(n+\frac{1}{2}\right)\Delta t_n$ 对 $x$ 方向进行隐式计算 $P^{n+1/2}$ 和 $\zeta^{n+1/2}$，而后半步 $\left(n+\frac{1}{2}\right)\Delta t_n \rightarrow (n+1)\Delta t_n$ 在 $y$ 方向进行隐式计算 $Q^{n+1}$ 和 $\zeta^{n+1}$，两个方向隐、显格式交替进行。

若当时间和对流项采用一阶迎风格式，其余各项都采用中心差分时，$n\Delta t_n \rightarrow (n+1)\Delta t_n$ 内前半步和后半步的离散格式如下。

1）前半步 $n\Delta t_n \to \left(n + \dfrac{1}{2}\right)\Delta t_n$ 在 $x$ 方向采用隐式，$y$ 方向采用显式。若全部采用交错网格，则连续方程（7-26）离散所得线性方程可表示为如下形式：

$$A^1_{i-1/2}Q^{n+1/2}_{i-1/2,\,j} + B^1_{i,\,j}\zeta^{n+1/2}_{i,\,j} + C^1_{i+1/2}Q^{n+1/2}_{i+1/2,\,j} = D^1_i \tag{7-50}$$

而 $x$ 方向动量方程（7-38a）离散所得线性方程可表示为如下形式：

$$A^2_{i,\,j}\zeta^{n+1/2}_{i,\,j} + B^2_{i+1/2}Q^{n+1/2}_{i+1/2,\,j} + C^2_{i+1}\zeta^{n+1/2}_{i+1,\,j} = D^2_{i+1/2} \tag{7-51}$$

式中：$A^k$、$B^k$、$C^k$、$D^k$ 为系数，不同离散方法其值不同。

$y$ 方向动量方程（7-38b）采用显式离散，因此可直接求得 $P^{n+1/2}_{i,j}$。

2）后半步 $\left(n + \dfrac{1}{2}\right)\Delta t_n \to (n+1)\Delta t_n$，在 $y$ 方向采用隐式，$x$ 方向采用显式。

连续方程（7-26）离散得

$$A^3_{j-1/2}P^{n+1}_{i,\,j-1/2} + B^3_{i,\,j}\zeta^{n+1}_{i,\,j} + C^3_{j+1/2}P^{n+1}_{i,\,j+1/2} = D^3_j \tag{7-52}$$

$y$ 方向动量（7-40b）方程：

$$A^4_j\zeta^{n+1}_{i,\,j} + B^4_{j+1/2}Q^{n+1}_{i,\,j+1/2} + D^4_{j+1}\zeta^{n+1/2}_{i,\,j+1} = D^4_{j+1/2} \tag{7-53}$$

$x$ 方向动量方程（7-38a）采用显式离散，因此可直接求得 $Q^{n+1}_{i,j}$。

式中，$A^k$、$B^k$、$C^k$、$D^k(k=1\sim4)$ 为方程系数。采用交替隐式简化所得式（7-50）和式（7-51）简化为三对角方程，可直接采用追赶法进行求解。如已知下游水位，求解以上方程组时，设 $IB$ 和 $IT$ 分别为计算域中第 $j$ 列的上下边界节点，则

①当 $i=IT$ 时，

$$A^1_{IT-3/2,\,j}Q^{n+1/2}_{IT-3/2,\,j} + B^1_{IT-1,\,j}\zeta^{n+1/2}_{IT-1,\,j} + C^1_{IT-1/2,\,j}Q^{n+1/2}_{IT-1/2,\,j} = D^1_{IT-1} \tag{7-54}$$

$$A^2_{IT-1,\,j}\zeta^{n+1/2}_{IT-1,\,j} + B^2_{IT-1/2,\,j}Q^{n+1/2}_{IT-1/2,\,j} + C^2_{IT,\,j}\zeta^{n+1/2}_{IT,\,j} = D^2_{IT-1/2} \tag{7-55}$$

设 $\zeta^{n+1/2}_{IT,\,j} = M^\zeta_{IT} + N^\zeta_{IT}Q^{n+1/2}_{IT-1/2,\,j}$，代入上式。其中 $N^\zeta_{IT} = 0$，$M^\zeta_{IT}$ 按边界条件给定。得

$$A^1_{IT-3/2,\,j}Q^{n+1/2}_{IT-3/2,\,j} + B^1_{IT-1,\,j}\zeta^{n+1/2}_{IT-1,\,j} + C^1_{IT-1/2,\,j}Q^{n+1/2}_{IT-1/2,\,j} = D^1_{IT-1,\,j} \tag{7-56}$$

$$A^2_{IT-1,\,j}\zeta^{n+1/2}_{IT-1,\,j} + (B^2_{IT-1/2,\,j} + C^2_{IT,\,j}N^\zeta_{IT})Q^{n+1/2}_{IT-1/2,\,j} = D^2_{IT-1/2,\,j} - C^2_{IT,\,j}M^\zeta_{IT} \tag{7-57}$$

解得

$$\zeta^{n+1/2}_{IT-1,\,j} = M^\zeta_{IT-1} + N^\zeta_{IT-1}Q^{n+1/2}_{IT-3/2,\,j}, \qquad Q^{n+1/2}_{IT-1/2,\,j} = I^\zeta_{IT-1} + J^\zeta_{IT-1}Q^{n+1/2}_{IT-3/2,\,j} \tag{7-58}$$

式中：

$$N^\zeta_{IT-1} = -\frac{A^1_{IT-3/2,\,j}(B^2_{IT-1/2,\,j} + C^2_{IT,\,j}N^\zeta_{IT})}{B^1_{IT-1,\,j}(B^2_{IT-1/2,\,j} + C^2_{IT,\,j}N^\zeta_I) - C^1_{IT-1/2,\,j}A^2_{IT-1,\,j}} \tag{7-59}$$

$$I^\zeta_{IT-1} = \frac{D^1_{IT-1,\,j}A^2_{IT-1,\,j} - B^1_{IT-1,\,j}(D^2_{IT-1/2,\,j} - C^2_{IT,\,j}M^\zeta_{IT})}{C^1_{IT-1/2,\,j}A^2_{IT-1,\,j} - B^1_{IT-1,\,j}(B^2_{IT-1/2,\,j} + C^2_{IT,\,j}N^\zeta_{IT})} \tag{7-60}$$

$$J^\zeta_{IT-1} = -\frac{A^1_{IT-3/2,\,j}A^2_{IT-1,\,j}}{C^1_{IT-1/2,\,j}A^2_{IT-1,\,j} - B^1_{IT-1,\,j}(B^2_{IT-1/2,\,j} + C^2_{IT,\,j}N^\zeta_{IT})} \tag{7-61}$$

②当 $i = IT - 1$, $\cdots IB$ 时，

$$A^1_{i-3/2,\,j}Q^{n+1/2}_{i-3/2,\,j} + B^1_{i-1,\,j}\zeta^{n+1/2}_{i-1,\,j} + C^1_{i-1/2,\,j}Q^{n+1/2}_{i-1/2,\,j} = D^1_{i-1,\,j} \tag{7-62}$$

$$A^2_{i-1,\,j}\zeta^{n+1/2}_{i-1,\,j} + B^2_{i-1/2,\,j}Q^{n+1/2}_{i-1/2,\,j} + C^2_{i,\,j}\zeta^{n+1/2}_{i,\,j} = D^2_{i-1/2,\,j} \tag{7-63}$$

将 $i=i+1$ 时求解得的 $\zeta^{n+1/2}_{i,\,j} = M^\zeta_i + N^\zeta_iQ^{n+1/2}_{i-1/2,\,j}$ 代入上式，得

$$A_{i-3/2, j}^1 Q_{i-3/2, j}^{n+1/2} + B_{i-1, j}^1 \zeta_{i-1, j}^{n+1/2} + C_{i-1/2, j}^1 Q_{i-1/2, j}^{n+1/2} = D_{i-1, j}^1 \qquad (7-64)$$

$$A_{i-1, j}^2 \zeta_{i-1, j}^{n+1/2} + (B_{i-1/2, j}^2 + C_{i, j}^2 N_l^\zeta) Q_{i-1/2, j}^{n+1/2} = D_{i-1/2, j}^2 - C_{i, j}^2 M_l^\zeta \qquad (7-65)$$

解得

$$\zeta_{i-1, j}^{n+1/2} = M_{i-1}^\zeta + N_{i-1}^\zeta Q_{i-3/2, j}^{n+1/2}, \qquad Q_{i-1/2, j}^{n+1/2} = I_{i-1}^\zeta + J_{i-1}^\zeta Q_{i-3/2, j}^{n+1/2} \qquad (7-66)$$

式中:

$$M_{i-1}^\zeta = \frac{D_{i-1, j}^1 (B_{i-1/2, j}^2 + C_{i, j}^2 N_i^\zeta) - C_{i-1/2, j}^1 (D_{i-1/2, j}^2 - C_{i, j}^2 M_i^\zeta)}{B_{i-1, j}^1 (B_{i-1/2, j}^2 + C_{i, j}^2 N_i^\zeta) - C_{i-1/2, j}^1 A_{i-1, j}^2} \qquad (7-67)$$

$$N_{i-1}^h = -\frac{A_{i-3/2, j}^1 (B_{i-1/2, j}^2 + C_{i, j}^2 N_i^\zeta)}{B_{i-1, j}^1 (B_{i-1/2, j}^2 + C_{i, j}^2 N_i^\zeta) - C_{i-1/2, j}^1 A_{i-1, j}^2} \qquad (7-68)$$

$$I_{i-1}^\zeta = \frac{D_{i-1, j}^1 A_{i-1, j}^2 - B_{i-1, j}^1 (D_{i-1/2, j}^2 - C_{i, j}^2 M_i^\zeta)}{C_{i-1/2, j}^1 A_{i-1, j}^2 - B_{i-1, j}^1 (B_{i-1/2, j}^2 + C_{i, j}^2 N_i^\zeta)} \qquad (7-69)$$

$$J_{i-1}^\zeta = -\frac{A_{i-3/2, j}^1 A_{i-1, j}^2}{C_{i-1/2, j}^1 A_{i-1, j}^2 - B_{i-1, j}^1 (B_{i-1/2, j}^2 + C_{i, j}^2 N_j^\zeta)} \qquad (7-70)$$

由此可知, 当下游水位已知时, 根据式 (7-59) 至 (7-61) 及式 (7-67) 至 (7-70) 便可以逐次计算得到式 (7-58) 和式 (7-66) 的系数。

③上游边界为流速时,

$i = IB$ , 在上边界处令 $Q_{IB-1,j}^{n+1/2} = Q_{IB-3/2,j}^{n+1/2}$

$$\zeta_{IB-1, j}^{n+1/2} = M_{IB-1}^\zeta + N_{IB-1}^\zeta Q_{IB-1}^{n+1/2} \qquad (7-71)$$

$$Q_{IB+1/2, j}^{n+1/2} = I_{IB-1}^\zeta + J_{IB-1}^\zeta Q_{IB-1}^{n+1/2} \qquad (7-72)$$

$i = IB + 1$

$$\zeta_{IB, j}^{n+1/2} = M_{IB}^\zeta + N_{IB}^\zeta Q_{IB-1/2, j}^{n+1/2} \qquad (7-73)$$

$$Q_{IB+1/2, j}^{n+1/2} = I_{IB}^\zeta + J_{IB}^\zeta Q_{IB-1/2, j}^{n+1/2} \qquad (7-74)$$

$i = IB + 2, \cdots, IT$ , 由式 (7-66) 计算得到 $\zeta_{i-1,j}^{n+1/2}$ , $Q_{i+1/2,j}^{n+1/2}$ 。

同理可对 $j$ 方向方程式 (7-52) 和式 (7-53) 求解。

④上游边界为水位时,

$i = IB$ , 在上边界处令 $Q_{IB-1, j}^{n+1/2} = Q_{IB-3, j}^{n+1/2}$

$$\left. \begin{array}{l} \zeta_{IB-1, j}^{n+1/2} = M_{IB-1}^\zeta + N_{IB-1}^\zeta Q_{IB-1, j}^{n+1/2} \\ Q_{IB-1/2, j}^{n+1/2} = I_{IB-1}^\zeta + J_{IB-1}^\zeta Q_{IB-1, j}^{n+1/2} \end{array} \right\} \Rightarrow \left\{ \begin{array}{l} Q_{IB-1, j}^{n+1/2} = \dfrac{1}{N_{IB-1}^\zeta}(\zeta_{IB-1, j}^{n+1/2} - M_{IB-1}^\zeta) \\ Q_{IB-1/2, j}^{n+1/2} = I_{IB-1}^\zeta + J_{IB-1}^\zeta Q_{IB-1, j}^{n+1/2} \end{array} \right. \qquad (7-75)$$

$i = IB + 1$ 时有

$$\zeta_{IB, j}^{n+1/2} = M_{IB}^\zeta + N_{IB}^\zeta Q_{IB-1/2, j}^{n+1/2} \qquad (7-76)$$

$$Q_{IB+1/2, j}^{n+1/2} = I_{IB}^\zeta + J_{IB}^\zeta Q_{IB-1/2, j}^{n+1/2} \qquad (7-77)$$

$i = IB + 2, \cdots, IT$ , 可推至下游。

同理可对 $j$ 方向动量方程求解。

## 7.3　一维河流动力数学模型

### 7.3.1　模型假设

与计算流体力学中一维模型不同，河流一维模型并非简单忽略变量在垂向和横向的差异，而是在考虑了断面水沙变化规律和边界条件的基础上，对变量进行断面积分简化而得。

1）一维模型简化并非简单基于笛卡儿坐标，而是以河道航道里程为纵坐标轴 $x$。

2）水动力和泥沙函数 $\varphi$ 沿垂向和横向分布较为均匀。

3）横向流速为零，即

$$v \approx 0 \tag{7-78}$$

4）垂向动量方程符合静压假定，即

$$\frac{\partial p}{\partial z} = -\rho g \tag{7-79}$$

5）断面平均水深 $H$ 和河床宽度 $B$ 仅是纵向距离 $x$ 的函数，即

$$\frac{\partial H}{\partial y} = 0, \qquad \frac{\partial B}{\partial y} = 0 \tag{7-80}$$

### 7.3.2　水流运动方程建立

基于假设①~⑤，N-S 方程沿断面积分方程变为

$$\frac{\partial H}{\partial y} = 0, \qquad \frac{\partial B}{\partial y} = 0 \tag{7-81}$$

$$\int_0^{B(x)} \int_{z_0}^{\zeta} \left( \frac{\partial u}{\partial x} + \frac{\partial w}{\partial z} \right) \mathrm{d}z \mathrm{d}y = 0 \tag{7-82}$$

$$\int_0^{B(x)} \int_{z_0}^{\zeta} \left[ \left( \frac{\partial u}{\partial t} + \frac{\partial uu}{\partial x} + \frac{\partial wu}{\partial z} \right) + \frac{1}{\rho} \frac{\partial p}{\partial x} - f_x - \mu \left( \frac{\partial^2 u}{\partial x^2} + \frac{\partial^2 u}{\partial z^2} \right) \right] \mathrm{d}z \mathrm{d}y = 0 \tag{7-83}$$

$$\int_0^{B(x)} \int_{z_0}^{\zeta} \left[ \frac{1}{\rho} \frac{\partial p}{\partial z} - g \right] \mathrm{d}z \mathrm{d}y = 0 \tag{7-84}$$

进一步应用莱布尼茨公式和相应边界条件：

1）莱布尼兹积分公式：

$$\frac{\partial}{\partial x} \int_{z_0}^{\zeta} \varphi \mathrm{d}z = \int_{z_0}^{\zeta} \frac{\partial \varphi}{\partial x} \mathrm{d}z + \varphi \big|_{\zeta} \frac{\partial \zeta}{\partial x} - \varphi \big|_{z_0} \frac{\partial z_0}{\partial x} \tag{7-85}$$

2）利用底部的动力学边界条件：

$$\frac{\partial}{\partial x} \int_{z_0}^{\zeta} \varphi \mathrm{d}z = \int_{z_0}^{\zeta} \frac{\partial \varphi}{\partial x} \mathrm{d}z + \varphi \big|_{\zeta} \frac{\partial \zeta}{\partial x} - \varphi \big|_{z_0} \frac{\partial z_0}{\partial x} \tag{7-86}$$

$$u \big|_{z_0} = 0 \tag{7-87}$$

3）自由表面动力学边界条件：

$$w\big|_\zeta = \frac{D\zeta}{Dt} = \frac{\partial \zeta}{\partial t} + \frac{\partial \zeta}{\partial x}u\big|_{z=\zeta} \tag{7-88}$$

可得断面平均一维水动力学模型：

(1) 一维连续性方程

$$\int_0^{B(x)}\int_{z_0}^\zeta\left(\frac{\partial u}{\partial x} + \frac{\partial w}{\partial z}\right)\mathrm{d}z\mathrm{d}y = B\left(\frac{\partial}{\partial x}\int_{z_0}^\zeta u\mathrm{d}z - u\big|_{z=\zeta}\frac{\partial \zeta}{\partial x} + u\big|_{z=z_0}\frac{\partial z_0}{\partial x} + w\big|_{z=\zeta} - w\big|_{z=z_0}\right)$$

$$= B\left(\frac{\partial H}{\partial t} + \frac{\partial HU}{\partial x}\right) = \frac{\partial A}{\partial t} + \frac{\partial AU}{\partial x} = 0 \tag{7-89}$$

(2) 动量方程

对于 $x$ 方向的动量方程有

1) 非恒定项：

$$\int_0^{B(x)}\int_{z_0}^\zeta\frac{\partial u}{\partial t}\mathrm{d}z\mathrm{d}y = B\left(\frac{\partial}{\partial t}\int_{z_0}^\zeta u\mathrm{d}z - u\big|_{z=\zeta}\frac{\partial \zeta}{\partial t} + u\big|_{z=z_0}\frac{\partial z_0}{\partial t}\right)$$

$$= B\left(\frac{\partial HU}{\partial t} - u\big|_{z=\zeta}\frac{\partial \zeta}{\partial t} + u\big|_{z=z_0}\frac{\partial z_0}{\partial t}\right) \tag{7-90}$$

2) 对流项：

首先将时均速度 $u$ 分解断面平均速度 $U$ 和差值 $\delta u$ 之和：

$$u = U + \delta u \tag{7-91}$$

于是

$$\int_0^{B(x)}\int_{z_0}^\zeta\frac{\partial uu}{\partial x}\mathrm{d}z\mathrm{d}y = B\left[\frac{\partial}{\partial x}\int_{z_0}^\zeta(U+\delta u)(U+\delta u)\mathrm{d}z + uu\big|_{z=\zeta}\frac{\partial \zeta}{\partial x} + uu\big|_{z=z_0}\frac{\partial z_0}{\partial x}\right]$$

$$= B\left[\frac{\partial}{\partial x}\int_{z_0}^\zeta(UU+\delta u\delta u)\mathrm{d}z + uu\big|_{z=\zeta}\frac{\partial \zeta}{\partial x} + uu\big|_{z=z_0}\frac{\partial z_0}{\partial x}\right] \tag{7-92}$$

式中：$\beta = 1 + \dfrac{\displaystyle\int_{z_0}^\zeta\delta u\delta u\mathrm{d}z}{HUU}$，可认为是在对流项积分平均时因流速不均匀而引入的修正因子。

由假定 2) 知，$\beta \approx 1$。下面若不特别说明，取 $\beta \approx 1$。

$$\int_{z_0}^\zeta\frac{\partial uw}{\partial z}\mathrm{d}z = uw\big|_{z=\zeta} - uw\big|_{z=z_0} \tag{7-93}$$

由式（7-90）至式（7-93）可得

$$\int_0^{B(x)}\int_{z_0}^\zeta\left(\frac{\partial u}{\partial t} + \frac{\partial uu}{\partial x}\right)\mathrm{d}z\mathrm{d}y = \frac{\partial AU}{\partial t} + \beta\frac{\partial AUU}{\partial x} \tag{7-94}$$

3) 压强项：

$$\int_0^{B(x)}\int_{z_0}^\zeta\frac{\partial p}{\partial x}\mathrm{d}z\mathrm{d}y = B\left(\frac{\partial}{\partial x}\int_{z_0}^\zeta p\mathrm{d}z - p\big|_{z=\zeta}\frac{\partial \zeta}{\partial x} + p\big|_{z=z_0}\frac{\partial z_0}{\partial x}\right)$$

$$= \rho g A\frac{\partial H}{\partial x} + \rho g A\frac{\partial z_0}{\partial x} = \rho g A\frac{\partial \zeta}{\partial x} \tag{7-95}$$

4）黏性项：

$$\int_0^{B(x)} \int_{z_0}^{\zeta} \nu_t \left( \frac{\partial^2 u}{\partial^2 x} + \frac{\partial^2 u}{\partial^2 z} \right) \mathrm{d}z \mathrm{d}y$$

$$= \nu_t B \left( \frac{\partial}{\partial x} \int_{z_0}^{\zeta} \frac{\partial u}{\partial x} \mathrm{d}z - \frac{\partial u}{\partial x}\bigg|_{z=\zeta} \frac{\partial \zeta}{\partial x} + \frac{\partial u}{\partial x}\bigg|_{z=z_0} \frac{\partial z_0}{\partial x} + \frac{\partial u}{\partial z}\bigg|_{z=\zeta} - \frac{\partial u}{\partial z}\bigg|_{z=z_0} \right)$$

$$= \nu_t B \left[ \frac{\partial^2 (AU)}{\partial^2 x} + 2\left( \frac{\partial u}{\partial x}\bigg|_{z=z_0} \frac{\partial z_0}{\partial x} \right) - 2\left( \frac{\partial u}{\partial x}\bigg|_{z=\zeta} \frac{\partial \zeta}{\partial x} \right) \right] + \nu_t B \left[ \frac{\partial u}{\partial z}\bigg|_{z=\zeta} - \frac{\partial u}{\partial z}\bigg|_{z=z_0} \right]$$

$$(7-96)$$

式中床面阻力通常基于恒定流的曼宁公式近似：

$$\nu_t B \left( 2\frac{\partial u}{\partial x}\bigg|_{z=z_0} \frac{\partial z_0}{\partial x} - \frac{\partial u}{\partial z}\bigg|_{z=z_0} \right) = -gBA\frac{\tilde{n}^2 U |U|}{H^{1/3}} \qquad (7-97)$$

式中：$\tilde{n}$ 为摩阻系数。

表面应力项常忽略不计：

$$2\nu_t B \left( \frac{\partial u}{\partial x}\bigg|_{z=\zeta} \frac{\partial \zeta}{\partial x} \right) + \nu_t B \left( \frac{\partial u}{\partial z}\bigg|_{z=\zeta} \right) = 0 \qquad (7-98)$$

将式（7-91）至（7-98）代入式（7-83），可得一维 $x$ 方向的动量方程：

$$\frac{\partial AU}{\partial t} + \beta \frac{\partial AUU}{\partial x} = -gA\frac{\partial \zeta}{\partial x} + \nu_t B \frac{\partial^2 (AU)}{\partial^2 x} - gB\frac{\tilde{n}^2 U|U|}{H^{1/3}} \qquad (7-99)$$

若设流量为

$$Q = AU \qquad (7-100)$$

且考虑到 $\beta=1$，则式（7-99）变为

$$\frac{\partial Q}{\partial t} + \frac{\partial}{\partial x}\left( \frac{Q^2}{A} \right) = -gA\frac{\partial \zeta}{\partial x} + \nu_t B \frac{\partial^2 Q}{\partial^2 x} - g\frac{\tilde{n}^2 Q|Q|}{A^2 H^{1/3}} \qquad (7-101)$$

由于河流纵向扩散所引起的流动常远小于对流，因此上式应用时常忽略扩散项 $\nu_t \frac{\partial^2 Q}{\partial^2 x}$。

$$\frac{\partial Q}{\partial t} + \frac{\partial}{\partial x}\left( \frac{Q^2}{A} \right) = -gA\frac{\partial \zeta}{\partial x} - g\frac{\tilde{n}^2 Q|Q|}{A^2 H^{1/3}} \qquad (7-102)$$

一维模型水力计算核心是计算水面线，即计算各断面水位 $\zeta$，因此一般将方程转换成以 $\zeta$ 和 $Q$ 表达的形式。对于天然河道，$A$ 是 $\zeta$ 和 $x$ 的函数，有 $A=A(\zeta, x)$，同时，过水面积 $A$ 与水位 $\zeta$ 之间存在如下关系：

$$B = \frac{\partial A}{\partial \zeta} \qquad (7-103)$$

$$\frac{\partial A}{\partial t} = \frac{\partial A}{\partial \zeta}\frac{\partial \zeta}{\partial t} = B\frac{\partial \zeta}{\partial t} \qquad (7-104)$$

同时有

$$\frac{\partial}{\partial x}\left( \frac{Q^2}{A} \right) = \frac{2Q}{A}\frac{\partial Q}{\partial x} - \frac{Q^2}{A^2}\frac{\partial A}{\partial x} = 2U\frac{\partial Q}{\partial x} - U^2\left( \frac{\partial A}{\partial \zeta}\frac{\partial \zeta}{\partial x} + \frac{\partial A}{\partial x}\bigg|_{\zeta_c} \right)$$

$$= 2U \frac{\partial Q}{\partial x} - U^2 \left( B \frac{\partial \zeta}{\partial x} + \frac{\partial A}{\partial x} \Big|_{\zeta_c} \right) \qquad (7-105)$$

式中：$\frac{\partial A}{\partial x} \Big|_{\zeta_c}$ 表示沿程水位取定值 $\zeta_c$ 时，过水断面面积 $A$ 的沿程变化率，在给定 $\zeta_c$ 后，可通过相邻两断面各自的 $\zeta \sim A$ 关系分别计算它们的过水面积，再结合断面间距进行差分近似。

将式（7-104）代入式（7-89），同时考虑单位河长内的支流入汇 $q_l$，可得

$$B \frac{\partial \zeta}{\partial t} + \frac{\partial Q}{\partial x} = q_l \qquad (7-106)$$

将式（7-105）代入式（7-102）有

$$\frac{\partial Q}{\partial t} + 2U \frac{\partial Q}{\partial x} - U^2 \frac{\partial A}{\partial x} \Big|_{\zeta_c} + (gA - U^2 B) \frac{\partial \zeta}{\partial x} + g \frac{\bar{n}^2 BQ|Q|}{A^2 H^{1/3}} = 0 \qquad (7-107)$$

### 7.3.3　悬沙运动方程建立

基于 7.3.1 节假设，类似 7.3.2 节断面积分运算，同时考虑到边界条件，可得一维悬沙运动方程：

$$\int_0^{B(x)} \int_{z_0}^{\zeta} \frac{\partial s}{\partial t} \mathrm{d}z \mathrm{d}y = B \left( \frac{\partial}{\partial t} \int_{z_0}^{\zeta} s \mathrm{d}z - s \big|_{z=\zeta} \frac{\partial \zeta}{\partial t} + s \big|_{z=z_0} \frac{\partial z_0}{\partial t} \right)$$

$$= B \left( \frac{\partial HS}{\partial t} - s \big|_{z=\zeta} \frac{\partial \zeta}{\partial t} + s \big|_{z=z_0} \frac{\partial z_0}{\partial t} \right) \qquad (7-108)$$

$$\int_0^{B(x)} \int_{z_0}^{\zeta} \left( \frac{\partial us}{\partial x} + \frac{\partial ws}{\partial z} \right) \mathrm{d}z \mathrm{d}y$$

$$= B \left[ \frac{\partial}{\partial x} \int_{z_0}^{\zeta} (us) \mathrm{d}z - (us) \big|_{z=\zeta} \frac{\partial \zeta}{\partial x} + (us) \big|_{z=z_0} \frac{\partial z_0}{\partial x} \right] + B \left[ (sw) \big|_{z=\zeta} - (sw) \big|_{z=z_0} \right]$$

$$(7-109)$$

$$\int_0^{B(x)} \int_{z_0}^{\zeta} E_t \left( \frac{\partial^2 s}{\partial^2 x} + \frac{\partial^2 s}{\partial^2 z} \right) \mathrm{d}z \mathrm{d}y$$

$$= E_t B \left( \frac{\partial}{\partial x} \int_{z_0}^{\zeta} \frac{\partial s}{\partial x} \mathrm{d}z - \frac{\partial s}{\partial x} \Big|_{z=\zeta} \frac{\partial \zeta}{\partial x} + \frac{\partial s}{\partial x} \Big|_{z=z_0} \frac{\partial z_0}{\partial x} + \frac{\partial s}{\partial z} \Big|_{z=\zeta} - \frac{\partial s}{\partial z} \Big|_{z=z_0} \right)$$

$$= E_t B \left[ \frac{\partial^2 (AS)}{\partial^2 x} + \left( \frac{\partial s}{\partial x} \Big|_{z=z_0} \frac{\partial z_0}{\partial x} \right) - \left( \frac{\partial s}{\partial x} \Big|_{z=\zeta} \frac{\partial \zeta}{\partial x} \right) \right] + E_t B \left( \frac{\partial s}{\partial z} \Big|_{z=\zeta} - \frac{\partial s}{\partial z} \Big|_{z=z_0} \right)$$

$$(7-110)$$

联合式（7-108）至式（7-110），考虑河床和水面水动力学边界条件

$$w \big|_{z_0} = \frac{Dz_0}{Dt} = \frac{\partial z_0}{\partial t} + \frac{\partial z_0}{\partial x} u \big|_{z=z_0} \qquad (7-111)$$

$$u \big|_{z_0} = 0 \qquad (7-112)$$

及自由表面动力学边界条件

$$w\big|_{\zeta} = \frac{D\zeta}{Dt} = \frac{\partial \zeta}{\partial t} + \frac{\partial \zeta}{\partial x} u\big|_{z=\zeta} \qquad (7-113)$$

有

$$\int_{z_0}^{\zeta}\int_{z_0}^{\zeta} \left[ \frac{\partial s}{\partial t} + \frac{\partial us}{\partial x} + \frac{\partial ws}{\partial z} - E_t \left( \frac{\partial^2 s}{\partial^2 x} + \frac{\partial^2 s}{\partial^2 z} \right) \right] \mathrm{d}z\mathrm{d}y$$

$$= \frac{\partial AS}{\partial t} + \frac{\partial qS}{\partial x} - E_t \frac{\partial^2 (AS)}{\partial^2 x} \qquad (7-114)$$

$$- BE_t \left[ \frac{\partial s}{\partial z}\bigg|_{z=\zeta} + \left( \frac{\partial s}{\partial x}\bigg|_{z=\zeta} \frac{\partial \zeta}{\partial x} \right) \right] + BE_t \left[ \left( \frac{\partial s}{\partial x}\bigg|_{z=z_0} \frac{\partial z_0}{\partial x} \right) + \frac{\partial s}{\partial z}\bigg|_{z=z_0} \right]$$

式中：最后两项分别表示水体表面和河床底部的泥沙通量，目前尚无成熟的解决方法，常采用经验公式进行概化，认为表面通量为零，对于底床 $z=z_0$，常直接采用张瑞瑾（1996）挟沙力公式：

$$\frac{\partial AS}{\partial t} + \frac{\partial qS}{\partial x} - E_t \frac{\partial^2 (AS)}{\partial^2 x} + \alpha\omega(S - S_*) = 0 \qquad (7-115)$$

## 7.3.4　数值离散

一维非恒定流方程的数值离散目前已相对成熟，使用较多的格式是 Pressmann 四点偏心隐式差分格式，下面做简单介绍。

Preissmann 格式最早由 Preissmann 于 1961 年提出，其基本思想是，对于求解域（$x$，$t$）内的函数 $f(x, t)$ 及其一阶偏导数，在相邻空间点和相邻时间层采取加权平均近似（图 7-1）。

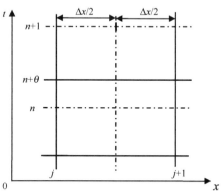

图 7-1　Pressmann 四点偏心隐式差分格式

将 $\dfrac{\partial f}{\partial t}$ 取空间点 $j$ 和 $j+1$ 上的差商进行加权平均近似，将 $\dfrac{\partial f}{\partial x}$ 分别取时间层 $n\Delta t$ 和 $(n+1)\Delta t$ 上的差商进行加权平均近似，即利用同一网格周围四个邻点的加权平均值来逼近 $f$ 及其一阶偏导数，各量的具体差分近似公式如下：

$$f(x, t) = \frac{\theta}{2}(f_{j+1}^{n+1} + f_j^{n+1}) + \frac{1-\theta}{2}(f_{j+1}^n + f_j^n) \qquad (7-116)$$

$$\frac{\partial f}{\partial t} \approx \frac{(f_{j+1}^{n+1} - f_{j+1}^n) + (f_j^{n+1} - f_j^n)}{2\Delta t} \qquad (7-117)$$

$$\frac{\partial f}{\partial x} \approx \theta \frac{(f_{j+1}^{n+1} - f_j^{n+1})}{\Delta x_j} + (1 - \theta) \frac{f_{j+1}^n - f_j^n}{\Delta x_j} \qquad (7-118)$$

式（7-116）至式（7-118）中，各量上标中的 $n$ 为时间层；下标中的 $j$ 为空间点；$\Delta t$ 为时间步长；$\Delta x_j = x_{j+1} - x_j$ 为空间步长；$\theta$ 为权值。若采用 $f^{n+1} = f^n + \Delta f$ 表示相邻时间层的因变量函数值，则式（7-116）至式（7-118）可写为

$$f(x, t) = \frac{\theta}{2}(\Delta f_{j+1} + \Delta f_j) + \frac{1}{2}(f_{j+1}^n + f_j^n) \qquad (7-119)$$

$$\frac{\partial f}{\partial t} \approx \frac{\Delta f_{j+1} + \Delta f_j}{2\Delta t} \qquad (7-120)$$

$$\frac{\partial f}{\partial x} \approx \frac{\theta(\Delta f_{j+1} - \Delta f_j) + (f_{j+1}^n - f_j^n)}{\Delta x_j} \qquad (7-121)$$

Preissmann 格式的稳定条件和精度是（魏文礼和王德意，2001）：

1）当 $0.5 < \theta \leqslant 1$ 时，格式无条件稳定，当 $\theta \leqslant 0.5$ 时，格式有条件稳定；

2）当 $\theta = 0.5$ 时，精度为二阶，$\theta$ 取其他值时，精度为一阶。

对于一维非恒定流控制方程式（7-106）和式（7-107），将其中原函数项、偏导数项和系数项严格按照式（7-119）至式（7-121）的格式离散时，离散方程系数项中将会存在第 $n+1$ 时间层的相关量，这将导致离散方程是非线性的，本书以阐述原理为主，因此在系数项的近似过程中令 $\theta = 0$，可保证离散方程的系数项仅与第 $n$ 时间层相关，从而得到线性隐式差分方程，已有研究表明经如此简化得到的线性隐式差分方程也是无条件稳定的，基于此种处理，连续方程式（7-106）可离散为

$$B_{j+1/2}^n \frac{\Delta \zeta_{j+1} + \Delta \zeta_j}{2\Delta t} + \left[ \frac{\theta(\Delta Q_{j+1} - \Delta Q_j)}{\Delta x_j} + \frac{Q_{j+1}^n - Q_j^n}{\Delta x_j} \right] = q_{l, j+\frac{1}{2}}^n + Q\Delta q_{l, j+\frac{1}{2}} \qquad (7-122)$$

动量方程式（7-107）可离散为

$$\begin{aligned}
&\frac{\Delta Q_{j+1} + \Delta Q_j}{2\Delta t} + 2U_{j+1/2}^n \frac{\theta(\Delta Q_{j+1} - \Delta Q_j) + (Q_{j+1}^n - Q_j^n)}{\Delta x_j} \\
&+ \left[ gA_{j+1/2}^n - (U_{j+1/2}^n)^2 B_{j+1/2}^n \right] \frac{\theta(\Delta \zeta_{j+1} - \Delta \zeta_j) + (\zeta_{j+1}^n - \zeta_j^n)}{\Delta x_j} \\
&- (U_{j+1/2}^n)^2 \left[ \frac{A_{j+1}^n(\zeta_{j+1/2}^n) - A_j^n(\zeta_{j+1/2}^n)}{\Delta x_j} \right] \\
&+ \frac{g}{2} \left\{ \frac{(\tilde{n}_{j+1}^n)^2 [B_{j+1}^n(\zeta_{j+1}^n)]^{4/3}}{[A_{j+1}^n(\zeta_{j+1}^n)]^{7/3}} \right\} Q_{j+1}^n |Q_{j+1}^n| \\
&+ \frac{g}{2} \left\{ \frac{(\tilde{n}_j^n)^2 [B_j^n(\zeta_j^n)]^{4/3}}{[A_j^n(\zeta_j^n)]^{7/3}} \right\} Q_j^n |Q_j^n| \\
&= 0
\end{aligned} \qquad (7-123)$$

式（7-122）和式（7-123）中，$B(\zeta)$ 和 $A(\zeta)$ 分别是相应于水位 $\zeta$ 的过水河宽和

过水面积，下标中带有 $j+1/2$ 的项，均按下式计算：

$$f_{j+1/2}^n = \frac{1}{2}(f_{j+1}^n + f_j^n) \qquad (7-124)$$

分别整理式（7-122）和式（7-123）可得

$$A_{1,j}\Delta Q_j + B_{1,j}\Delta \zeta_j + C_{1,j}\Delta Q_{j+1} + D_{1,j}\Delta \zeta_{j+1} = E_{1,j} \qquad (7-125)$$

$$A_{2,j}\Delta Q_j + B_{2,j}\Delta \zeta_j + C_{2,j}\Delta Q_{j+1} + D_{2,j}\Delta \zeta_{j+1} = E_{2,j} \qquad (7-126)$$

式中：

$$A_{1,j} = -C_{1,j} = -2\theta\frac{\Delta t}{\Delta x_j} \qquad (7-127)$$

$$B_{1,j} = D_{2,j} = B_{j+1/2}^k \qquad (7-128)$$

$$E_{1,j} = \Delta t[\theta(\Delta q_{l,j+1} + \Delta q_{l,j}) + (q_{l,j+1}^n + q_{l,j}^n)] - \frac{2\Delta t}{\Delta x_j}(Q_{j+1}^n - Q_j^n) \qquad (7-129)$$

$$A_{2,j} = 1 - 4\theta\frac{\Delta t}{\Delta x_j}U_{j+1/2}^n \qquad (7-130)$$

$$B_{2,j} = -D_{2,j} = 2\theta\frac{\Delta t}{\Delta x_j}[gA_{j+1/2}^n - (U_{j+1/2}^n)^2 B_{j+1/2}^n] \qquad (7-131)$$

$$C_{2,j} = 1 + 4\theta\frac{\Delta t}{\Delta x_j}U_{j+1/2}^n \qquad (7-132)$$

$$\begin{aligned}
E_{2,j} = &\ 2\frac{\Delta t}{\Delta x_j}(U_{j+1/2}^n)^2[A_{j+1}^n(\zeta_{j+1/2}^n) - A_j^n(\zeta_{j+1/2}^n)] \\
&- g\Delta t\left\{\frac{(\tilde{n}_{j+1}^n)^2[B_{j+1}^n(\zeta_{j+1}^n)]^{4/3}}{[A_{j+1}^n(\zeta_{j+1}^n)]^{7/3}}\right\}Q_{j+1}^n|Q_{j+1}^n| \\
&- g\Delta t\left\{\frac{(\tilde{n}_j^k)^2[B_j^k(\zeta_j^k)]^{4/3}}{[A_j^n(\zeta_j^n)]^{7/3}}\right\}Q_j^n|Q_j^n| \\
&- 2\frac{\Delta t}{\Delta x_j}[gA_{j+1/2}^n - (U_{j+1/2}^n)^2 B_{j+1/2}^n](\zeta_{j+1}^n - \zeta_j^n)
\end{aligned} \qquad (7-133)$$

若河道以 $j_M$ 个断面将河段划分为 $j_M-1$ 个微段，在每个微段上均可列出与式（7-125）和式（7-126）类似的方程组，$j_M-1$ 个河段上共可列出 $2(j_M-1)$ 个方程，再加上下边界条件，一共有 $2j_M$ 个方程，通过这 $2j_M$ 个方程，可唯一地解出 $j_M$ 个断面上的 $2j_M$ 个未知数。

### 7.3.5　代数方程组求解

对本方法构造的方程组，可采用追赶法求解，具体步骤如下。

首先，假定两个线性关系（魏文礼和王德意，2001）：

$$\Delta Q_j = F_j\Delta \zeta_j + G_j \qquad (7-134)$$

$$\Delta \zeta_j = H_j\Delta Q_{j+1} + I_j\Delta \zeta_{j+1} + J_j \qquad (7-135)$$

将式（7-134）代入式（7-125）可得

$$A_{1,j}(F_j\Delta\zeta_j + G_j) + B_{1,j}\Delta\zeta_j + C_{1,j}\Delta Q_{j+1} + D_{1,j}\Delta\zeta_{j+1} = E_{1,j}$$

$$\Rightarrow (A_{1,j}F_j + B_{1,j})\Delta\zeta_j = - C_{1,j}\Delta Q_{j+1} - D_{1,j}\Delta\zeta_{j+1} + E_{1,j}$$

$$\Rightarrow \Delta\zeta_j = \frac{- C_{1,j}\Delta Q_{j+1} - D_{1,j}\Delta\zeta_{j+1} + (E_{1,j} - A_{1,j}G_j)}{A_{1,j}F_j + B_{1,j}} \tag{7-136}$$

对比式（7-135）和式（7-136）可得：

$$H_j = \frac{- C_{1,j}}{A_{1,j}F_j + B_{1,j}} \tag{7-137}$$

$$I_j = \frac{- D_{1,j}}{A_{1,j}F_j + B_{1,j}} \tag{7-138}$$

$$J_j = \frac{E_{1,j} - A_{1,j}G_j}{A_{1,j}F_j + B_{1,j}} \tag{7-139}$$

将式（7-134）和式（7-135）代入式（7-126）可得

$$A_{2,j}[F_j(H_j\Delta Q_{j+1} + I_j\Delta\zeta_{j+1} + J_j) + G_j] + B_{2,j}(H_j\Delta Q_{j+1} + I_j\Delta\zeta_{j+1} + J_j)$$
$$+ C_{2,j}\Delta Q_{j+1} + D_{2,j}\Delta\zeta_{j+1} = E_{2,j} \tag{7-140}$$

整理式（7-140）可得

$$\Delta Q_{j+1} = -\frac{A_{2,j}F_jI_j + B_{2,j}I_j + D_{2,j}}{A_{2,j}F_jH_j + B_{2,j}H_j + C_{2,j}}\Delta\zeta_{j+1} + \frac{E_{2,j} - A_{2,j}F_jJ_j - B_{2,j}J_j - A_{2,j}G_j}{A_{2,j}F_jH_j + B_{2,j}H_j + C_{2,j}} \tag{7-141}$$

比较式（7-141）与式（7-134），同时令 $a = A_{2,j}F_j + B_{2,j}$ 可得

$$F_{j+1} = -\frac{aI_j + D_{2,j}}{aH_j + C_{2,j}} \tag{7-142}$$

$$G_{j+1} = \frac{E_{2,j} - aJ_j - A_{2,j}G_j}{aH_j + C_{2,j}} \tag{7-143}$$

式（7-137）至式（7-139）连同式（7-142）和式（7-143）构成了循环式，当给定的边界条件是入口断面处的流量函数 $Q_1(t)$ 和出口断面水位函数 $\zeta_N(t)$ 时，具体求解流程如下：

1）令式（7-134）中 $F_1$ 为 0，可得 $G_1 = \Delta Q_1$，由于 $Q_1(t)$ 已知，所以 $\Delta Q_1$ 也已知；

2）将 $F_1$ 和 $G_1$ 代入式（7-137）至式（7-139），结合式（7-127）至式（7-129）求得 $H_1$、$I_1$ 和 $J_1$；

3）将 $H_1$、$I_1$ 和 $J_1$ 代入式（7-142）和式（7-143）求得 $F_2$ 和 $G_2$；

4）将 $F$ 和 $G$ 代入式（7-137）至式（7-139），结合式（7-127）至式（7-129）计算新时段的 $H$、$I$ 和 $J$；

5）按 2）至 4）的方法循环计算各断面的 $F$、$G$、$H$、$I$ 和 $J$；

6）利用出口断面处的 $F_N$ 和 $G_N$，结合最后一个断面处已知的 $\Delta\zeta_N$，以式（7-141）计算最后一个断面处的 $\Delta Q_N$；

7）将 $\Delta\zeta_N$ 和 $\Delta Q_N$ 代入式（7-135），结合 $H_{N-1}$、$I_{N-1}$ 和 $J_{N-1}$ 计算 $\Delta\zeta_{N-1}$；

8）利用 $\Delta\zeta_{N-1}$ 按 6）至 7）的方法循环求得全部断面的 $\Delta Q$ 和 $\Delta\zeta$；

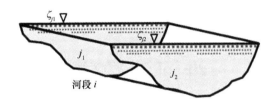

图 7-2　微河段示意

9）以各断面的 $\Delta Q_j$ 和 $\Delta \zeta_j$ 结合各断面的初始流量和水位，计算各断面新时间层的 $Q$ 和 $\zeta$，直至计算时长终止。

# 第8章　一维河流数学模型及应用

自 20 世纪 60 年代以来，一维模型已经成功地应用于研究和工程实践中。虽然目前二维和三维水流模型越来越多地应用于河流模拟中，但其简单高效的特点使其在近期依然不会退出历史的舞台。一维模型目前主要应用于以下情况。

1）资料缺失的河段。在资料缺少，仅有少数河道断面形态和水文资料条件下，此时即使计算机速度满足三维和二维模型的计算量，但无法保证其边界条件的正确性。在这种条件下，增加模型维数并不能提高结果的准确性。

2）计算机速度的限制。对于某些河段，虽然河段地形和水文资料足以提供二维或三维模型所需信息，但因计算量过大而当前计算机速度无法满足二维模型和三维模型的需求时，仍然需要应用一维模型进行计算，通过降低准确性以保证模型应用的可行性。

3）河网的建立。这是近年来一维模型应用较多的领域，体现了一维模型计算速度方面的优越性。基于此特点，本章对一维河网进行了专门介绍。

## 8.1　一维水动力模型

### 8.1.1　一维单河道模型

一维单河道非恒定流的水力和泥沙数学模型如 7.3 节所述，比较简单和成熟，此处不再重复。一维模型的初始条件包括初始时刻各断面形态数据，通常以一系列断面点的 $(y, z_0)$ 值表达，其中 $y$ 是断面点距离该断面左岸端点的距离，$z_0$ 是该断面点的高程值。

边界条件一般在河流入口断面和出口断面分别给出，其中入口断面处多给出入口流量 $Q$ 关于时间的函数 $Q(t)$，出口断面则多给出出口水位 $\zeta$ 关于时间的函数 $\zeta(t)$。

### 8.1.2　一维河网非恒定流计算

河网在自然界中普遍存在，简而言之，河网就是由河段和交汇点构成的系统，从拓扑结构角度，河网可分为有环和无环两类，有环河网内存在闭合环路，无环河网内则没有环路结构，单一河道实质是无环河网的最简形式。对河网一维非恒定流的求解，也可采用 Preissmann 四点隐格式离散圣维南方程，这与单一河道一维非恒定流的处理方法是相同的，但是，由于河网结构的复杂性，还要引入河网内边界衔接方程才能构造定解方程组，此方程组的系数矩阵是稀疏矩阵，求解过程通常采用分级解法求解，本节将对这些内容做出介绍。

在描述河网结构时，约定如下名词：

1）汉点：$L_m$ 条河段的交汇点，$L_m \geq 3$；

2）河段：两个汊点之间的河道；

3）微河段：相邻两个断面之间的河道。

假定所要求解的河网内部有 $L_1$ 个汊点，$L_2$ 条河段，$L_3$ 个代表断面，$L_4$ 个外边界断面。在 $t$ 时刻求解河网 $L_3$ 个代表断面上的全部（$Q$，$\zeta$）时，共有 $2L_3$ 个未知数，此时需要 $2L_3$ 个独立方程。容易证明，上述河网内有微河段 $L_3$-$L_2$ 个，因此可提供微河段方程共 $2（L_3-L_2）$ 个，此时需要再寻求 $2L_2$ 个独立方程或边界条件来构造定解方程组，其中已知的河网外边界条件有 $L_4$ 个，剩余的 $2L_2$-$L_4$ 个方程需由河网内边界衔接方程构成。

### 8.1.2.1　河网内边界衔接方程

与单一河道相比，河网具有汊点内边界，汊点处的水力特性不连续，这些位置总会满足两类条件，一是流量平衡，二是能量守恒。对于各汊道水流平缓且不具备调蓄能力的汊点，这两个条件可分别表达为

$$\sum_{k=1}^{k_m} Q_{i_k} = 0 \qquad\qquad (8-1)$$

和

$$\zeta_{j_1} = \zeta_{j_2} = \cdots = \zeta_{j_k} = \cdots = \zeta_{j_{k_m}} \qquad\qquad (8-2)$$

式（8-1）和式（8-2）中的 $k_m$ 表示在汊点处交汇的微河段总数，下标中的 $i_k$ 为在汊点处交汇的微河段号，$j_k$ 为各条微河段与汊点相连端的断面编号。

由式（8-1）和式（8-2）可见，对于任一汊点，若在该处交汇的微河段总数为 $k_m$，则该处必可写出 1 个流量平衡方程，以及 $k_m$-1 个两两汊道之间动力连接方程，这些方程相互独立，也就是说，针对每个汊点内边界，该处可提供的独立方程的个数与在该处交汇的微河段条数相等，由于每条河段上最多可有首尾两个微河段与汊点相连，因此 $L_2$ 个河段总共可提供 $2L_2$ 个汊点衔接方程，但因一些河段端点处给定的是外边界，其总数为 $L_4$，故与汊点相连的微河段总数为 $2L_2$-$L_4$，即汊点衔接方程总数应为 $2L_2$-$L_4$，这些汊点衔接方程连同 $L_4$ 外边界条件，以及 $2（L_3-L_2）$ 个微河段方程，共有独立方程 $2L_3$ 个，与河网中待求未知数的总数相等，可唯一求解河网内各代表断面的（$Q$，$\zeta$）。

式（8-1）和式（8-2）给出的河网内边界衔接方程，适用于汊点可概化为几何点的最简情况，如果汊点具有调蓄能力，或汊点处存在较大的局部水头损失，则需要采用其他形式的衔接方程，对此读者可查阅相关文献。

### 8.1.2.2　求解思路

按照前述方法构造的河网一维非恒定流离散方程组，其系数矩阵是一个 $2L_3$ 阶稀疏矩阵，当河网规模较小时，可直接求解该方程组，但当河网内断面数目较多时，直接求解难度较大。对于此类方程组，目前较常用的求解方法是分级解法。

分级解法最早由荷兰学者 Dronkers 提出，其基本思路是先推求河网中各河段两个端点断面的水力要素之间的关系，据此构造河网各河段端点水力要素方程组，结合外边界条件先求解河段端点断面的未知量，而后再以之作为边界条件，将各河段作为单一河道处理，此时可以用前述的追赶法分别计算各河段内部断面的水力要素，最终实现对河网内各断面水力要素的求解。下面介绍二级联解和三级联解的基本思想。

（1）二级联解

二级联解首先要推求河网中各河段左右两个端点断面水力要素之间的关系。

对于河网中的任一河段，假设其上共有 $J$ 个断面，令其左端点断面号为 1，右端点断面号为 $J$，则该河段左右两个端点端面水力要素 $P_1 = [\Delta Q_1, \Delta \zeta_1]^{\mathrm{T}}$ 和 $P_j = [\Delta Q_j, \Delta \zeta_j]^{\mathrm{T}}$ 之间必存在如下关系：

$$\begin{bmatrix} \Delta Q_1 \\ \Delta \zeta_1 \end{bmatrix} = \begin{bmatrix} \gamma_1 \\ \gamma_2 \end{bmatrix} - \begin{bmatrix} \alpha_1 & \beta_1 \\ \alpha_2 & \beta_2 \end{bmatrix} \begin{bmatrix} \Delta Q_J \\ \Delta \zeta_J \end{bmatrix} \Leftrightarrow P_1 = A - B_M P_J \qquad (8-3)$$

上式称为河段方程，其推导过程如下。

当以式（7-126）消去式（7-125）中的 $\Delta \zeta_j$ 项，以式（7-125）消去式（7-126）中的 $\Delta Q_j$ 时，可得

$$\Delta Q_j + \alpha_{1,j} \Delta Q_{j+1} + \beta_{1,j} \Delta \zeta_{j+1} = \gamma_{1,j} \qquad (8-4)$$

$$\Delta \zeta_j + \alpha_{2,j} \Delta Q_{j+1} + \beta_{2,j} \Delta \zeta_{j+1} = \gamma_{2,j} \qquad (8-5)$$

式中：

$$\alpha_{1,j} = \frac{C_{1,j}B_{2,j} - C_{2,j}B_{1,j}}{A_{1,j}B_{2,j} - B_{1,j}A_{2,j}}, \quad \beta_{1,j} = \frac{D_{1,j}B_{2,j} - D_{2,j}B_{1,j}}{A_{1,j}B_{2,j} - A_{2,j}B_{1,j}} \qquad (8-6)$$

$$\alpha_{2,j} = \frac{A_{1,j}C_{2,j} - A_{2,j}C_{1,j}}{A_{1,j}B_{2,j} - A_{2,j}B_{1,j}}, \quad \beta_{2,j} = \frac{A_{1,j}D_{2,j} - A_{2,j}D_{1,j}}{A_{1,j}B_{2,j} - A_{2,j}B_{1,j}} \qquad (8-7)$$

$$\gamma_{1,j} = \frac{E_{1,j}B_{2,j} - E_{2,j}B_{1,j}}{A_{1,j}B_{2,j} - A_{2,j}B_{1,j}}, \quad \gamma_{2,j} = \frac{A_{1,j}E_{2,j} - A_{2,j}E_{1,j}}{A_{1,j}B_{2,j} - A_{2,j}B_{1,j}} \qquad (8-8)$$

将式（8-4）和式（8-5）以矩阵形式表达有

$$\begin{bmatrix} \Delta Q_j \\ \Delta \zeta_j \end{bmatrix} + \begin{bmatrix} \alpha_{1,j} & \beta_{1,j} \\ \alpha_{2,j} & \beta_{2,j} \end{bmatrix} \begin{bmatrix} \Delta Q_{j+1} \\ \Delta \zeta_{j+1} \end{bmatrix} = \begin{bmatrix} \gamma_{1,j} \\ \gamma_{2,j} \end{bmatrix}$$

$$\Rightarrow \begin{bmatrix} \Delta Q_j \\ \Delta \zeta_j \end{bmatrix} = A_j - B_j \begin{bmatrix} \Delta Q_{j+1} \\ \Delta \zeta_{j+1} \end{bmatrix} \Leftrightarrow P_j = A_j - B_j P_{j+1} \qquad (8-9)$$

对于河段的 $J$ 个断面，如下关系成立：

$$\begin{cases} P_1 = A_1 - B_1 P_2 \\ P_2 = A_2 - B_2 P_3 \\ \cdots \\ P_j = A_j - B_j P_{j+1} \\ \cdots \\ P_{J-1} = A_{J-1} - B_{J-1} P_J \end{cases} \qquad (8-10)$$

将式（8-10）中各式自相消元，可得

$$P_1 = A_1 - B_1\{A_2 - B_2[\cdots(A_{J-1} - B_{J-1}P_J)\cdots]\}$$
$$= A - BP_J \qquad (8-11)$$

式（8-11）即河段左右两个端点断面水力要素之间的关系式，此关系式中共包含两个方程四个未知数。若河网中的河段总数为 $L_2$，则可以构造 $L_2$ 个形如式（8-11）的关系式，其中共包含 $4L_2$ 个未知数和 $2L_2$ 个河段方程，连同 $2L_2-L_4$ 个河网内边界衔接方程和 $L_4$ 个外边

界方程，恰好可以求解河网中各河段端点上的共 $4L_2$ 个未知量。这些河段端点的水力要素求解完毕后，将其作为边界条件，可以将每条河段作为单一河道进行求解。以上便是二级联解的基本思想。

对于式（8-11）中的 $A$ 和 $B$，编程实现的伪代码如下：

$$A = \text{Cal}A_j(1)；\quad B = -\text{Cal}B_j(1)；$$
$$\text{for}(j = 2；j < J_M；j++)$$
$$\{$$
$$B_j = \text{Cal}B_j(j)；\quad A_j = \text{Cal}A_j(j)；$$
$$A = A + B \times A_j；\quad B = -B \times B_j；$$
$$\}$$

(8 - 12)

式（8-12）中，$\text{Cal}B_j(j)$ 和 $\text{Cal}A_j(j)$ 分别是计算 $B_j$ 和 $A_j$ 的函数过程。

（2）三级联解

三级联解可将二级联解法构造的方程组由 $4L_2$ 个未知量减少至 $2L_2$ 个，相应的独立方程也减小至 $2L_2$ 个。

前文已述及，二级联解方程组的 $4L_2$ 个未知量中有 $2L_2$ 个是河网两端点端面的水位变量，另外 $2L_2$ 个是流量变量；在其 $4L_2$ 个独立方程中，有 $2L_2$ 个是河段方程，它们含有全部未知变量，另有 $2L_2$ 个方程分别是汉点衔接方程和外边界方程，它们也含有全部未知变量。三级联解的基本思想，就是利用 $2L_2$ 个是河段方程，消去另外 $2L_2$ 个汉点衔接方程和外边界方程中的 $2L_2$ 个流量未知量（或水位未知量）；再由消元后的 $2L_2$ 个汉点衔接方程和外边界方程，求解方程中剩余的 $2L_2$ 水位未知量（或流量未知量）；当这 $2L_2$ 个未知量求得后，再将它们回代到河段方程，求得之前被消除的 $2L_2$ 个未知量；在河段两个端点的 $4L_2$ 个未知量全部求得后，便可以它们作为边界条件，将每条河段作为单一河道进行求解。

三级联解的基本思路如下，河段方程式（8-3）可写为

$$\Delta Q_1 + \alpha_1 \Delta Q_J + \beta_1 \Delta \zeta_J = \gamma_1 \tag{8 - 13}$$
$$\Delta \zeta_1 + \alpha_2 \Delta Q_J + \beta_2 \Delta \zeta_J = \gamma_2 \tag{8 - 14}$$

以式（8-14）消去式（8-13）中的 $\Delta Q_j$，并对式（8-14）进行整理，可得

$$\Delta Q_1 = \gamma_1 - \alpha_1 \gamma_2 + \alpha_1 \Delta \zeta_1 + (\alpha_1 \beta_2 - \beta_1) \Delta \zeta_J \tag{8 - 15}$$
$$\Delta Q_j = (\gamma_2 - \Delta \zeta_1 - \beta_2 \Delta \zeta_J)/\alpha_2 \tag{8 - 16}$$

式（8-15）和式（8-16）是由河段方程推得的，对于由 $L_2$ 个河段构成的河网，共可得到 $2L_2$ 个此类方程，它们与二级联解方程组中另外 $2L_2$ 个内边界衔接方程和外边界方程是相互独立的，因此可将形如式（8-15）和式（8-16）的关系式代入相应的内边界衔接方程和外边界方程中，以消去 $2L_2$ 个内边界衔接方程和外边界方程中的流量未知量，此时便可由 $2L_2$ 个内边界衔接方程和外边界方程求解 $2L_2$ 个河段端点水位未知量 $\Delta \zeta$，将 $\Delta \zeta$ 回代至式（8-15）和式（8-16），可求得河段端点的流量未知量 $\Delta Q$，这些河段端点未知量求得后，便可将每个河段作为单一河道求解，其计算方法同 7.3 节所述。

在求解 Preissman 隐格式河网一维非恒定流离散方程组时，与直接解法相比，二级联解和三级联解更为有效，目前在三级联解的基础上，还发展出四级联解和汉点分组求解等新方法，涉及稀疏系数矩阵时，矩阵标识技术得以应用，对此读者可查阅相关文献。

### 8.1.3　河网一维恒定流计算

对于河网一维恒定流的求解，本书重点介绍一种基于河网关联矩阵的通用解法，此方法对于有环、无环河网和单一河道均是适用的。具体介绍此方法之前，约定如下名词：

1）节点：$L_N$ 条微河段（或有向边）的交汇点，$L_N \geq 1$；

2）微河段：两个代表断面之间的河段。

需要注意此处的"节点"与前文中的"汊点"是不同的。

#### 8.1.3.1　有向图及一维河网结构的数学本质

在本书介绍的河网一维恒定流的求解方法中，河网关联矩阵是基础，此矩阵的构造要借助河网有向图，下面对有向图及其关联矩阵的概念做出说明。

（1）有向图和关联矩阵

有向图是用于表示物件之间关系的拓扑结构，以 G 代表有向图，其数学定义可写为 $G = (V, E)$，V 和 E 分别为节点和有向边集合。图 8-1（a）和图 8-1（b）分别是有环和无环有向图，有环有向图中存在环路，无环有向图仅由支汊组成。若以 $|V|$ 表示有向图 G 中的节点数，以 $|E|$ 表示 G 中的有向边数，则图 8-1（a）是一个 $|V|=4$、$|E|=5$ 的有环有向图，图 8-1（b）是一个 $|V|=6$、$|E|=5$ 的无环有向图。

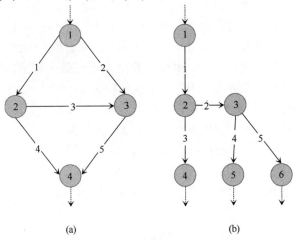

(a)　　　　　　　　　　(b)

图 8-1　不同结构的有向图

以有向图描述不同类型的河网结构时，均需构建河网关联矩阵，此矩阵包含了河网结构的全部信息。以图 8-1（a）为例，此有环有向图的关联矩阵 $A$ 如式（8-17）所示。

$$A = \left[ a_{i,j} \right] = \begin{matrix} (1) & (2) & (3) & (4) \leftarrow \text{节点序号} \\ \begin{bmatrix} 1 & -1 & 0 & 0 \\ 1 & 0 & -1 & 0 \\ 0 & 1 & -1 & 0 \\ 0 & 1 & 0 & -1 \\ 0 & 0 & 1 & -1 \end{bmatrix} & \begin{matrix} (1) \\ (2) \\ (3) \\ (4) \\ (5) \end{matrix} \left. \right\} \text{有向边序号} \end{matrix} \quad (8-17)$$

式（8-17）中矩阵 $A$ 有 4 列 5 行，表示图 8-1（a）所示的有环有向图由 4 个节点和 5 条有向边组成，关联矩阵 $A$ 的第 $i$ 行与有向图的第 $i$ 条有向边相应，第 $j$ 列与有向图的第 $j$ 个节点相应，关联矩阵 $A$ 的第 $i$ 行第 $j$ 列元素 $a_{i,j}$ 的值按式（8-18）确定。

$$a_{i,j} = \begin{cases} 1, & \text{当第 } i \text{ 条边以第 } j \text{ 个节点为起点时} \\ -1, & \text{当第 } i \text{ 条边以第 } j \text{ 个节点为终点时} \\ 0, & \text{当第 } i \text{ 条边与第 } j \text{ 个节点无关时} \end{cases} \quad (8-18)$$

关联矩阵 $A$ 反映了有向图中节点和有向边的关系，如式（8-17）中矩阵 $A$ 的第一行表示有环路河网图 8-1（a）的 1 号有向边的起点为节点 1、终点为节点 2。

### 8.1.3.2　一维河网的有向图描述方法

在以有向图描述河网结构时，有向边与两断面间的河段是"1 对 1"的关系，节点与河网断面一般是"1 对 $L_k$"的关系（如图 8-2 所示），$L_k$ 是在节点上交汇的河段总数。对于单一河道，其首尾两个节点上的断面分别由首尾两个河段独占，其内每个节点上，一般只对应 1 个由上下游河段共享的断面。以有向图描述河网的方法如下：

1）确定河网的节点总数 | V |；

2）确定河网的微河段总数 | E |；

3）以圆代表节点，根据河段的空间分布绘制连接各节点的有向边，并任意指定各有向边的正方向，以从 1 开始的连续自然数为节点编号，保证每个节点均具有唯一编号，以同样的方法给各条有向边编号，即得反映河网结构的有向图 G；

4）根据有向图 G 的拓扑结构，按式（8-18）确定其关联矩阵。

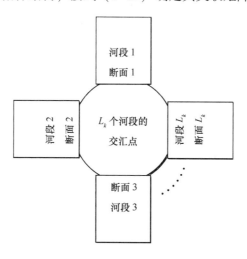

图 8-2　有向图节点上的河网断面

河网有向图中河段方向可任意规定，当河段内流量计算结果为负时，表明该河段内实际水流方向与河段的规定方向相反，这并不影响河段内的真实流向和流量结果。通过以上步骤，任意河网结构均可用有向图及其关联矩阵表达。

### 8.1.3.3 河网水流定解问题

求解河网水流即求解河网中各河段内流量 $Q$ 和各断面的水位 $\zeta$，这要基于节点水流连续方程和能量方程。

（1）水流连续方程

对于河网内的节点 $j$，其水流连续方程如式（8-19）所示。

$$\sum_{i=1}^{|E|} a_{j,i} Q_i = q_j \quad (j = 1, \cdots, |V|) \tag{8-19}$$

式中：$i$ 是河段编号；$j$ 是节点编号；$a_{j,i}$ 是河网关联矩阵第 $j$ 行第 $i$ 列元素值；$Q_i$ 是河段 $i$ 流量；$q_j$ 是节点 $j$ 上的流量边界，即该节点与河网外部的流量交换值。

（2）水流能量方程

对于节点 $j_1$ 和节点 $j_2$ 之间的河段，其能量方程为

$$\Delta\zeta_i = \zeta_{j_1} - \zeta_{j_2} = C_i Q_i^2 \tag{8-20}$$

若考虑水流方向，则有

$$\Delta\zeta_i = \zeta_{j_1} - \zeta_{j_2} = f_i C_i |Q_i|^2 \Rightarrow Q_i = \frac{\Delta\zeta_i}{(C_i |Q_i|)} \tag{8-21}$$

其中当 $Q_i \geqslant 0$ 时 $f_i = 1$，否则 $f_i = -1$；$C_i$ 反映了河段对水流的制约作用，由式（8-22）计算：

$$C_i = \frac{1}{2g}\left(\frac{\alpha_{j_2}}{A_{j_2}^2} - \frac{\alpha_{j_1}}{A_{j_1}^2}\right) + \frac{\Delta x_i}{\overline{K_i^2}} + \frac{\zeta_i(A_{j_1}^2 - A_{j_2}^2)}{2gA_{j_1}^2 A_{j_2}^2} \tag{8-22}$$

（3）河网水流定解问题

河网恒定流控制方程是式（8-19）和式（8-20），这两式可分别以河网关联矩阵 $\boldsymbol{A}$ 表达，即：

$$\boldsymbol{A}^{\mathrm{T}}\boldsymbol{Q} = \boldsymbol{q} \tag{8-23}$$

$$\boldsymbol{A}\zeta = \Delta\zeta = \boldsymbol{f}\boldsymbol{C}|\boldsymbol{Q}|^2 \Rightarrow \boldsymbol{Q} = \mathrm{diag}\left(\frac{1}{C_i|Q_i|}\right)\boldsymbol{A}\zeta \tag{8-24}$$

上式中 $\boldsymbol{A}^{\mathrm{T}}$ 是河网关联矩阵 $\boldsymbol{A}$ 的转置，向量 $\boldsymbol{Q}$、$\boldsymbol{q}$ 和 $\Delta\zeta$ 的具体形式如式（8-25）。

$$\boldsymbol{Q} = \begin{bmatrix} Q_1 \\ \cdots \\ Q_i \\ \cdots \\ Q_{|E|} \end{bmatrix}, \quad \boldsymbol{q} = \begin{bmatrix} q_1 \\ \cdots \\ q_j \\ \cdots \\ q_{|V|} \end{bmatrix}, \quad \Delta\zeta = \boldsymbol{A}\begin{bmatrix} \zeta_1 \\ \cdots \\ \zeta_j \\ \cdots \\ \zeta_{|V|} \end{bmatrix} = \begin{bmatrix} f_1 C_1 |Q_1|^2 \\ \cdots \\ f_i C_i |Q_i|^2 \\ \cdots \\ f_{|E|} C_{|E|} |Q_{|E|}|^2 \end{bmatrix} \tag{8-25}$$

式（8-23）至式（8-25）中，向量 $\boldsymbol{Q}$ 的元素 $Q_i$ 是河网中河段 $i$ 的过流量，其值为正表明水流方向与该河段的规定方向相同，为负则反之。向量 $\boldsymbol{q}$ 中的元素 $q_j$ 表示河网节点 $j$ 与外部的流量交换值，$q_j > 0$ 时表明 $j$ 节点有流量汇入；$q_j < 0$ 则反之；$q_j = 0$ 表示 $j$ 节点与河网外部无流量交换。$\Delta\zeta$ 是河网中各河段的水位落差向量。

将式（8-24）代入式（8-23）可得

$$\boldsymbol{A}^{\mathrm{T}} \mathrm{diag}\left(\frac{1}{C_i \mid Q_i \mid}\right) \boldsymbol{A}\boldsymbol{\zeta} = \boldsymbol{q}, \qquad (i = 0, \ 1, \ \cdots \mid \mathrm{E} \mid) \qquad (8-26)$$

式（8-26）即是以河网关联矩阵表达的河网恒定流综合方程，它既反映了节点处交汇河段的流量平衡，又反映了各河段自身应满足的能量方程。对于方程（8-26），有两点需要注意：一是方程组（8-26）是非线性的，本书采用牛顿迭代法对其进行求解；二是方程组（8-26）的系数矩阵是奇异的，求解过程要通过指定边界条件消除其奇异性。

求解河网水流的定解条件，主要有地形条件和水文条件两类。对于一维数学模型，地形条件以断面间距、断面点的起点距和高程对的形式给出。水文条件包括流量和水位两部分，流量边界以式（8-25）中向量 $\boldsymbol{q}$ 的形式给出，水位条件一般在河网的一个出口断面指定。

### 8.1.3.4　河网水流求解策略和概化算例

（1）求解策略

求解方程组（8-26），需解决两个问题，一是消除其系数矩阵的奇异性，二是构造迭代式克服其非线性。

对于第一个问题，可选取河网出口断面的已知水位 $\zeta$ 作为基准高程值，即规定出口断面水位为 0，由此便可删除方程组（8-26）系数矩阵与出口节点相应的列，从而可得式（8-27），式（8-27）中带 $*$ 号的矩阵和向量，均比方程组（8-26）中的相应量少了 1 列或 1 行，经如此处理后，可保证方程组（8-27）的系数矩阵是对称正定的。对于此类矩阵的处理，文献（Gilbert，2007）有专门讨论。

$$\boldsymbol{A}^{*\mathrm{T}} \mathrm{diag}\left(\frac{1}{C_i \mid Q_i^n \mid}\right) \boldsymbol{A}^* \boldsymbol{\zeta}^* = \boldsymbol{q}^*, \qquad (i = 0, \ 1, \ \cdots, \ \mid \mathrm{E} \mid) \qquad (8-27)$$

对于第二个问题，可借助牛顿迭代法。由于方程组（8-27）所求解的未知量是各节点的水位 $\zeta$，$\zeta$ 又与该方程组的系数矩阵中的 $Q$ 相关，由此可知需要构造的迭代式应是 $\zeta$ 和 $Q$ 之间的关系式。根据牛顿迭代法，可由式（8-21）构造河网中河段 $i$ 内流量 $Q_i$ 的函数 $F(Q_i)$：

$$F(Q_i) = f_i C_i \mid Q_i \mid^2 - \Delta \zeta_i, \qquad (i = 1 \cdots \mid \mathrm{E} \mid) \qquad (8-28)$$

满足方程组（8-27）的 $Q$ 和 $\zeta$ 一定是满足式（8-21）的，这就意味着方程组（8-27）的解应使式（8-28）定义的函数 $F$ 取 0 值。求解之初根据节点处的流量连续方程分配给河网内各河段的流量值多存在误差，因此需要迭代试算。对于第 $n$ 次和第 $n+1$ 次迭代，根据泰勒公式有

$$F(Q_i^{n+1}) = F(Q_i^n) + \Delta Q_i \times F'(Q_i^n) \qquad (8-29)$$

迭代应使 $F(Q_i^{n+1})$ 趋于 0，故由式（8-29）得

$$\Delta Q_i = -\frac{F(Q_i^n)}{F'(Q_i^n)} \qquad (8-30)$$

式（8-28）两端对 $Q_i$ 求导，可得

$$F'(Q_i) = 2f_i C_i \mid Q_i \mid \qquad (8-31)$$

将式（8-31）代入式（8-30），整理可得

$$Q_i^{n+1} = \frac{1}{2}\left( |Q_i^n| + \frac{\Delta\zeta_i}{f_i C_i |Q_i^n|} \right), \quad (n = 0, 1, \cdots) \tag{8-32}$$

上述为河网中各河段流量的迭代公式，式中 $n$ 为迭代次数。

求解河网水流的具体流程如图 8-3 所示。

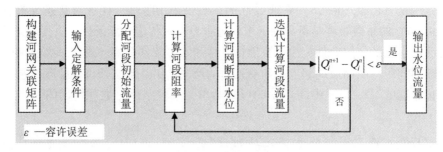

图 8-3　求解流程

（2）概化算例

1）有环路河网水流的求解。

有环路河网水流的求解流程如图 8-3 所示，以图 8-1（a）中的有环路河网为例，规定其出口断面 4 的水位 $\zeta = 0$，则式（8-27）中的各矩阵和向量应为

$$\boldsymbol{A}^{*\mathrm{T}} = \begin{bmatrix} 1 & 1 & 0 & 0 & 0 \\ -1 & 0 & 1 & 1 & 0 \\ 0 & -1 & -1 & 0 & 1 \end{bmatrix}, \quad \boldsymbol{\zeta}^* = \begin{bmatrix} \zeta_1 \\ \zeta_2 \\ \zeta_3 \end{bmatrix}, \quad \boldsymbol{q}^* = \begin{bmatrix} q_1 \\ q_2 \\ q_3 \end{bmatrix} \tag{8-33}$$

至此，将式（8-33）中各项代入式（8-27），并按照图 8-3 的计算流程，便可算得以出口断面水位 $\zeta$ 为基准高程的其他各断面水位值和河网内的各河段流量。表 8-1 给出了求解图 8-1（a）中的有环路河网水流的概化算例所采用的定解条件和计算结果。概化算例中，假定各断面具有相同的断面形态。

表 8-1 中的底高条件和水位结果是以出口断面已知水位为基准的。经验证，表 8-1 中的水位和流量结果满足式（8-21）至式（8-24）和式（8-27）等河网水流控制方程。河段 3 的计算流量为负值，说明该河段内的水流方向与河网有向图中有向边的规定方向相反，这与水位结果是一致的。

表 8-1　求解图 8-1（a）中的有环路河网水流所采用的定解条件和计算结果

| 序号 | 定解条件 | | | | | 计算结果 | |
|---|---|---|---|---|---|---|---|
| | 断面流量边界 / （$\mathrm{m^3/s}$） | 河段糙率 | 断面底高 /m | 河段长 /m | 河段宽 /m | 断面水位 /m | 河段流量 / （$\mathrm{m^3/s}$） |
| 1 | 1 000.0 | 0.033 | -1.0 | 1 000.0 | 500.0 | 0.315 4 | 410.424 |
| 2 | 0.0 | 0.024 | -2.0 | 900.0 | 500.0 | 0.021 1 | 589.576 |
| 3 | 30.0 | 0.050 | -2.0 | 800.0 | 500.0 | 0.026 3 | -82.399 |
| 4 | -1 030.0 | 0.018 | -3.0 | 700.0 | 500.0 | 0.000 0 | 492.823 |
| 5 | — | 0.020 | — | 600.0 | 500.0 | — | 537.177 |

2）无环路河网水流的求解。

当给定的边界条件是无环路河网节点的水位时，无环路河网水流的求解也要采用前文所述的牛顿迭代法。当给定的边界条件是无环路河网各节点与外部的流量交换时，无环路河网水流的求解无须迭代，因无环路河网的关联矩阵 $A$ 总是 $|E| \times (|E|+1)$ 阶的，此时可通过删除式（8-23）中 $A^T$ 和 $q$ 中河网出口断面所对应的行直接构造河段流量的定解方程组，这一变换，本质也是规定河网出口断面水位为0。以图 8-1（b）中的无环路河网为例，若以 $q^* = [q_1, q_2, q_3, q_4, q_5]^T$ 表示图 8-1（b）中无环路河网的 1~5 号断面上的流量边界，则该无环路河网的 5 条河段上的过流量值可由式（8-34）计算。

$$Q = (A^{*T})^{-1} q^* \tag{8 - 34}$$

表 8-2 给出了 $q^*$ 取不同值时以式（8-34）计算的图 8-1（b）中无环路河网的各河段断面流量。

在以式（8-34）求得无环路河网内各河段的流量后，便可结合河网出口断面水位条件和河网地形条件、糙率条件等，以式（8-21）计算河网内部各断面的水位值 $\zeta$，因 $N_i$ 是水位 $\zeta$ 的函数，求解水位可采用二分法迭代计算。需要注意的是，为保证水位计算结果正确，应首先率定模型糙率。

**表 8-2　求解图 8-1（b）中的无环路河网水流所采用的定解条件和计算结果**

| 序号 | 工况 1 | | 工况 2 | | 工况 3 | |
|---|---|---|---|---|---|---|
| | 流量边界 1（m³/s） | 河段流量结果（m³/s） | 流量边界 2（m³/s） | 河段流量结果（m³/s） | 流量边界 3（m³/s） | 河段流量结果（m³/s） |
| 1 | 520.0 | 520.0 | 500.0 | 500.0 | −100.0 | −100.0 |
| 2 | −180.0 | 490.0 | 0.0 | 500.0 | 0.0 | −300.0 |
| 3 | −210.0 | −150.0 | 0.0 | 0.0 | −100.0 | 200.0 |
| 4 | 150.0 | −340.0 | 0.0 | 0.0 | −200.0 | 50.0 |
| 5 | 340.0 | 620.0 | 0.0 | 500.0 | −50.0 | −450.0 |

前文介绍的基于河网关联矩阵求解一维河网恒定流的方法，需要求解具有稀疏系数矩阵的方程组，但是与河网一维非恒定流 Preissmann 隐格式离散方程组的系数矩阵不同，此稀疏矩阵是对称正定的，对于此类矩阵，数学上可以采用 Cholesky 分解处理，并且随着计算机技术的发展，目前求解此类方程组的软、硬件条件已较成熟，除了商业软件（如 matlab 等）外，目前也存在多种开源稀疏矩阵求解程序包，如 UMFPACK、SPOOLES 等，读者可在学习和工作中尝试引用。

以上介绍了单一河道和河网的一维非恒定流和恒定流水力要素的计算方法，在非耦合模型内，在求得水力要素后，要进一步根据悬移质和推移质运动方程分析河道中泥沙的沿程变化。

## 8.2　泥沙要素计算

一维模型对河流中泥沙要素的计算，主要包含悬移质和推移质两部分，在水力要素求解之后，一维模型需进一步求解悬移质和推移质的沿程变化。

## 8.2.1　悬移质输沙计算

进行悬移质输沙计算，是为了获取河流中沿程各断面的含沙量和含沙量级配，与断面水位计算相反，一维模型对悬移质的计算是按自上游至下游的顺序逐断面求解的，悬移质计算的定解条件在河流入口断面给出。通过式（8-35）计算微河段 $i$ 出口断面 $j_2$ 处的含沙量 $S_{j_2}$（韩其为，2003）。

$$S_{j_2} = S_{j_2}^* + \sum_{l=1}^{l_m} \left[ (S_{j_1} P_{4, l, j_1} - S_{j_1}^* P_{4, l, j_1}^*) \mu_{1, l} \right] + \sum_{l=1}^{l_m} \left[ (S_{l_1}^* P_{4, l, j_1}^* - S_{j_2}^* P_{4, l, j_2}^*) \mu_{2, l} \right]$$

$$(8 - 35)$$

式中：各量下标中的 $l$ 是非均匀沙分组号；$l_m$ 为泥沙总分组数；$S_{j_1}$ 与 $S_{j_2}$ 分别为河段进口和出口断面含沙量；$S_{j_1}^*$ 和 $S_{j_2}^*$ 分别为河段进口和出口断面挟沙能力；$P_{4, l, j_1}$ 和 $P_{4, l, j_2}$ 分别为进口和出口断面的含沙量级配；$P_{4, l, j_1}^*$ 和 $P_{4, l, j_2}^*$ 分别为进口和出口断面的含沙量级配；$\mu_{1, l}$ 和 $\mu_{2, l}$ 分别由式（8-36）和式（8-37）计算。

$$\mu_{1, l} = \exp\left( -\frac{\alpha \omega_l \Delta x_i}{q} \right) \tag{8 - 36}$$

$$\mu_{2, l} = \frac{q}{\alpha \omega_l \Delta x_i} \left[ 1 - \exp\left( -\frac{\alpha \omega_l \Delta x_i}{q} \right) \right] \tag{8 - 37}$$

式（8-35）至式（8-37）中，$q$ 为断面单宽流量；$\omega_l$ 为非均匀沙中第 $l$ 组泥沙的沉速，其值可通过沉速公式计算；$\Delta x_i$ 为微河段 $i$ 的长度；$\alpha$ 为恢复饱和系数，一般地，淤积时 $\alpha$ 取 0.25，冲刷时 $\alpha$ 取 1.0。

式（8-35）是由恒定流一维不平衡输沙方程式（8-38）推导得出：

$$\frac{d(P_{4, l} S)}{dx} = -\alpha \frac{\omega_l}{q} (P_{4, l} S - P_{4, l}^* S^*) \tag{8 - 38}$$

若假定 $P_{4, l}^* S^*$ 沿程为线性变化，则有

$$\frac{d(P_{4, l}^* S^*)}{dx} = -\frac{P_{4, l, j_1}^* S_{j_1}^* - P_{4, l, j_2}^* S_{j_2}^*}{\Delta x} \tag{8 - 39}$$

式（8-38）两端分别减去式（8-39）两端并整理可得

$$\frac{d(P_{4, l} S - P_{4, l}^* S^*)}{dx} + \alpha \frac{\omega_l}{q} (P_{4, l} S - P_{4, l}^* S^*) = \frac{P_{4, l, j_1}^* S_{j_1}^* - P_{4, l, j_2}^* S_{j_2}^*}{\Delta x} \tag{8 - 40}$$

式（8-40）是 $P_{4, l} S - P_{4, l}^* S^*$ 的一阶线性常微分方程，解之可得

$$P_{4, l, x} S_x = P_{4, l}^* S_x^* + \exp\left( -\frac{\alpha \omega_l \Delta x_i}{q} \right) (S_{j_1} P_{4, l, j_1} - S_{j_1}^* P_{4, l, j_1}^*)$$

$$+ \left[ 1 - \exp\left( -\frac{\alpha \omega_l \Delta x_i}{q} \right) \right] \frac{q}{\alpha \omega_l \Delta x} (S_{j_1}^* P_{4, l, j_1}^* - S_{j_2}^* P_{4, l, j_2}^*) \tag{8 - 41}$$

式中：$x$ 表示河段中某点与入口断面之间的距离，下标中的 $x$ 表示该值是 $x$ 位置的值。对于长为 $\Delta x_i$ 的微河段，在其出口断面处应满足式（8-42）。

$$P_{4,l,j_2}S_{j_2} = P_{4,l,j_2}^* S_{j_2}^* + \mu_{1,l}(S_{j_1}P_{4,l,j_1} - S_{j_1}^* P_{4,l,j_1}^*) + \mu_{2,l}(S_{j_1}^* P_{4,l,j_1}^* - S_{j_2}^* P_{4,l,j_2}^*)$$

$$(8-42)$$

将式（8-42）两端按 $l$ 求和，即可得式（8-35）。

实际应用中，通常假定式（8-35）中的 $P_{4,l,j_1}^* \approx P_{4,l,j_1}$、$P_{4,l,j_2}^* \approx P_{4,l,j_2}$，这样该式可简化为式（8-43）的形式：

$$S_{j_2} = S_{j_2}^* + (S_{j_1} - S_{j_1}^*)\sum_{l=1}^{l_m}(P_{4,l,j_1}\mu_{1,l}) + S_{j_1}^*\sum_{l=1}^{l_m}(P_{4,l,j_1}\mu_{2,l}) - S_{j_2}^*\sum_{l=1}^{l_m}(P_{4,l,j_2}\mu_{2,l})$$

$$(8-43)$$

式（8-43）中，对于水流挟沙能力 $S^*$，多采用式（8-44）计算。

$$S_j^* = K\left(\frac{V_j^3}{gh_j\omega_j}\right)^m = K_0\left(\frac{V_j^3}{h_j\omega_j}\right)^m = K_0\left(\frac{Q_j^3 B_j}{A_j^4\omega_j}\right)^m \qquad (8-44)$$

式（8-44）中各量下标中的 $j$ 是断面编号；$S_j^*$ 是断面 $j$ 处挟沙能力；$m$ 为指数，多取 0.92；$K_0 = K/g^{0.92}$ 为挟沙能力系数，一般河道 $K_0 = 0.02$，一般水库 $K_0 = 0.03$；$\omega_j$ 是断面 $j$ 处非均匀沙的平均沉速。

$$\omega_j^m = \sum_{l=1}^{l_m}(P_{4,l,j}\omega_l^m) \qquad (8-45)$$

式中：$l$ 表示粒径组；$l_m$ 表示粒径总分组数。

①进口断面处的含沙量 $S_{j_1}$ 和含沙量级配 $P_{4,l,j_1}$，它们是给定的定解条件；

②非均匀沙的分组粒径 $d_l$，它们是根据研究河段的床沙级配情况事先选定，$d_l$ 确定后，非均匀沙各粒径组的平均沉速 $\omega_l$ 也可确定；

③一维模型的水力要素计算求得的各断面流量 $Q$、水位 $\zeta$、过水面积 $A$ 和过水河宽 $B$。

仅有上述三类已知条件，尚无法通过式（8-43）求解 $S_{j_2}$，这是因为式（8-36）和式（8-37）中的恢复饱和系数 $\alpha$ 和上述各式中出口断面处的含沙量级配 $P_{4,l,j_2}$ 仍属未知。

无论是确定恢复饱和系数 $\alpha$，还是计算河段出口断面处的含沙量级配 $P_{4,l,j_2}$，均需首先确定河段的冲淤状态。对河段的冲淤状态的确定，要引入判别流程，对此《泥沙手册》（中国水利学会泥沙专业委员会，1992）有详细介绍。此外，出口断面的含沙量级配 $P_{4,l,j_2}$ 要视河段冲淤情况，根据不同类型的分选曲线计算确定，《水库淤积》（韩其为，2003）和《泥沙设计手册》（涂启华和杨赉斐，2006）中，均有对此问题有详细的论述，本书不再展开。

在确定恢复饱和系数 $\alpha$ 和出口断面含沙量级配 $P_{4,l,j_2}$ 的值后，便可通过式（8-43）算得河段出口断面处的含沙量 $S_{j_2}$，再将求得的 $P_{4,l,j_2}$ 和 $S_{j_2}$ 作为下游相邻河段入口断面处的定解条件，遵循上述步骤，依次可求得全河段的悬移质相关量。

## 8.2.2　推移质输沙计算

推移质运动机理复杂且难于观测，早期的一维模型并不计算推移质运动，随着研究的深入，可同时计算悬移质和推移质的全沙模型已较常见。

对推移质的计算要使用推移质输沙率公式，此类公式表达了在河段输沙平衡条件下输沙率与水力条件的关系。推移质输沙率是指单位时间内通过过水断面单位宽度的推移质的量，多以 $g_s$ 表示，国际单位制下，其单位为 kg/（m·s）。

对于推移质输沙率的计算，有以拖曳力表达的公式，如 Duboys 公式、Meye-Peter 和 Müller 公式、爱因斯坦公式和卡林斯基公式等；有以平均流速为主要指标的公式，如列维公式、沙莫夫公式、窦国仁公式、岗恰洛夫公式等。此外，还有根据能量平衡、泥沙运动统计理论等对推移质输沙率的计算方法。

推移质输沙率公式可分为均匀沙公式和非均匀沙公式两类。对于非均匀推移质的计算，主要有三种方式：①先选取非均匀沙的代表粒径，以之通过均匀沙的推移质输沙率公式估算非均匀推移质的总输沙率，再通过推求的推移质级配曲线，以总推移质输沙率计算各粒径组的推移质输沙率；②直接以考虑不同粒径泥沙之间的相互影响的推移质输沙率公式计算的各粒径组推移质输沙率；③先以均匀沙推移质输沙率公式分别计算非均匀沙的分组输沙率后，再以已知的各粒径组级配为权重，加权估算非均匀推移质的总输沙率。

上述三种非均匀推移质输沙率的计算方式中，以第三种方式较为常用，此方法需要提供入口断面的非均匀推移质的分组级配，而后便可通过均匀沙推移质输沙率公式开展计算，计算过程中随着时间步的推进，要根据各组推移质冲淤量的中间结果，结合床面变形方程和床沙级配方程对过水面积和床沙级配做出调整。与悬移质的计算顺序相同，推移质的计算也是从入口断面开始沿水流方向向下逐河段进行的。

为方便读者，这里仅对形式相对简单且较为常用的窦国仁公式进行简单介绍。

（1）沙莫夫公式（中国水利学会泥沙专业委员会，1992）

$$g_s = 9.31 d^{\frac{1}{2}} \left( \frac{1.2U}{U_c} \right)^3 \left( U - \frac{U_c}{1.2} \right) \left( \frac{d}{h} \right)^{\frac{1}{4}} \qquad (8-46)$$

式中：$g_s$ 为输沙率；$d$ 为粒径；$U$ 为断面平均流速；$U_c$ 为粒径为 $d$ 的泥沙的起动流速；$h$ 为平均水深，以上各量均采用国际单位制。$U_c$ 的计算式如式（8-47）所示。

$$\begin{cases} U_c = 1.14 \sqrt{\dfrac{\rho_s - \rho}{\rho} gd} \left( \dfrac{h}{d} \right)^{\frac{1}{6}}, & \text{当} \dfrac{h}{d} \leqslant 60 \text{ 时} \\[3mm] U_c = 1.4 \sqrt{gd} \ln \left( \dfrac{h}{7d} \right), & \text{当} \dfrac{h}{d} > 60 \text{ 时} \end{cases} \qquad (8-47)$$

式中：$\rho$ 和 $\rho_s$ 分别是水和天然沙密度，其他参数意义和单位同前。需要注意的是，式（8-47）未考虑颗粒间的黏结力，它适用于重力占支配地位的散体泥沙计算。

（2）窦国仁公式（中国水利学会泥沙专业委员会，1992）

$$g_s = \frac{12.3}{C_0} d (\bar{U} - U_c) \left( \frac{\bar{U}}{U_c} \right)^3 \qquad (8-48)$$

式中：$C_0 = C/\sqrt{g}$，$C = h^{1/6}/n$，$U_c$ 为泥沙起动临界流速，可由式（8-49）或式（8-50）计算。

$$U_c = 0.32 \ln \left( 11 \frac{h}{k_s} \right) \left( \frac{\rho_s - \rho}{\rho} gd + 0.19 \frac{gh\delta + \varepsilon_k}{d} \right)^{\frac{1}{2}} \qquad (8-49)$$

式中：$\delta$ 是薄膜水厚度；$\varepsilon_k$ 是黏结力参数，根据交叉石英丝实验成果；$\delta = 0.213 \times 10^{-4}$ cm；

$\varepsilon_k = 2.56\text{cm}^3/s^2$；$k_s$ 为河床粗糙度，当河床为均匀沙时，取 $k_s = d$，当河床沙为非均匀沙时，爱因斯坦取 $k_s = d_{65}$。

式（8-50）是武汉水利学院泥沙起动流速公式

$$U_c = \left(\frac{h}{d}\right)^{0.14}\left(17.6\frac{\rho_s - \rho}{\rho}d + 6.05 \times 10^{-7}\frac{10 + h}{d^{0.72}}\right)^{1/2} \qquad (8-50)$$

由于式（8-49）或式（8-50）均适用于散体及黏性泥沙，实际计算中更为常用。

### 8.2.3　几个重要问题

前文系统介绍了一维模型求解非恒定流和恒定流水力要素的常用方法，给出了悬移质和推移质计算的理论依据，除此之外，一维河流动力数学模型还有一些重要问题需要处理，如河床变形计算、级配调整等，对于河网而言，还要考虑河流交汇点的悬移质和推移质分沙模式，对此研究成果较多，读者可查阅相关文献（韩其为，2003；中国水利学会泥沙专业委员会，1992；涂启华和杨赉斐，2006）。

## 8.3　应用实例

本章实例是 2012 年基于此软件构建的江湖河网模型，模拟长江与洞庭湖的冲淤演变过程，预测江湖关系的变化趋势。

本次构建的长江与洞庭湖一维河网模型共由 1 569 个断面构成，主河为长江干流，上起于宜昌，下止于大通，中间考虑了清江、汉江等主要支流汇入，并与洞庭湖、鄱阳湖连通；洞庭湖由松滋口、太平口、藕池口分泄长江水沙入湖，同时接纳湘、资、沅、澧四水，经汇合调蓄，由城陵矶出湖汇入主河长江；鄱阳湖经湖口与长江连通。

图 8-4 是长江与洞庭湖河网模型水系主要河道概化图。

江湖河网模型以 2003 年长江与洞庭湖的实测床面高程作为初始地形，高程系统为 1985 年国家高程基准，平面坐标系为 1954 年北京坐标系。模型进口（宜昌）水沙条件为三峡出库水量、沙量和级配，模型计算时段为 2003—2052 年，其中前 8 年采用了与实际年份相应的 2003—2010 年数据，第 9 年（2011 年）借用水沙量较小的 2006 年实测数据，2003—2052 年的 50 年采用金沙江及三峡水库数学模型计算的 1991—2000 年水沙系列三峡水库出库资料，其中考虑了 2012 年、2013 年向家坝和溪洛渡水库运用。长江沿程考虑了清江、汉江等主要支流汇入，这些汇入水沙数据，清江取自长阳站，汉江取自仙桃站，鄱阳湖与长江连通，其汇入长江及长江倒灌鄱阳湖的水沙由湖口实测值控制，洞庭湖与长江水沙的交换由江湖河网模型内部模拟，洞庭湖区四水的水沙数据分别取自湘潭（湘江）、桃江（资水）、桃源（沅江）和石门（澧水）四站，以上各站的水沙数据均采用 1991—2000 年的实测值。

计算之初，首先对模型进行了率定，模型率定的目的是根据水位流量关系确定各河段的合理糙率，这一过程利用了 2003 年各测站的实测地形、水位、流量资料。率定过程共计算了 20 站的水位和流量，其中长江干流计算了 7 站，分别是宜昌、枝城、沙市、新厂、监利、螺山、汉口；洞庭湖三口河道及湖区共计算了 13 站，分别是新江口、沙道观、弥

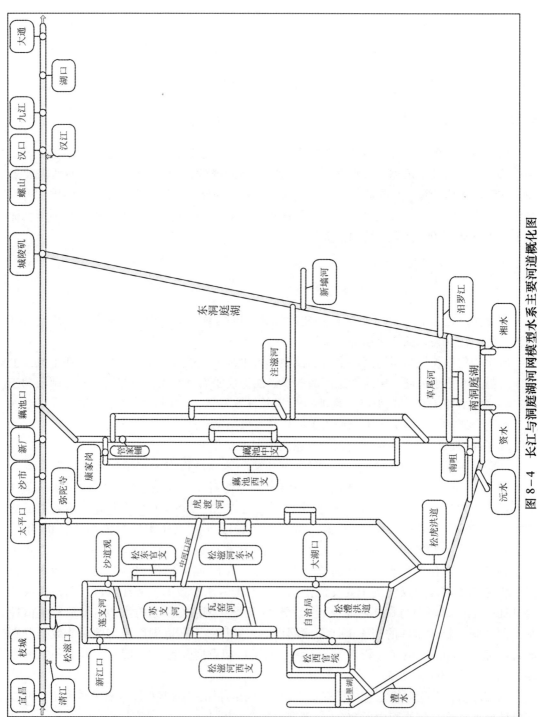

图 8-4　长江与洞庭湖河网模型水系主要河道概化图

陀寺、康家岗、管家铺、安乡、大湖口、官垸、南咀、南县、草尾、小河咀、自治局。

　　在模型率定良好的基础上，利用 2003—2006 年的实测地形和水沙数据进行了模型验证计算，从测站水位流量关系、河段冲淤量和洞庭湖三口分流分沙比等方面考察模型的可靠性。本书对此成果仅作简要介绍，故后文只给出长江干流和洞庭湖三口部分测站的水位流量关系验证结果，如图 8-5 至图 8-10 所示。

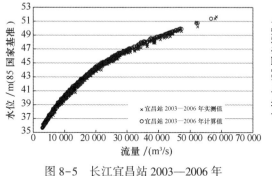

图 8-5　长江宜昌站 2003—2006 年
水位流量计算值与实测值

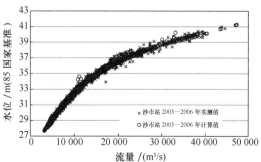

图 8-6　长江枝城站 2003—2006 年
水位流量计算值与实测值

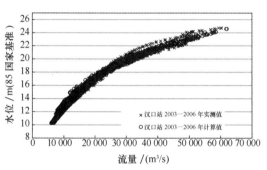

图 8-7　长江汉口站 2003—2006 年
水位流量计算值与实测值

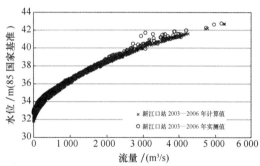

图 8-8　松滋河新江口 2003—2006 年
水位流量计算值与实测值

　　洞庭湖部分测站的水位流量关系验证如图 8-11 至图 8-13 所示。

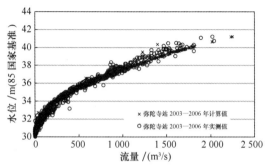

图 8-9　虎渡河弥陀寺 2003—2006 年
水位流量计算值与实测值

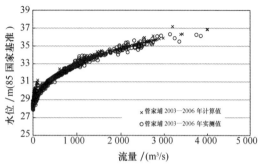

图 8-10　藕池河管家铺 2003—2006 年
水位流量计算值与实测值

研究过程中验证了 2003—2006 年间长江干流沿程冲淤体积,验证结果见表 8-3。

表 8-3  长江干流宜昌至大通 2003—2006 年不同河段冲淤体积实测值与验证计算值

| 类别 | 宜-枝 | 枝-藕 | 藕-城 | 城-汉 | 汉口以下 | 合计 |
|---|---|---|---|---|---|---|
| 计算值/×10$^8$ m$^3$ | −0.87 | −1.00 | −2.10 | −0.51 | −1.54 | −6.02 |
| 实测值/×10$^8$ m$^3$ | −0.81 | −1.17 | −2.11 | −0.56 | −1.48 | −6.14 |
| 相对误差 (%) | 7.97 | −14.66 | −0.58 | −8.79 | 4.09 | −1.92 |

对洞庭湖区三口分流分沙量的验证结果见表 8-4。

表 8-4  长江干流 2003—2010 年不同河段冲淤量实测值与验证计算值

| 类别 | 松滋口 | 太平口 | 藕池口 | 三口合计 |
|---|---|---|---|---|
| 实测分流量/×10$^8$ m$^3$ | 294 | 95 | 112 | 501 |
| 计算分流量/×10$^8$ m$^3$ | 301 | 86 | 101 | 488 |
| 实测分沙量/×10$^4$ t | 644 | 176 | 413 | 1 233 |
| 计算分沙量/×10$^4$ t | 868 | 252 | 383 | 1 503 |

基于率定和验证良好的江湖河网模型,研究人员对长江与洞庭湖从 2003—2052 年共 50 年的冲淤演变过程进行了模拟,表 8-5 给出了长江与洞庭湖冲淤体积的初步计算结果。

表 8-5  长江与洞庭湖冲淤体积初步计算结果

| 河段 | 河段冲淤体积/×10$^4$ m$^3$ | | | | | |
|---|---|---|---|---|---|---|
| | 2006 年末 | 2012 年末 | 2022 年末 | 2032 年末 | 2042 年末 | 2052 年末 |
| 宜昌—枝城 | −8 745 | −9 625 | −10 046 | −10 316 | −10 530 | −10 716 |
| 枝城—藕池口 | −9 984 | −19 699 | −24 258 | −25 901 | −27 215 | −28 382 |
| 藕池口—城陵矶 | −20 977 | −40 081 | −68 807 | −88 860 | −101 602 | −108 823 |
| 城陵矶—汉口 | −5 108 | −20 845 | −53 168 | −67 983 | −77 866 | −84 493 |
| 汉口—大通 | −15 405 | −24 558 | −34 526 | −48 117 | −63 834 | −79 081 |
| 宜昌—大通 | −60 219 | −114 808 | −190 804 | −241 177 | −281 047 | −311 494 |
| 松滋河系 | 444 | −963 | −3 163 | −4 443 | −5 287 | −5 816 |
| 虎渡河 | 423 | 429 | 261 | 176 | 133 | 122 |
| 藕池河系 | 996 | 940 | 786 | 883 | 1 016 | 1 187 |
| 洞庭湖区 | 9 579 | 16 220 | 27 645 | 37 426 | 46 198 | 54 731 |

本章说明了一维河流动力数学模型的主要功能,介绍了单一河道和河网一维非恒定流和恒定流水力要素求解方法以及悬移质和推移质的常用计算方法,给出了一维河流动力数学模型的应用实例。

尽管一维水流泥沙数学模型相对成熟,但仍处于不断发展和完善过程中,诸如对恢复饱和系数的选取,对河段糙率的动态调整,对水流挟沙能力的计算以及对河流交汇点分沙模式的确定等问题仍有待深入研究。

# 第 9 章　二维河流数学模型及应用

平面二维模型忽略了垂向差异和垂向输运，可以高效地计算物质、动量在水平方向上的输运。本章应用二维河流动力模型，模拟了沙市—石首长约 102 km 复杂河段近两年河势演变，显示了二维模型在准确性和高效性上面的优势。同时，本章通过在水流动量守恒方程中增加弥散应力项，考虑了弯道二次流的影响。室内水槽实验对弥散应力率定后，也将其应用于模拟有洲滩演变原型河道，对概化河道不同条件下的河势变化及河型转化进行了数值模拟，试验表明二维模型通过增加弥散应力，也可用于模拟河型转化过程，但必须建立在垂向和横向流速分布经验假设合理的条件下。

## 9.1　水动力模型构建

### 9.1.1　曲线坐标下传统二维水动力模型

在正交贴体坐标系下，忽略水面风应力，考虑弯道二次流影响的非恒定平面二维浅水方程为

$$\frac{\partial \zeta}{\partial t} + \frac{1}{J}\left[\frac{\partial(h_2 Q)}{\partial \xi} + \frac{\partial(h_1 P)}{\partial \eta}\right] = 0 \tag{9-1}$$

$$\frac{\partial Q}{\partial t} + \beta\left[\frac{1}{J}\frac{\partial(h_2 QU)}{\partial \xi} + \frac{1}{J}\frac{\partial(h_1 PU)}{\partial \eta} - \frac{pV}{J}\frac{\partial h_2}{\partial \xi} + \frac{QV}{J}\frac{\partial h_1}{\partial \eta}\right] - fP + \frac{gH}{h_1}\frac{\partial \zeta}{\partial \xi} + \frac{Qg|\vec{q}|}{(CH)^2}$$

$$= \frac{\nu_e H}{h_1}\frac{\partial E}{\partial \xi} - \frac{\nu_e H}{h_2}\frac{\partial F}{\partial \eta} + \frac{1}{J}\frac{\partial(h_2 D_{11})}{\partial \xi} + \frac{1}{J}\frac{\partial(h_1 D_{12})}{\partial \eta} + \frac{1}{J}\frac{\partial h_1}{\partial \eta}D_{12} - \frac{1}{J}\frac{\partial h_2}{\partial \xi}D_{22} \tag{9-2}$$

$$\frac{\partial P}{\partial t} + \beta\left(\frac{1}{J}\frac{\partial(h_2 QV)}{\partial \xi} + \frac{1}{J}\frac{\partial(h_1 PV)}{\partial \eta} + \frac{PU}{J}\frac{\partial h_2}{\partial \xi} - \frac{QU}{J}\frac{\partial h_1}{\partial \eta}\right) + fQ + \frac{gH}{h_2}\frac{\partial \zeta}{\partial \eta} + \frac{Pg|\vec{q}|}{(CH)^2}$$

$$= \frac{\nu_e H}{h_2}\frac{\partial E}{\partial \eta} + \frac{\nu_e H}{h_1}\frac{\partial F}{\partial \xi} + \frac{1}{J}\frac{\partial(h_2 D_{12})}{\partial \xi} + \frac{1}{J}\frac{\partial(h_1 D_{22})}{\partial \eta} - \frac{1}{J}\frac{\partial h_1}{\partial \eta}D_{11} + \frac{1}{J}\frac{\partial h_2}{\partial \xi}D_{12} \tag{9-3}$$

式中：

$$E = \frac{1}{J}\left[\frac{\partial(h_2 U)}{\partial \xi} + \frac{\partial(h_1 V)}{\partial \eta}\right], \quad F = \frac{1}{J}\left[\frac{\partial(h_2 V)}{\partial \xi} - \frac{\partial(h_1 U)}{\partial \eta}\right] \tag{9-4}$$

$$D_{11} = -\int_{z_b}^{z_s}(u - U)^2 \mathrm{d}z, \quad D_{22} = -\int_{z_b}^{z_s}(v - V)^2 \mathrm{d}z \tag{9-5}$$

$$D_{12} = D_{21} = -\int_{z_b}^{z_s}(u - U)(v - V)\mathrm{d}z \tag{9-6}$$

$$h_1 = \sqrt{\left(\frac{\partial x}{\partial \xi}\right)^2 + \left(\frac{\partial y}{\partial \xi}\right)^2}, \quad h_2 = \sqrt{\left(\frac{\partial x}{\partial \eta}\right)^2 + \left(\frac{\partial y}{\partial \eta}\right)^2} \qquad (9-7)$$

式中：$\xi$、$\eta$ 为正交曲线坐标；$h_1$、$h_2$ 为拉梅系数；$U$、$V$ 分别为 $\xi$、$\eta$ 坐标曲线方向的水深平均流速分量，$u$、$v$ 分别为 $\xi$、$\eta$ 方向的时均流速，单宽流量为 $\vec{q} = (Q, P) = (UH, VH)$；$\zeta$ 为相对于参考基准面的水位坐标；$H$ 为总水深；$\beta$ 为垂线流速分布不均匀的校正系数；$f$ 为 Coriolis 参数；$g$ 为重力加速度；$C$ 为谢才系数；$\nu_e$ 为水深平均的有效涡黏度；$z_s$，$z_b$ 分别为水位和床面高程；$D_{11}$、$D_{22}$、$D_{12}$、$D_{21}$ 为水深平均的弥散应力项。

其中用河道阻力和脉动阻力系数计算方法如下。

（1）河道阻力

在模型中如果采用谢才系数，当水流脉动处于阻力平方区的情况下，谢才系数：

$$C = -2\sqrt{8g} \times \lg\left(\frac{k_s}{12.0H}\right) \qquad (9-8)$$

其中，$k_s$ 是河床阻力单元的粗糙程度。在过渡湍流的情况下，谢才系数随水流条件的变化而变化。此时，谢才系数可以采用迭代的方法进行求解：

$$C = -2\sqrt{8g} \times \lg\left(\frac{k_s}{12.0H} + \frac{2.5}{2\sqrt{8g}Re} \times C\right) \qquad (9-9)$$

式中：雷诺数 $Re = \sqrt{U^2+V^2}\,H/\nu_e$。

在模型应用中，采用曼宁系数（即糙率 $\tilde{n}$）来描述阻力的变化。糙率主要通过实测水位资料率定得到。

（2）脉动黏性系数

在二维计算中，涡黏系数的确定同样可以采用零方程模型，也可通过三维模型中一方程和二方程的垂向平均法获得。但目前尚未证明后两种模型的明显优越性。因此处于计算的经济型，可直接采用零方程模型：

$$\nu_e = C_e u_* H = C_e \frac{H}{C}\sqrt{g(U^2 + V^2)} \qquad (9-10)$$

由于涡黏性系数与流动情况有关，$C_e$ 的确定根据实测断面流速分布进行验证。

## 9.1.2　弯道水流的经验性修正

本章借鉴 Lien 等（1999）的方法通过在传统二维非恒定水深平均水流数学模型的基础上增加弥散应力项来模拟弯道水流。

水流沿弯道运动产生的水面横比降所造成的压力差与水体做曲线运动时所要求的离心力不同造成了弯道底层水流向凸岸、表层水流向凹岸的横向环流，与纵向水流结合在一起形成了弯道中的二次流，流速的垂向分布不再均匀。

模型采用 De Vriend（1977）提出的纵向和横向流速分布公式：

$$u = U\left(1 + \frac{\sqrt{g}}{\kappa C} + \frac{\sqrt{g}}{\kappa C}\ln\sigma\right) = Uf_m(\sigma) \qquad (9-11)$$

$$v = Vf_m(\sigma) + \frac{Ud}{\kappa^2 r}\left[2F1(\sigma) + \frac{\sqrt{g}}{\kappa C} - 2\left(1 - \frac{\sqrt{g}}{\kappa C}f_m(\sigma)\right)\right] \tag{9-12}$$

$$f_m = 1 + \frac{\sqrt{g}}{\kappa C} + \frac{\sqrt{g}}{\kappa C}\ln\sigma \tag{9-13}$$

$$F_1(\sigma) = \int_0^\sigma \frac{\ln\sigma}{\sigma - 1}\mathrm{d}\sigma \quad F_2(\sigma) = \int_0^\sigma \frac{\ln^2\sigma}{\sigma - 1}\mathrm{d}\sigma \tag{9-14}$$

式中：$\sigma = (z - z_b)/H$ 是距离床面的无量纲距离；$r$ 是曲率半径；$\kappa$ 是卡门常数，$\kappa = 0.4 \sim 0.52$；$u$、$v$ 是时均流速。由式（9-11）至式（2-14）可知纵向流速假定为对数分布，横向流速假定为二次流的非线性分布和对数分布的组合。很明显在横向流速分布中考虑了弯道曲率导致的二次流。横向二次流是水流动量从弯道凸岸向凹岸过渡的主要因素，增加了凹岸的流速。在此，次生二次流忽略不计。把流速分布代入到弥散应力项中得到公式如下：

$$\begin{aligned}
D_{11} &= -\int_{z_b}^{z_s}(u - U)^2\mathrm{d}z = -\int_{z_b}^{z_s}U^2\left[1 + \frac{\sqrt{g}}{\kappa C} + \frac{\sqrt{g}}{\kappa C}\ln\sigma - 1\right]^2\mathrm{d}z \\
&= -\int_0^1 U^2\left[\frac{\sqrt{g}}{\kappa C} + \frac{\sqrt{g}}{\kappa C}\ln\sigma\right]^2\mathrm{d}\sigma = -U^2 H\left(\frac{\sqrt{g}}{\kappa C}\right)^2
\end{aligned} \tag{9-15}$$

$$\begin{aligned}
D_{22} &= -\int_{z_b}^{z_s}(v - V)^2\mathrm{d}z = -\int_{z_b}^{z_s}V^2\left[1 + \frac{\sqrt{g}}{\kappa C} + \frac{\sqrt{g}}{\kappa C}\ln\sigma - 1\right]^2\mathrm{d}z \\
&= -\int_0^1 V^2\left[\frac{\sqrt{g}}{\kappa C} + \frac{\sqrt{g}}{\kappa C}\ln\sigma\right]^2\mathrm{d}\sigma = -V^2 H\left(\frac{\sqrt{g}}{\kappa C}\right)^2
\end{aligned} \tag{9-16}$$

$$\begin{aligned}
D_{12} &= -\int_{z_b}^{z_s}(u - U)(v - V)\mathrm{d}z = -\int_0^1\left\{U\left[\frac{\sqrt{g}}{\kappa C} + \frac{\sqrt{g}}{\kappa C}\ln\sigma\right]\right. \\
&\left. \cdot V\left(\frac{\sqrt{g}}{\kappa C} + \frac{\sqrt{g}}{\kappa C}\ln\sigma\right) + \frac{UH}{\kappa^2 r}\left[F_1(\sigma) + \frac{\sqrt{g}}{\kappa C}F_2(\sigma)2\left(1 - \frac{\sqrt{g}}{\kappa C}\right)f_m(\sigma)\right]\right\}\mathrm{d}\sigma \\
&\times \left[UVH\left(\frac{\sqrt{g}}{\kappa C}\right) + \frac{UH}{\kappa^2 r}\frac{\sqrt{g}}{\kappa C} \cdot FF_1\right]
\end{aligned}$$

$$\tag{9-17}$$

式中：$FF_1$、$FF_2$ 都是 $\sqrt{g}/\kappa C$ 的函数：

$$FF_1 = \int_0^1(1 + \ln\sigma)\left[2F_1(\sigma) + \frac{\sqrt{g}}{\kappa C}F_2(\sigma) - 2\left(1 - \frac{\sqrt{g}}{\kappa C}\right)f_m(\sigma)\right]\mathrm{d}\sigma \tag{9-18}$$

$$FF_2 = \int_0^1\left[2F_2(\sigma) + \frac{\sqrt{g}}{\kappa C}F_2(\sigma) - 2\left(1 - \frac{\sqrt{g}}{\kappa C}\right)f_m(\sigma)\right]^2\mathrm{d}\sigma \tag{9-19}$$

对于上述方程中的动量修正因子和曲率半径，采用如下方法计算：

（1）动量修正因子

由于水流速度在水深方向不均匀，在垂向积分过程中引进了修正因子。假定流速沿垂向上为对数分布，通过积分计算可得

$$\beta = 1 + \frac{g}{C^2\kappa^2} \tag{9-20}$$

其中：$\kappa$ 为卡门系数；根据 Falconer（1984）的研究，在假定流速分别为水深的 $1/7 \sim 1/4$ 次幂分布的情况下，$\beta = 1.016 \sim 1.20$。在一般模型中，$\beta$ 可取常数 1.016。

（2）曲率半径

曲率半径在求解弯道二次流时有着非常关键的作用，现在大多数计算采用常数处理或是经验公式得到。采用流线曲率的方法近似求得曲率半径，如图 9-1 所示，$s$ 为主流流线方向，$n$ 垂直于主流方向，曲线代表流线。假设 $\theta_s$ 为主流方向流线与笛卡儿坐标系下 $x$ 方向的夹角，则流线的曲率 $1/r_s$ 由定义可知（Chang-Lae et al, 2005）：

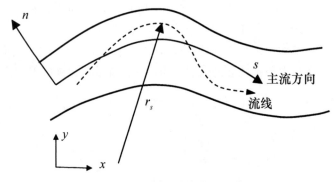

图 9-1　流线与曲率半径示意

$$\frac{1}{r_s} = \frac{\partial \theta_s}{\partial x} = \frac{\partial}{\partial s}\left[\tan^{-1}\left(\frac{v}{u}\right)\right] = \frac{\partial}{\partial T}\left[\tan^{-1}(T)\right]\frac{\partial T}{\partial s} = \frac{1}{1 + T^2}\frac{\partial T}{\partial s} \qquad (9-21)$$

式中：

$$T = \frac{v}{u} \qquad (9-22)$$

$$\frac{1}{1 + T^2} = \frac{1}{1 + (v/u)^2} = \frac{u^2}{u^2 + v^2} = \frac{u^2}{V_t^2} \qquad (9-23)$$

$$\frac{\partial T}{\partial s} = \frac{\partial}{\partial s}\left(\frac{v}{u}\right) = \frac{u(\partial v/\partial s) - v(\partial u/\partial s)}{u^2} \qquad (9-24)$$

$$\frac{\partial}{\partial s} = \frac{\partial x}{\partial s}\frac{\partial}{\partial x} + \frac{\partial y}{\partial s}\frac{\partial}{\partial y} = \frac{u}{V_t}\frac{\partial}{\partial x} + \frac{v}{V_t}\frac{\partial}{\partial y}$$

$$= \frac{u}{V_t}\left(\xi_x\frac{\partial}{\partial \xi} + \eta_x\frac{\partial}{\partial \eta}\right) + \frac{v}{V_t}\left(\xi_y\frac{\partial}{\partial \xi} + \eta_y\frac{\partial}{\partial \eta}\right) \qquad (9-25)$$

其中直角坐标系 $u$、$v$ 下与贴体坐标系 $U$、$V$ 下的关系如下：

$$\begin{cases} U = \dfrac{\partial \xi}{\partial x}u + \dfrac{\partial \xi}{\partial y}v \\[2mm] V = \dfrac{\partial \eta}{\partial x}u + \dfrac{\partial \eta}{\partial y}v \end{cases} \qquad (9-26)$$

### 9.1.3　控制方程的离散

采用 ADI 法对控制方程有限差分法离散，除了连续方程中水位对时间偏导数项采用向前差分以及动量方程中对流项采用一阶迎风和中心差分格式组合外（QUICK 格式），其余各项采用中心差分。

1）$n+1/2$ 时层时，连续方程在点 $(i, j)$ 离散。

对连续方程中时间项采用向前差分，空间上采用中心差分，并进一步整理得

$$- C_{i-1/2} Q_{i-1/2, j}^{n+1/2} + \zeta_{i, j}^{n+1/2} + C_{i+1/2} Q_{i+1/2, j}^{n+1/2} = A_i \tag{9-27}$$

式中：

$$C_{i-1/2} = \frac{\Delta t}{2\Delta\xi J_{i, j}} (h_2)_{i-1/2, j}$$

$$C_{i+1/2} = \frac{\Delta t}{2\Delta\xi J_{i, j}} (h_2)_{i+1/2, j}$$

$$A_i = \zeta_{i, j}^n - \frac{\Delta t}{2\Delta\eta J_{i, j}} \left[ (h_1 P)_{i, j+1/2}^n - (h_1 P)_{i, j-1/2}^n \right] \tag{9-28}$$

2）$n+1/2$ 时层时，$\xi$ 方向动量方程在 $(i+1/2, j)$ 点离散。动量方程中差分格式时间、空间上采用二阶精度，将离散方程进行整理得

$$- D1_{i+1/2} \zeta_{i, j}^{n+1/2} + (1 + D4_{i+1/2}) Q_{i, j}^{n+1/2} + D1_{i+1/2} \zeta_{i+1, j}^{n+1/2} = B_{i+1/2} \tag{9-29}$$

式中

$$D1_{i+1/2} = \frac{\Delta t g}{2\Delta\xi} \left( \frac{H}{h_1} \right)_{i+1/2, j}^n \tag{9-30}$$

$$D4_{i+1/2} = \frac{\Delta t g}{2} \left[ \frac{|\vec{q}|}{(CH)^2} \right]_{i+1/2, j}^n \tag{9-31}$$

$$B_{i+1/2} = Q_{i+1/2, j}^{n-1/2} - \frac{\Delta t \beta}{\Delta\xi J_{i+1/2, j}} \left\{ \left[ (h_2 QU)_{i+1, j}^n - (h_2 QU)_{i, j}^n \right] \right.$$

$$+ \left[ (h_1 PU)_{i+1/2, j+1/2}^n - (h_1 PU)_{i+1/2, j-1/2}^n \right]$$

$$- (PV)_{i+1/2, j}^n \left[ (h_2)_{i+1, j} - (h_2)_{i, j} \right] + (QV)_{i+1/2, j}^n \left[ (h_1)_{i+1/2, j+1/2} - (h_1)_{i+1/2, j-1/2} \right] \right\}$$

$$+ \Delta t f P_{i+1/2, j}^n - \frac{\Delta t g}{2\Delta\xi} \left( \frac{H}{h_1} \right)_{i+1/2, j}^n (\zeta_{i+1, j}^{n-1/2} - \zeta_{i, j}^{n-1/2}) - \frac{\Delta t g}{2} \left[ \frac{|\vec{q}|}{(CH)^2} \right]_{i+1/2, j}^n Q_{i+1/2, j}^{n-1/2}$$

$$+ \frac{\Delta t}{\Delta\xi^2} \left( \frac{\nu_e H}{h_1} \right)_{i+1/2, j}^n \left\{ \left[ \frac{(h_2 U)_{i+3/2, j}^n - (h_2 U)_{i+1/2, j}^n}{J_{i+1, j}} + \frac{(h_1 V)_{i+1, j+1/2}^n - (h_1 V)_{i+1, j-1/2}^n}{J_{i+1, j}} \right] \right.$$

$$\left. - \left[ \frac{(h_2 U)_{i+1/2, j}^n - (h_2 U)_{i-1/2, j}^n}{J_{i, j}} + \frac{(h_1 V)_{i, j+1/2}^n - (h_1 V)_{i, j-1/2}^n}{J_{i, j}} \right] \right\}$$

$$- \frac{\Delta t}{\Delta\xi^2} \left( \frac{\nu_e H}{h_2} \right)_{i+1/2, j}^n \left\{ \left[ \frac{(h_2 V)_{j+1, j+1/2}^n - (h_2 V)_{i, j+1/2}^n}{J_{i+1/2, j+1/2}} - \frac{(h_1 U)_{i+1/2, j+1}^n - (h_1 U)_{i+1/2, j}^n}{J_{i+1/2, j+1/2}} \right] \right.$$

$$\left. - \left[ \frac{(h_2 V)_{i+1, j-1/2}^n - (h_2 V)_{i, j-1/2}^n}{J_{i+1/2, j-1/2}} - \frac{(h_1 U)_{i+1/2, j}^n - (h_1 U)_{i+1/2, j-1}^n}{J_{i+1/2, j-1/2}} \right] \right\} \tag{9-32}$$

3) $n+1$ 时层时，连续方程在点 $(i, j)$ 离散。

将离散方程进行整理得到

$$- C_{j-1/2} P_{i, j-1/2}^{n+1} + \zeta_{i, j}^{n+1} + C_{j+1/2} P_{i, j+1/2}^{n+1} = A_j \qquad (9-33)$$

式中：

$$C_{j-1/2} = \frac{\Delta t}{2\Delta\xi J_{i, j}} (h_1)_{i, j-1/2}$$

$$C_{j+1/2} = \frac{\Delta t}{2\Delta\xi J_{i, j}} (h_1)_{i, j+1/2}$$

$$A_j = \xi_{i, j}^{n+1/2} - \frac{\Delta t}{2\Delta\xi J_{i, j}} [ (h_2 Q)_{i+1/2, j}^{n+1/2} - (h_2 Q)_{i-1/2, j}^{n+1/2} ] \qquad (9-34)$$

4) $n+1$ 时层时，$\eta$ 方向动量方程在点 $(i, j+1/2)$ 离散。

动量方程中差分格式具有时间、空间二阶精度，将离散方程进行整理得

$$- D1_{j+1/2}\xi_{i, j}^{n+1} + (1 + D4_{j+1/2}) P_{i, j+1/2}^{n+1} + D1_{j+1/2}\xi_{i, j+1}^{n+1} = B_{j+1/2} \qquad (9-35)$$

式中：

$$D1_{j+1/2} = \frac{\Delta t g}{2\Delta\xi}\left(\frac{H}{h_2}\right)_{i, j+1/2}^{n+1/2} \qquad (9-36)$$

$$D4_{j+1/2} = \frac{\Delta t g}{2}\left[\frac{|\vec{q}|}{(CH)^2}\right]_{i, j+1/2}^{n+1/2} \qquad (9-37)$$

$$B_{j+1/2} = P_{i, j+1/2}^n + \frac{\Delta t\beta}{\Delta\xi J_{i, j+1/2}}\{ [ (h_2 QV)_{i+1/2, j+1/2}^{n+1/2} - (h_2 QV)_{i-1/2, j+1/2}^{n+1/2} ]$$

$$+ [ (h_1 PV)_{i, j+1}^{n+1/2} - (h_1 PV)_{i, j}^{n+1/2} ]$$

$$+ (PU)_{i, j+1/2}^{n+1/2} [ (h_2)_{i+1/2, j+1/2} - (h_2)_{i-1/2, j+1/2} ] - (QU)_{i, j+1/2}^{n+1/2} [ (h_1)_{i, j+1} - (h_1)_{i, j} ]\}$$

$$+ \Delta t f Q_{i, j+1/2}^{n+1/2} + \frac{\Delta t g}{2\Delta\xi}\left(\frac{H}{h_2}\right)_{i, j+1/2}^{n+1/2} (\xi_{i, j+1}^n - \xi_{i, j}^n)$$

$$+ \frac{\Delta t g}{2}\left[\frac{|\vec{q}|}{(CH)^2}\right]_{i, j+1/2}^{n+1/2} P_{i, j+1/2}^n$$

$$+ \frac{\Delta t}{\Delta\xi^2}\left(\frac{\nu_e H}{h_2}\right)_{i, j+1/2}^{n+1/2}\left\{\left[\frac{(h_2 U)_{i+1/2, j+1}^{n+1/2} - (h_2 U)_{i-1/2, j+1}^{n+1/2}}{J_{i, j+1}} + \frac{(h_1 V)_{i, j+3/2}^{n+1/2} - (h_1 V)_{i, j+1/2}^{n+1/2}}{J_{i, j+1}}\right]\right.$$

$$\left.- \left[\frac{(h_2 U)_{i+1/2, j}^{n+1/2} - (h_2 U)_{i-1/2, j}^{n+1/2}}{J_{i, j}} + \frac{(h_1 V)_{i, j+1/2}^{n+1/2} - (h_1 V)_{i, j-1/2}^{n+1/2}}{J_{i, j}}\right]\right\}$$

$$+ \frac{\Delta t}{\Delta\xi^2}\left(\frac{\nu_e H}{h_1}\right)_{i, j+1/2}^{n+1/2}\left\{\left[\frac{(h_2 V)_{i+1, j+1/2}^{n+1/2} - (h_2 V)_{i, j+1/2}^{n+1/2}}{J_{i+1/2, j+1/2}} - \frac{(h_1 U)_{i+1/2, j+1}^{n+1/2} - (h_1 U)_{i+1/2, j}^{n+1/2}}{J_{i+1/2, j+1/2}}\right]\right.$$

$$\left.- \left[\frac{(h_2 V)_{i, j+1/2}^{n+1/2} - (h_2 V)_{i-1, j+1/2}^{n+1/2}}{J_{i-1/2, j+1/2}} - \frac{(h_1 U)_{i-1/2, j+1}^{n+1/2} - (h_1 U)_{i-1/2, j}^{n+1/2}}{J_{i-1/2, j+1/2}}\right]\right\} \qquad (9-38)$$

5）弯道二次流修正。

考虑二次流影响的二维模型与上述传统二维水流模型的离散过程一样，只是在 $\xi$、$\eta$ 各动量方程中增加如下附加源项——积分弥散应力，分别离散如下：

方向动量方程中积分弥散应力

$$\frac{1}{J}\frac{\partial(h_2 D_{11})}{\partial\xi} + \frac{1}{J}\frac{\partial(h_1 D_{12})}{\partial\eta} + \frac{1}{J}\frac{\partial h_1}{\partial\eta}D_{12} - \frac{1}{J}\frac{\partial h_2}{\partial\xi}D_{22} \tag{9-39}$$

将式（9-5）至式（9-6）和式（9-15）至式（9-19）代入上式整理得：

$$
\begin{aligned}
&\frac{1}{J}\frac{\partial}{\partial\xi}\left[h_2 QU\left(\frac{\sqrt{g}}{\kappa C}\right)^2\right] + \frac{1}{J}\frac{\partial}{\partial\eta}\left\{h_1\left[PU\left(\frac{\sqrt{g}}{\kappa C}\right)^2 + \frac{Q^2}{k^2 r}\frac{\sqrt{g}}{\kappa C}FF1\right]\right\} \\
&\quad + \frac{1}{J}\frac{\partial h_1}{\partial\eta}\left[QV\left(\frac{\sqrt{g}}{\kappa C}\right)^2 + \frac{Q^2}{k^2 r}\frac{\sqrt{g}}{\kappa C}FF1\right] \\
&\quad - \frac{1}{J}\frac{\partial h_2}{\partial\xi}\left[PV\left(\frac{\sqrt{g}}{\kappa C}\right)^2 + \frac{2PQ}{\kappa^2 r}\frac{\sqrt{g}}{\kappa C}FF1 + \frac{Q^2 H}{\kappa^4 r^2}FF2\right]
\end{aligned} \tag{9-40}
$$

$\xi$ 方向动量方程中积分弥散应力在点 $(i+1/2, j)$ 离散为

$$
\frac{1}{J_{i+1/2, j}}\frac{\left[h_2 QU\left(\frac{\sqrt{g}}{\kappa C}\right)^2\right]_{i+1, j}^n - \left[h_2 QU\left(\frac{\sqrt{g}}{\kappa C}\right)^2\right]_{i, j}^n}{\Delta\xi}
$$

$$
+ \frac{1}{J_{i+1/2, j}}\frac{\left\{h_1\left[PU\left(\frac{\sqrt{g}}{\kappa C}\right)^2 + \frac{Q^2}{k^2 r}\frac{\sqrt{g}}{\kappa C}FF1\right]\right\}_{i+1/2, j+1/2}^n}{\Delta\eta}
$$

$$
+ \frac{1}{J_{i+1/2, j}}\frac{-\left\{h_1\left[PU\left(\frac{\sqrt{g}}{\kappa C}\right)^2 + \frac{Q^2}{k^2 r}\frac{\sqrt{g}}{\kappa C}FF1\right]\right\}_{i+1/2, j-1/2}^n}{\Delta\eta}
$$

$$
+ \frac{1}{J_{i+1/2, j}}\left[QV\left(\frac{\sqrt{g}}{\kappa C}\right)^2 + \frac{Q^2}{k^2 r}\frac{\sqrt{g}}{\kappa C}FF1\right]_{i+1/2, j}^n \frac{(h_1)_{i+1/2, j+1/2}^n - (h_1)_{i+1/2, j-1/2}^n}{\Delta\eta}
$$

$$
- \frac{1}{J_{i+1/2, j}}\left[PV\left(\frac{\sqrt{g}}{\kappa C}\right)^2 + \frac{2PQ}{\kappa^2 r}\frac{\sqrt{g}}{\kappa C}FF1 + \frac{Q^2 H}{\kappa^4 r^2}FF2\right]_{i+1/2, j}^n \frac{(h_2)_{i+1, j}^n - (h_2)_{i, j}^n}{\Delta\xi} \tag{9-41}
$$

式中：

$$
\left[h_2 QU\left(\frac{\sqrt{g}}{\kappa C}\right)^2\right]_{i+1, j}^n = \left\{\left[h_2 QU\left(\frac{\sqrt{g}}{\kappa C}\right)^2\right]_{i+3/2, j}^n + \left[h_2 QU\left(\frac{\sqrt{g}}{\kappa C}\right)^2\right]_{i+1/2, j}^n\right\}\bigg/2
$$

$$
\left[h_2 QU\left(\frac{\sqrt{g}}{\kappa C}\right)^2\right]_{i, j}^n = \left\{\left[h_2 QU\left(\frac{\sqrt{g}}{\kappa C}\right)^2\right]_{i+1/2, j}^n + \left[h_2 QU\left(\frac{\sqrt{g}}{\kappa C}\right)^2\right]_{i-1/2, j}^n\right\}\bigg/2 \tag{9-42}
$$

$$
\left[h_1 PU\left(\frac{\sqrt{g}}{\kappa C}\right)^2\right]_{i+1/2, j+1/2}^n = \left[h_1 P\left(\frac{\sqrt{g}}{\kappa C}\right)^2\right]_{i+1/2, j+1/2}^n U_{i+1/2, j+1/2+r}^n
$$

$$
\left[h_1 PU\left(\frac{\sqrt{g}}{\kappa C}\right)^2\right]_{i+1/2, j-1/2}^n = \left[h_1 P\left(\frac{\sqrt{g}}{\kappa C}\right)^2\right]_{i+1/2, j-1/2}^n U_{i+1/2, j+1/2+s}^n
$$

$$\left[h_1 P\left(\frac{\sqrt{g}}{\kappa C}\right)^2\right]^n_{i+1/2,\,j+1/2} = \left\{\left[h_1 P\left(\frac{\sqrt{g}}{\kappa C}\right)^2\right]^n_{i,\,j+1/2} + \left[h_1 P\left(\frac{\sqrt{g}}{\kappa C}\right)^2\right]^n_{i+1,\,j+1/2}\right\}\bigg/2$$

$$\left[h_1 P\left(\frac{\sqrt{g}}{\kappa C}\right)^2\right]^n_{i+1/2,\,j-1/2} = \left\{\left[h_1 P\left(\frac{\sqrt{g}}{\kappa C}\right)^2\right]^n_{i,\,j-1/2} + \left[h_1 P\left(\frac{\sqrt{g}}{\kappa C}\right)^2\right]^n_{i+1,\,j-1/2}\right\}\bigg/2$$

$$\left(h_1 \frac{Q^2}{\kappa^2 r}\frac{\sqrt{g}}{\kappa C}FF1\right)^n_{i+1/2,\,j+1/2} = \left[\left(h_1 \frac{Q^2}{\kappa^2 r}\frac{\sqrt{g}}{\kappa C}FF1\right)^n_{i+1/2,\,j} + \left(h_1 \frac{Q^2}{\kappa^2 r}\frac{\sqrt{g}}{\kappa C}FF1\right)^n_{i+1/2,\,j+1}\right]\bigg/2$$

$$\left(h_1 \frac{Q^2}{\kappa^2 r}\frac{\sqrt{g}}{\kappa C}FF1\right)^n_{i+1/2,\,j-1/2} = \left[\left(h_1 \frac{Q^2}{\kappa^2 r}\frac{\sqrt{g}}{\kappa C}FF1\right)^n_{i+1/2,\,j-1} + \left(h_1 \frac{Q^2}{\kappa^2 r}\frac{\sqrt{g}}{\kappa C}FF1\right)^n_{i+1/2,\,j}\right]\bigg/2$$

$$(9-43)$$

$\eta$ 方向动量方程中积分弥散应力

$$\frac{1}{J}\frac{\partial(h_2 D_{12})}{\partial\xi} + \frac{1}{J}\frac{\partial(h_1 D_{22})}{\partial\eta} - \frac{1}{J}\frac{\partial h_1}{\partial\eta}D_{11} + \frac{1}{J}\frac{\partial h_2}{\partial\xi}D_{12} \qquad (9-44)$$

将式（9-7）和式（9-15）至式（9-19）代入上式整理得

$$\frac{1}{J}\frac{\partial}{\partial\xi}\left\{h_2\left[QV\left(\frac{\sqrt{g}}{\kappa C}\right)^2 + \frac{Q^2}{\kappa^2 r}\frac{\sqrt{g}}{\kappa C}FF1\right]\right\}$$

$$+\frac{1}{J}\frac{\partial}{\partial\eta}\left\{h_1\left[PV\left(\frac{\sqrt{g}}{\kappa C}\right)^2 + \frac{2PQ}{\kappa^2 r}\frac{\sqrt{g}}{\kappa C}FF1 + \frac{Q^2 H}{\kappa^4 r^2}FF2\right]\right\}$$

$$-\frac{1}{J}\frac{\partial h_1}{\partial\eta}\left[h_2 QU\left(\frac{\sqrt{g}}{\kappa C}\right)^2\right] + \frac{1}{J}\frac{\partial h_2}{\partial\xi}\left\{\left[PU\left(\frac{\sqrt{g}}{\kappa C}\right)^2 + \frac{Q^2}{k^2 r}\frac{\sqrt{g}}{\kappa C}FF1\right]\right\} \qquad (9-45)$$

$\eta$ 方向动量方程中积分弥散应力在点 $(i,\,j+1/2)$ 离散为

$$\frac{1}{J_{i,\,j+1/2}}\frac{\left\{h_2\left[QV\left(\frac{\sqrt{g}}{\kappa C}\right)^2 + \frac{Q^2}{\kappa^2 r}\frac{\sqrt{g}}{\kappa C}FF1\right]\right\}^{n+1/2}_{i+1/2,\,j+1/2}}{\Delta\xi}$$

$$+\frac{1}{J_{i,\,j+1/2}}\frac{-\left\{h_2\left[QV\left(\frac{\sqrt{g}}{\kappa C}\right)^2 + \frac{Q^2}{\kappa^2 r}\frac{\sqrt{g}}{\kappa C}FF1\right]\right\}^{n+1/2}_{i-1/2,\,j+1/2}}{\Delta\xi}$$

$$+\frac{1}{J_{i,\,j+1/2}}\frac{\left\{h_1\left[PV\left(\frac{\sqrt{g}}{\kappa C}\right)^2 + \frac{2PQ}{\kappa^2 r}\frac{\sqrt{g}}{\kappa C}FF1 + \frac{Q^2 H}{\kappa^4 r^2}FF2\right]\right\}^{n+1/2}_{i,\,j+1}}{\Delta\eta}$$

$$+\frac{1}{J_{i,\,j+1/2}}\frac{-\left\{h_1\left[PV\left(\frac{\sqrt{g}}{\kappa C}\right)^2 + \frac{2PQ}{\kappa^2 r}\frac{\sqrt{g}}{\kappa C}FF1 + \frac{Q^2 H}{\kappa^4 r^2}FF2\right]\right\}^{n+1/2}_{i,\,j}}{\Delta\eta}$$

$$-\frac{1}{J_{i,\,j+1/2}}\left[QU\left(\frac{\sqrt{g}}{\kappa C}\right)^2\right]^{n+1/2}_{i,\,j+1/2}\frac{(h_1)^n_{i,\,j+1} - (h_1)^n_{i,\,j}}{\Delta\eta}$$

$$+\frac{1}{J_{i,\,j+1/2}}\left\{\left[PU\left(\frac{\sqrt{g}}{\kappa C}\right)^2 + \frac{Q^2}{\kappa^2 r}\frac{\sqrt{g}}{\kappa C}FF1\right]\right\}^{n+1/2}_{i,\,j+1/2}\frac{(h_2)^{n+1/2}_{i+1/2,\,j+1/2} - (h_2)^{n+1/2}_{i-1/2,\,j+1/2}}{\Delta\xi} \qquad (9-46)$$

式中：

$$\left[h_2 QV\left(\frac{\sqrt{g}}{\kappa C}\right)^2\right]_{i+1/2,\,j+1/2}^{n+1/2} = \left[h_2 Q\left(\frac{\sqrt{g}}{\kappa C}\right)^2\right]_{i+1/2,\,j+1/2}^{n+1/2} V_{i+1/2+r,\,j+1/2}^{n}$$

$$\left[h_2 QV\left(\frac{\sqrt{g}}{\kappa C}\right)^2\right]_{i-1/2,\,j+1/2}^{n+1/2} = \left[h_2 Q\left(\frac{\sqrt{g}}{\kappa C}\right)^2\right]_{i-1/2,\,j+1/2}^{n+1/2} V_{i+1/2+s,\,j+1/2}^{n}$$

$$\left[h_2 Q\left(\frac{\sqrt{g}}{\kappa C}\right)^2\right]_{i+1/2,\,j+1/2}^{n+1/2} = \left\{\left[h_2 Q\left(\frac{\sqrt{g}}{\kappa C}\right)^2\right]_{i+1/2,\,j}^{n+1/2} + \left[h_2 Q\left(\frac{\sqrt{g}}{\kappa C}\right)^2\right]_{i+1/2,\,j+1}^{n+1/2}\right\} \Big/ 2$$

$$\left[h_2 Q\left(\frac{\sqrt{g}}{\kappa C}\right)^2\right]_{i-1/2,\,j+1/2}^{n+1/2} = \left\{\left[h_2 Q\left(\frac{\sqrt{g}}{\kappa C}\right)^2\right]_{i-1/2,\,j}^{n+1/2} + \left[h_2 Q\left(\frac{\sqrt{g}}{\kappa C}\right)^2\right]_{i-1/2,\,j+1}^{n+1/2}\right\} \Big/ 2 \tag{9-47}$$

$$\left[h_2 \frac{Q^2}{\kappa^2 r}\frac{\sqrt{g}}{\kappa C}FF1\right]_{i+1/2,\,j+1/2}^{n+1/2} = \left[\left(h_2 \frac{Q^2}{\kappa^2 r}\frac{\sqrt{g}}{\kappa C}FF1\right)_{i+1/2,\,j}^{n+1/2} + \left(h_2 \frac{Q^2}{\kappa^2 r}\frac{\sqrt{g}}{\kappa C}FF1\right)_{i+1/2,\,j+1}^{n+1/2}\right] \Big/ 2$$

$$\left[h_2 \frac{Q^2}{\kappa^2 r}\frac{\sqrt{g}}{\kappa C}FF1\right]_{i-1/2,\,j+1/2}^{n+1/2} = \left[\left(h_2 \frac{Q^2}{\kappa^2 r}\frac{\sqrt{g}}{\kappa C}FF1\right)_{i-1/2,\,j}^{n+1/2} + \left(h_2 \frac{Q^2}{\kappa^2 r}\frac{\sqrt{g}}{\kappa C}FF1\right)_{i-1/2,\,j+1}^{n+1/2}\right] \Big/ 2$$

$$\tag{9-48}$$

$$\left[h_1 PV\left(\frac{\sqrt{g}}{\kappa C}\right)^2\right]_{i,\,j+1}^{n+1/2} = \left\{\left[h_1 PV\left(\frac{\sqrt{g}}{\kappa C}\right)^2\right]_{i,\,j+3/2}^{n+1/2} + \left[h_1 PV\left(\frac{\sqrt{g}}{\kappa C}\right)^2\right]_{i,\,j+1/2}^{n+1/2}\right\} \Big/ 2$$

$$\left[h_1 PV\left(\frac{\sqrt{g}}{\kappa C}\right)^2\right]_{i,\,j}^{n+1/2} = \left\{\left[h_1 PV\left(\frac{\sqrt{g}}{\kappa C}\right)^2\right]_{i,\,j+1/2}^{n+1/2} + \left[h_1 PV\left(\frac{\sqrt{g}}{\kappa C}\right)^2\right]_{i,\,j-1/2}^{n+1/2}\right\} \Big/ 2$$

$$\left(h_1 \frac{2PQ}{\kappa^2 r}\frac{\sqrt{g}}{\kappa C}FF1\right)_{i,\,j+1}^{n+1/2} = \left[\left(h_1 \frac{2PQ}{\kappa^2 r}\frac{\sqrt{g}}{\kappa C}FF1\right)_{i,\,j+3/2}^{n+1/2} + \left(h_1 \frac{2PQ}{\kappa^2 r}\frac{\sqrt{g}}{\kappa C}FF1\right)_{i,\,j+1/2}^{n+1/2}\right] \Big/ 2$$

$$\left(h_1 \frac{2PQ}{\kappa^2 r}\frac{\sqrt{g}}{\kappa C}FF1\right)_{i,\,j}^{n+1/2} = \left[\left(h_1 \frac{2PQ}{\kappa^2 r}\frac{\sqrt{g}}{\kappa C}FF1\right)_{i,\,j+1/2}^{n+1/2} + \left(h_1 \frac{2PQ}{\kappa^2 r}\frac{\sqrt{g}}{\kappa C}FF1\right)_{i,\,j-1/2}^{n+1/2}\right] \Big/ 2$$

$$\left(h_1 \frac{Q^2 H}{\kappa^4 r^2}FF2\right)_{i,\,j+1}^{n+1/2} = \left[\left(h_1 \frac{Q^2 H}{\kappa^4 r^2}FF2\right)_{i,\,j+3/2}^{n+1/2} + \left(h_1 \frac{Q^2 H}{\kappa^4 r^2}FF2\right)_{i,\,j+1/2}^{n+1/2}\right] \Big/ 2$$

$$\left(h_1 \frac{Q^2 H}{\kappa^4 r^2}FF2\right)_{i,\,j}^{n+1/2} = \left[\left(h_1 \frac{Q^2 H}{\kappa^4 r^2}FF2\right)_{i,\,j+1/2}^{n+1/2} + \left(h_1 \frac{Q^2 H}{\kappa^4 r^2}FF2\right)_{i,\,j-1/2}^{n+1/2}\right] \Big/ 2 \tag{9-49}$$

针对岸边和河流进出口，闭边界条件采用"无穿透条件"。流动边界的给法为：流速分量由边界直接给出；计算区域外的流速分量等于边界上的流速值。

6）干湿边界的给定。

对于水位涨落较大，具有大量滩地出没的情况下，水流的动边界处理是非常重要的。本研究采用的模型具有较强的动边界处理功能。模型通过水上、水下"干"和"湿"网格的定义与区分来实现动边界处理。

对于落水过程干网格的检索过程如下：

①用 $L1$ 来描述粗糙高度或沙波高度，当单元网格各边的中心点的水深都小于 $L1$，那么该网格为干网格，其水深和流速都赋为 0，因此没有流体经过这个单元，除非这个单元格变为湿网格。

②当单元网格的四点的水深都小于 $L1$，那么该网格为干网格，这个网格应从计算区域删除，当这个网格再次变为湿网格时，此时网格上的水深为前半个时段的该网格的水深。

③如果湿网格中心的水深小于 $L1$，那么该网格也设为干网格。

④如果一个湿网格中心的水深 $H$ 满足：$L1<H<L2$，式中 $L2=$（2~2.5）$L1$，且流体是从网格流出，那么就设定为潜在的干网格。如果网格的四边的水深至少有一边的水深 $H$ 满足 $L1<H<L2$ 且流向是从该网格流到相邻的湿网格，那么该网格可以设定干网格；如果流体是从其他网格中流进该网格，那么该网格就不能从计算区域中去除。

对于涨水过程，在下列情况下干网格需要重新进入计算区域：

①当一个干网格的周围有一个湿网格时，该干网格要移到计算区域中去；

②当干网格的周围的湿网格的水位大于该干网格的水位时；

③干网格中心的水深 $H>L1$ 时；

④干网格和湿网格交界面的水深 $H>L1$ 时。

## 9.2　泥沙数学模型构建

### 9.2.1　泥沙运动方程

二维正交曲线坐标系下的悬移质质量守恒方程为

$$\frac{\partial(Hs_l)}{\partial t} + \frac{1}{J}\left[\frac{\partial(Hs_lUh_2)}{\partial\xi} + \frac{\partial(Hs_lVh_1)}{\partial\eta}\right]$$
$$- \frac{1}{J}\left[\frac{\partial}{\partial\xi}\left(H\varepsilon_\xi\frac{h_2}{h_1}\frac{\partial s_l}{\partial\xi}\right) + \frac{\partial}{\partial\eta}\left(H\varepsilon_\eta\frac{h_1}{h_2}\frac{\partial s_l}{\partial\eta}\right)\right] + \alpha_l\omega_l(s_l - s_{*l}) + s_{ol} = 0$$

$$(9-50)$$

其中：

$$\varepsilon_\xi = \frac{(k_lU^2 + k_tV^2)H\sqrt{g}}{\sqrt{U^2 + V^2}C}, \qquad \varepsilon_\eta = \frac{(k_tU^2 + k_lV^2)H\sqrt{g}}{\sqrt{U^2 + V^2}C} \qquad (9-51)$$

式中：下标 $l$ 代表第 $l$ 个粒径组；$s_l$、$s_{*l}$ 分别为第 $l$ 个粒径组垂线平均的含沙量和挟沙力；$\varepsilon_\xi$、$\varepsilon_\eta$ 分别为泥沙纵向和横向扩散系数；$\omega_l$ 为第 $l$ 个粒径的沉速；$s_{ol}$ 为单位时间单位面积的床面上侧向输入的泥沙质量。

悬移质河床变形方程为

$$\rho_s\frac{\partial\zeta_{bsk}}{\partial t} = \alpha_l\omega_l(s_l - s_l^*) \qquad (9-52)$$

式中：$\rho_s$ 为悬移质淤积物的干密度；$\alpha_l$ 为第 $l$ 个粒径组的恢复饱和系数；$\zeta_{bsk}$ 为悬移质运动引起的河床冲淤厚度。

推移质输沙方程为

$$\frac{\partial(\delta C_{bk})}{\partial t} + \frac{1}{J}\left[\frac{\partial(h_2\alpha_{b\xi}q_{bk})}{\partial\xi} + \frac{\partial(h_1\alpha_{b\eta}q_{bk})}{\partial\eta}\right] + \frac{1}{L}(q_{bk} - q_{bk}^*) = 0 \qquad (9-53)$$

式中：$q_{bk} = \overline{U}\delta C_{bk}$ 为推移质输沙率，$\overline{U} = \sqrt{U^2 + V^2}$；$\delta$ 为推移质泥沙运动层厚度；$C_{bk}$ 为推移质运动层中第 $k$ 个粒径组泥沙的平均浓度；$\alpha_{b\xi}$、$\alpha_{b\eta}$ 分别为推移质在 $\xi$、$\eta$ 方向的方向余弦；$q_{bk}^*$ 为平衡推移质单宽输沙力；$L = 3d_{50}D_*^{0.6}T^{0.9}$（Van Rijn，1987）为推移质非平衡恢复长度，在实际计算中 $L$ 为调试参数。

推移质河床变形方程为

$$\rho_b \frac{\partial \zeta_{bgk}}{\partial t} = \frac{1}{L}(q_{bk} - q_{bk}^*) \tag{9-54}$$

式中：$\rho_b$ 为推移质淤积物的干密度；$\zeta_{bgk}$ 分别为推移质引起的河床冲淤厚度。

在天然河道计算中推移质河床变形方程一般为

$$\rho_b \frac{\partial \zeta_{bgk}}{\partial t} = \frac{1}{J}\left[\frac{\partial}{\partial \xi}(g_{b\xi k}h_2) + \frac{\partial}{\partial \eta}(g_{b\eta k}h_1)\right] \tag{9-55}$$

式中：$g_{b\xi k}$、$g_{b\eta k}$ 分别为第 $k$ 个粒径组在 $\xi$ 和 $\eta$ 方向的单宽推移质输沙率，通过经验公式计算得到。

泥沙沉速公式天然河道计算可采用武水公式

$$\omega = \left[\left(13.95\frac{\nu}{D}\right)^2 + 1.09\frac{\gamma_s - \gamma}{\gamma}gD\right]^{1/2} - 13.95\frac{\nu}{D} \tag{9-56}$$

式中：$\omega$ 为沉速；$\nu$ 为运动黏性系数；$D$ 为泥沙直径；$\gamma$ 为水的容重；$\gamma_s$ 为泥沙容重。

泥沙扩散系数采用 Falconer（1984）方法：

$$\varepsilon_\xi = \frac{(k_lU^2 + k_tV^2)H\sqrt{g}}{\sqrt{U^2 + V^2}C}, \qquad \varepsilon_\eta = \frac{(k_tU^2 + k_lV^2)H\sqrt{g}}{\sqrt{U^2 + V^2}C} \tag{9-57}$$

式中：$k_l$、$k_t$ 分别为沿水深平均的扩散系数在纵向和横向上的分量，一般取为 $k_l = 5.93$，$k_t = 0.15$。泥沙的恢复饱和系数采用冲刷时取 $\alpha_l = 1.0$，淤积时取 $\alpha_l = 0.25$（韩其为，1972）。模型采用韦直林等（1997）的方法。把河床淤积物概化为表、中、底三层，各层的厚度和平均粒配分别记为 $h_u$、$h_m$、$h_b$ 和 $P_{uk}$、$P_{mk}$、$P_{bk}$。

## 9.2.2　方程离散

泥沙运动方程的离散采用类似水流方程的方法，只是在对流项中没有采用 QUICK 格式，而是采用的一阶迎风。这里不再一一写出，只是写出最后的离散结果，为简单起见，这里省略不同粒径组的下标。

1）$n+1/2$ 时层时，悬移质泥沙输运方程在点 $(i, j)$ 的离散结果为

$$A_iS_{i-1, j}^{n+1/2} + B_iS_{i, j}^{n+1/2} + C_iS_{i+1, j}^{n+1/2} = D_i \quad (i = IB, IB+1, \cdots, IT) \tag{9-58}$$

式中：$A$、$B$、$C$、$D$ 为系数；$IB$ 和 $IT$ 分别为计算域中第 $j$ 列的上顶点和下顶点，在 $n+1/2$ 时层的流场计算出来后，方程的系数可以直接求解。其中各系数分别为

$$A_i = -\left[A1_i + \frac{\Delta T}{2\Delta \xi^2}\left(\frac{H\varepsilon_\xi}{J}\right)_{i, j}^{n+1/2}\left(\frac{h_2}{h_1}\right)_{i-1/2, j}\right] \tag{9-59}$$

$$A1_i = \begin{cases} \dfrac{\Delta t}{2\Delta \xi}\dfrac{1}{J_{i, j}}(HUh_2)_{i-1/2, j}^{n+1/2}, & U_n > 0 \\ 0, & U_N \leq 0 \end{cases} \tag{9-60}$$

$$B_i = H_{i,j}^{n+1/2} + \frac{\Delta t}{2\Delta\xi^2}\left(\frac{H\varepsilon_\xi}{J}\right)_{i,j}^{n+1/2}\left[\left(\frac{h_2}{h_1}\right)_{i+1/2,j} + \left(\frac{h_2}{h_1}\right)_{i-1/2,j}\right] \tag{9-61}$$

$$+ \frac{\Delta t}{2\Delta\xi}\frac{1}{J_{i,j}}[B2_i - B1_i]$$

$$B2_i = \begin{cases} (HUh_2)_{i+1/2,j}^{n+1/2}, & U_s > 0 \\ 0, & U_s \leqslant 0 \end{cases}$$

$$B1_i = \begin{cases} (HUh_2)_{i-1/2,j}^{n+1/2}, & U_N < 0 \\ 0, & U_N \geqslant 0 \end{cases} \tag{9-62}$$

$$C_i = \left[C1_i - \frac{\Delta t}{2\Delta\xi^2}\left(\frac{H\varepsilon_\xi}{J}\right)_{i,j}^{n+1/2}\left(\frac{h_2}{h_1}\right)_{i+1/2,j}\right] \tag{9-63}$$

$$C1_i = \begin{cases} \frac{\Delta t}{2\Delta\xi}\frac{1}{J_{i,j}}(HUh_2)_{i+1/2,j}^{n+1/2}, & U_s > 0 \\ 0, & U_s \leqslant 0 \end{cases} \tag{9-64}$$

$$D_i = (SH)_{i,j}^n - \frac{\Delta t}{2\Delta\eta}\frac{1}{J_{i,j}}\left[(HVh_1)_{i,j+1/2}^n D2_i - (HVh_1)_{i,j-1/2}^n D1_i\right]$$

$$+ \frac{\Delta t}{2\Delta\eta^2}\left(\frac{H\varepsilon_\eta}{J}\right)_{i,j}^{n+1/2}\left[\left(\frac{h_1}{h_2}\right)_{i,j+1/2}(S_{i,j+1}^n - S_{i,j}^n)\right.$$

$$\left. - \left(\frac{h_1}{h_2}\right)_{i,j-1/2}(S_{i,j}^n - S_{i,j-1}^n)\right] - \frac{\Delta t}{2}\alpha\omega(S - S_*)_{i,j}^n \tag{9-65}$$

$$D2_i = \begin{cases} S_{i,j}^n, & V_e > 0 \\ S_{i,j+1}^n, & V_e < 0 \end{cases}$$

$$D1_i = \begin{cases} S_{i,j}^n, & V_w < 0 \\ S_{i,j-1}^n, & V_w > 0 \end{cases} \tag{9-66}$$

2) $n+1$ 时层时，悬移质泥沙输运方程在点 $(i,j)$ 的离散结果为

$$E_j S_{i,j-1}^{n+1} + F_j S_{i,j}^{n+1} + G_j S_{i,j+1}^{n+1} = L_j \quad (j = JB, JB+1, \cdots, JT) \tag{9-67}$$

式中：E、F、G、L 为系数；$JB$ 和 $JT$ 分别为计算域中第 $i$ 行的上顶点和下顶点，在 $n+1$ 时层的流场计算出来后，方程的系数可以直接求解。式中各系数为

$$E_j = -\left[E1_i + \frac{\Delta t}{2\Delta\eta^2}\left(\frac{H\varepsilon_\eta}{J}\right)_{i,j}^{n+1}\left(\frac{h_1}{h_2}\right)_{i,j-1/2}\right] \tag{9-68}$$

$$E1_i = \begin{cases} \frac{\Delta t}{2\Delta\eta}\frac{1}{J_{i,j}}(HVh_1)_{i,j-1/2}^{n+1}, & V_w > 0 \\ 0, & V_w \leqslant 0 \end{cases} \tag{9-69}$$

$$S_j = H_{i,j}^{n+1} + \frac{\Delta t}{2\Delta\eta^2}\left(\frac{H\varepsilon_\eta}{J}\right)_{i,j}^{n+1}\left[\left(\frac{h_1}{h_2}\right)_{i,j+1/2} + \left(\frac{h_1}{h_2}\right)_{i,j-1/2}\right]$$

$$+ \frac{\Delta t}{2\Delta\eta}\frac{1}{J_{i,j}}(F2_i - F1_i)$$

$$\tag{9-70}$$

$$F2_i = \begin{cases} (HVh_1)^{n+1}_{i,\,j+1/2}, & V_e > 0 \\ 0, & V_e \leqslant 0 \end{cases}$$

$$F1_i = \begin{cases} (HVh_1)^{n+1}_{i,\,j-1/2}, & V_w < 0 \\ 0, & V_w \geqslant 0 \end{cases} \tag{9-71}$$

$$G_j = \left[ G1_i - \frac{\Delta t}{2\Delta \eta^2} \left( \frac{H\varepsilon_\eta}{J} \right)^{n+1}_{i,\,j} \left( \frac{h_1}{h_2} \right)_{i,\,j+1/2} \right] \tag{9-72}$$

$$G1_i = \begin{cases} \dfrac{\Delta t}{2\Delta \eta} \dfrac{1}{J_{i,\,j}} (HVh_1)^{n+1}_{i,\,j+1/2}, & V_e < 0 \\ 0, & V_e \geqslant 0 \end{cases} \tag{9-73}$$

$$\begin{aligned}
L_j =\ & (SH)^{n+1/2}_{i,\,j} - \frac{\Delta t}{2\Delta \xi} \frac{1}{J_{i,\,j}} \left[ (HUh_2)^{n+1/2}_{i+1/2,\,j} L2 - (HUh_2)^{n+1/2}_{i-1/2,\,j} L1 \right] \\
& + \frac{\Delta t}{2\Delta \xi^2} \left( \frac{H\varepsilon_\xi}{J} \right)^{n+1/2}_{i,\,j} \left[ \left( \frac{h_2}{h_1} \right)_{i+1/2,\,j} (S^{n+1/2}_{i+1,\,j} - S^{n+1/2}_{i,\,j}) - \left( \frac{h_2}{h_1} \right)_{i-1/2,\,j} (S^{n+1/2}_{i,\,j} - S^{n+1/2}_{i-1,\,j}) \right] \\
& - \frac{\Delta t}{2} \alpha \omega (S - S_*)^{n+1/2}_{i,\,j}
\end{aligned} \tag{9-74}$$

$$L2 = \begin{cases} S^n_{i,\,j}, & U_s > 0 \\ S^n_{i+1,\,j}, & U_s < 0 \end{cases}$$

$$L1 = \begin{cases} S^n_{i,\,j}, & U_N < 0 \\ S^n_{i-1,\,j}, & U_N > 0 \end{cases} \tag{9-75}$$

泥沙侧向输入项 $S_{ok}$ 可以作为源项加入到相应方程中。推移质输移方程的离散方法与悬移质方程的相同，只是少了扩散项，这里不再叙述，可参考上述方法。

上述离散结果仍是三对角矩阵，可以采用第 7 章所介绍的追赶法求解。

## 9.3　边岸崩塌模型构建

### 9.3.1　力学基础

黏性土河岸的稳定性主要是由于河流河床下切和河岸侧向冲刷引起的，对于冲积型河流来说，河流冲刷使河床下切展宽的同时导致河岸坡度变陡，在重力、渗流等作用下使其土体滑动力大于抗滑力而发生崩塌。河岸力学模拟方法仍借鉴 Osman 和 Thorne（1988）提出的模型。

河岸横向冲刷距离的计算方法如下。根据河岸的土体特性求得河岸发生侧蚀的起动切应力，当河岸水流切应力大于起动切应力时发生冲刷，$\Delta t$ 时间内横向冲刷距离根据经验公式（Osman and Thorne，1988）得

$$\Delta W = C_l \Delta t (\tau - \tau_c) \exp(-0.013\tau_c) / \gamma_{bk} \tag{9-76}$$

对于天然河道近岸水流切应力，根据谢才公式可以得出

$$\tau = \gamma H J \tag{9-77}$$

$$\tau = | \gamma (U^2 + V^2)/C^2 | \tag{9-78}$$

式中：$\Delta W$ 为河岸 $\Delta t$ 时间内的横向后退距离；$C_l$ 为河岸横向冲刷系数，主要取决于河岸土体的物理化学特性，根据实际情况进行率定；$\tau$ 为边岸水流切应力；$\tau_c$ 为边岸土体发生冲刷的起动切应力；$\gamma_{bk}$ 为边岸土体的容重。对于黏性河岸土体的起动切应力一种方法是采用 Osman 提出的查图法，另一种方法是建立起动切应力与其他变量之间的经验关系式，这里采用唐存本（1963）根据力的平衡方程式得出的新黏性土起动切应力公式：

$$\tau_c = 6.68 \times 10^2 D + 3.67 \times 10^{-6}/D \tag{9-79}$$

根据横向冲刷后退距离可以计算出单位时间单位面积的床面上侧向输入的泥沙质量：

$$S_{ok} = \frac{1}{\Delta t} \frac{\gamma_{bk} \Delta W^2 \tan \tilde{i}}{2\Delta x} P_{uk} \tag{9-80}$$

式中：$\tilde{i} = \tilde{i}_0$ 或 $\beta$ 为岸坡与水平面的夹角，根据河岸首次崩塌和二次崩塌、再次崩塌来确定；$\Delta x$ 为网格横向宽度。

## 9.3.2　数值模拟技术

上节只是针对 Osman 黏性土模型的简单描述，本节将对二维数学模型崩塌模式的数值模拟技术进行详细介绍。建立的平面二维数学模型初始高程数据布置在网格节点上，而在计算中所用边中和网格中心地形通过节点地形线性插值得到，开始计算之初已经把所有网格单元类型分为永久干网格和普通湿网格。永久干网格为完全不可动的陆地边界，如大堤、防护险工、模型计算域边界等。普通湿网格为计算域内可动边界，一种是涨落水过程中水位的变化引起暂时的干或湿网格，一种是河岸崩塌导致河床横向调整所引起的边界网格。为了便于说明崩塌计算具体过程，将普通湿网格又分为临界水域网格，临界陆地网格和陆地网格（分别以 1，2，0 标记），如图 9-2 所示。

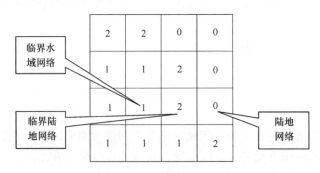

图 9-2　普通湿网格分类标记

临界水域网格"1"的平均高程即网格中心高程低于水位；临界陆地网格定义为至少有一边网格为水域网格且网格平均高程高于附近水位的网格如标记"2"，一般情况下不参与水流泥沙运动方程的数值求解；而陆地网格"0"定义为网格平均高程高于附近水位且

四边没有任何一边为水域网格的网格。河岸崩塌就是指网格"1"的水流泥沙作用对网格"2"处泥沙冲淤的影响。在冲淤过程中，网格"2"的性质是不断变化的，即网格"1"泥沙冲淤和水位的变化及对"2"的侧向冲刷及崩塌影响，网格"2"经历着由完全没水⇒部分有水⇒完全有水的过程，或是部分有水⇒完全没水的过程。当网格"2"完全没水时的初始阶段，它的冲淤变化只受周围网格"1"的冲淤特性影响，网格内没有水流运动，只是该网格向周围网格"1"输入泥沙，河岸后退而已，这时就用到我们上节提到的河岸崩塌模型，但当网格"2"水域达到一定百分数时，水流运动达到一定规模，此时则参与水流泥沙计算。

取出图 9-2 中右下角 9 个单元为例，假设一个临界陆地网格单元的四个方向仅有一方发生侧向冲刷和河岸崩塌。如图 9-3 所示，$I$，$J$ 表示节点位置，$(i, j)$ 网格单元为节点 $(I-1, J-1)$、$(I-1, J)$、$(I, J-1)$、$(I, J)$ 四节点之间单元。首先根据干湿变量参数确定出图 9-3 中心单元 $(i, j+1)$ 为临界陆地网格，网格单元 $(i, j)$ 和 $(i+1, j+1)$ 为临界水域网格，然后根据临界陆地网格和临界水域网格共用边的流速最大值确定出该网格单元的哪一边可能发生崩塌。假如判断出图 9-3 中阴影部分为可能发生崩塌的岸坡网格。其剖面图如图 9-4 所示。

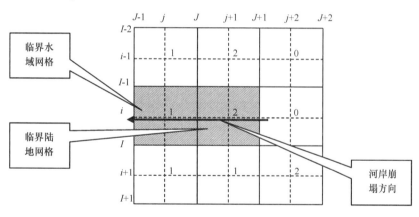

图 9-3　崩塌网格确定示意

为了简化计算，对于网格"2"我们省略了中间部分有水的过程，而是采用数组记忆河岸形态和网格的各种属性。当网格"2"发生崩塌直到完全有水时再采用水域网格的方法参与一般水流泥沙数值计算，也就是说给定的百分数为百分之百。如图 9-4 所示，图中所有 $(I, J)$ 标记为网格节点，前述已讲过变量布置采用交错网格系统，对于河岸崩塌模拟来说，用的都是网格单元高程平均值，其布置在网格单元的中心。图 9-4（a）中 $OA$ 和 $PQ$ 即分别为网格单元 $(i, j)$ 的平均高程位置，假设 $ACQ$ 初始河岸形态，$i_0$ 为初始的河岸坡角。根据临界水域网格 $(i, j)$ 的水流和泥沙冲淤分别计算出河岸横向冲刷后退距离 $\Delta W$ 和垂向冲淤变化值 $\Delta Z$，当河岸满足崩塌条件时，发生初次崩塌，即可计算出河岸后退距离 $CD$ 等值，断面形态如图 9-4（c）所示，河岸冲刷后退距离 $\Delta W$ 这部分土体加入到临界水域网格 $(i, j)$ 的计算中。假设河岸坡角高程与临界水域网格 $(i, j)$ 的相同，如图 9-4（d）所示。然后再采用类似方法计算出二次崩塌、再次崩塌，直到临界陆地网格

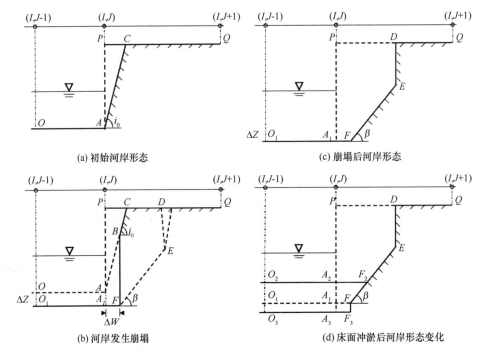

图 9-4 崩塌数值计算示意

$(i,j+1)$ 完全崩塌，即崩塌后退点 $D$ 发展到 $Q$ 点，则此时参与一般水域网格的水流泥沙计算中。以后根据水位的变化重新确定网格的状态，同时对于以往的临界陆地网格参数相应的记录和调整。

崩塌后的土体在边岸处的淤积形态，可以根据具体情况处理，一般处理时采用平铺的方法，用海伦公式计算单元网格的面积后，根据每次崩塌体积即可以求得河岸周围网格的淤积厚度。

### 9.3.3 崩塌模拟步骤

1）首先根据水流计算的流场结果确定出临界水域网格，临界陆地网格和陆地网格，并计算出临岸陆地网格横向冲刷后退距离 $\Delta W$ 及相应土体体积。

2）进行泥沙输运计算，将横向冲刷后退泥沙质量作为侧向泥沙输入源项加入到临界水域边界中。

3）进行崩塌模拟计算，根据临界水域网格冲淤变化及相应水流条件确定临界陆地网格的崩塌过程及相应的崩塌体积。

4）将河岸崩塌体积以一定比例分摊到临界水域边界中，同时与泥沙垂向冲淤体积在相应单元格中进行累积，修正网格单元中心、边和节点地形，并相应地进行水位调整及网格状态属性等参数。

5）重复上述步骤。

## 9.4　模型验证和应用

### 9.4.1　模型验证

本章基于前文中所建立并验证过的水沙运动及河床变形数学模型，对概化河道的演变过程进行数值模拟研究。为探讨不同水沙条件及边岸抗冲性对河型转化过程的影响，在数值模拟中令如下的要素发生变化：比降、含沙量、流量、河岸抗冲性。用模拟得到的河型转化过程，印证河型成因及河型转化理论。

（1）概化河道基本情况

概化河道研究的计算区域全长 10 000 m，宽 2 000 m，如图 9-5 所示（河道平面坐标单位均为 m）。计算中统一采用宽 300 m、深 3 m 的矩形河道作为初始河槽，其初始河底纵比降为 1/10 000~4/10 000，根据不同的计算工况选用不同的数值。为了诱发河道变形、加速形成稳定河型，入口处采用一个曲率半径等于初始河槽宽度的 90°急弯，进入急弯之前有一段长 700 m 的直道。该急弯段比降为固定值（4/10 000），且边岸不可冲。边界组成采用均匀沙且床沙粒径为 $D = 0.1$ mm。

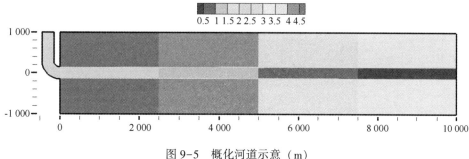

图 9-5　概化河道示意（m）

研究区域中河岸土体的属性设定如下：令河岸土体干容重为 $\gamma_{bk} = 18.0$ kN/m³，河岸土体粒径为 $D_{bk} = 0.1$ mm，河岸土体凝聚力为 $c' = 11.0$ kPa，初始岸坡角度 $i_0 = 80°$，泥沙休止角 $\phi' = 14°$，河岸横向冲刷系数 $C_l = 0.011$，在弯道进入直道段沿左岸纵向 500 m 长的河岸设为不可冲。如无特别说明，以下计算分析的各工况中河岸土体属性保持不变。

（2）模型验证结果

在目前的河岸崩塌模型中，对崩塌后的土体一般都按某些人为假设进行处理，例如令该部分土体平铺于河岸崩塌网格周围的临界水域网格中，或其一部分进入悬浮状态等。为了对模型进行初步检验计算，在本节先不考虑对该土体的处理（质量不守恒），只对崩塌的计算过程作定性分析和测试。

令研究区域顺直段比降取为 2/10 000，流量为 300 m³/s，河段出口控制水位保持不变，恒为 1.0 m，入口含沙量为 0 kg/m³，其他条件同前述。计算网格数为 424×81，采用正交贴体网格，如图 9-6 所示。

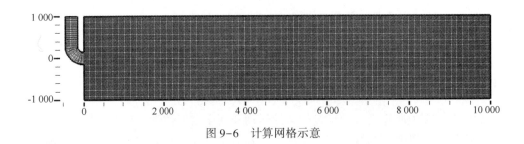

图 9-6　计算网格示意

计算中的有关公式和参数取值如下：水流挟沙力公式采用张瑞瑾公式 $S_* = k\left(u^3/gh\omega\right)^m$，其中 $k=0.1$，$m=0.92$，粗糙高度 $k_s=1$ mm，涡黏性系数 $C_e=0.01$，恢复饱和系数为 1.0。水流和泥沙计算时间步长都取为 6 s，计算河床冲淤、崩岸及河道演变过程，计算 250 天后停止。图 9-7 给出了河道平面形态演变过程的计算结果，时间间隔为 50 天，以床面高程表示，初始河道如图 9-5 所示。图 9-8 为河道横断面变化过程。图 9-9 为沿深泓线绘制的河道纵剖面变化过程。图 9-10 为沿程水面线变化过程。

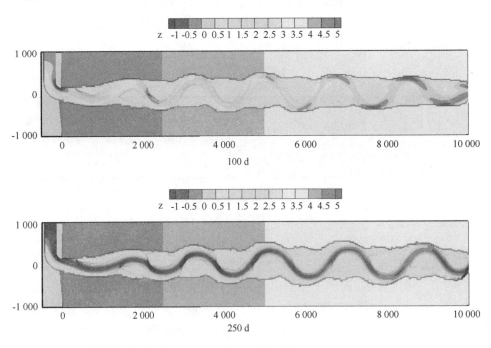

图 9-7　河道平面形态演化（m）

从河段端点起观察其河道演变，可以发现河道从顺直形态逐渐转化为弯曲型河道。在计算刚开始时，河段端点附近河岸崩塌后退速度非常快，尤其在水流从 90°弯道段进入直道段的顶冲部位，此处河床冲刷最剧烈。随着计算时间的增加，出现了自上而下的河道展宽，河岸崩塌也开始左、右岸交替进行，出现了犬牙交错的浅滩，顺直河道开始向弯曲形态发展，弯道的曲率半径逐渐增大。随着时间的进一步推移，河道展宽崩塌速度出现了非常明显的减缓趋势，其原因在于河岸展宽速率取决于边岸水流切应力，当河道横向展宽

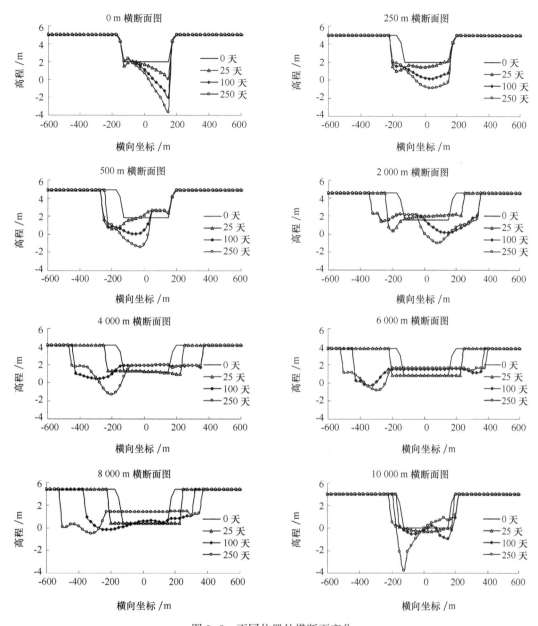

图 9-8　不同位置处横断面变化

后，过水面积增大，水流切应力减小，导致展宽速率减缓。

　　由于清水冲刷，上游断面河床冲刷下切，冲起的泥沙经过水流输运在下游发生淤积，河床反而抬高，下游水位控制不变导致了出口段发生了溯源冲刷，河道比降增加明显。因为弯段直道和浅滩的交替出现，在河床沿程纵剖面上出现了一系列的上下波动，表现为锯齿状的外形。整体上看，冲刷过程使得河道比降趋于平缓，水面比降也逐渐减小，最后达到一个平衡比降，河道形态基本保持不变。

　　如图 9-8 所示，0 m 处横断面的变化结果。水流刚离开端点弯道后，顶冲部位出现在

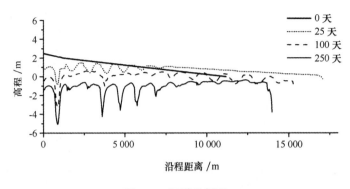

图 9-9　河道纵剖面

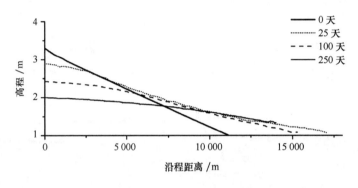

图 9-10　沿程水面线变化过程

0 m 后直道的右岸位置，此处流速最大，河岸崩塌后退速度也快，开始形成第一个河弯。但随着时间推移，0 m 处凸岸冲刷越来越深，主流开始从凹岸向凸岸位置摆动，反而使水流主流线曲率减小，上游段河弯减小，没有发展出更大的曲率。从图 9-8 中 250 m 处横断面的变化，可以清楚地看出这一过程。河道主槽长度也经历了一个由短到长而后缩短的过程，同样反映了水流走直的这种趋势。

　　以上结果是在没有考虑边岸土体崩塌之后的处理方式情况下得到的，旨在分析检验边岸崩塌计算过程的合理性。以下章节中，采用的边岸土体崩塌后处理方式是，将土体体积在其崩塌网格处三个网格以 1.4 : 1 : 0.6 的比例进行分摊。在采用这一土体处理方式的前提下，进一步从河道平面形态、横断面变化、河床纵剖面变化、水面比降等方面对不同变化条件下的河型转化过程进行计算模拟。

## 9.4.2　模型应用

　　上荆江河段内弯道较多，属微弯河型，河床组成主要为中细砂，其中上段枝城至江口段河床为砾卵石。河岸有卵石、砂和黏性土壤组成，下部卵石层顶板以 0.2‰ 的坡降向下游倾斜；中部砂层顶板高程较低，一般在枯水位以下，以细砂为主，夹有极细砂和粗砂；上层黏性土层较厚，一般 8~16 m。该河段北岸有荆江大堤，堤外滩地狭窄或无滩，深泓逼岸，防洪形势险要。

　　所选沙市—石首河段计算范围为太平口（荆 32）到鱼尾洲（荆 98）断面间河道，长约 102 km，位于长江中游上荆江后段，如图 9-11 所示。此河段包括部分沙市河段，公安河段和部分石首河段，主要有沙市、郝穴、新厂和石首四个水位站。其中沙市河弯上段为长顺直过渡段，中段为三八滩分汊段，下段为金城洲分汊段。公安河弯上段进口段相当长，逐渐展宽，中段为突起洲分汊段，下段较为弯曲，经杨家厂后急剧向郝穴河湾过渡。郝穴河弯较为平顺，曲率半径较大，郝穴以下至茅林口河道微弯顺直、河宽较大，心滩较多。

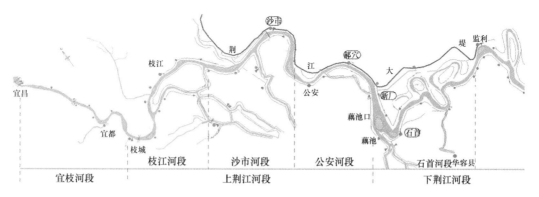

图 9-11　计算河段位置

　　本次计算以 2002 年 9 月 1∶10 000 实测地形作为起始地形，以 2002 年 10 月至 2004 年 7 月的沙市站日均流量作为上游边界条件，以外延的石首站相应日均水位和藕池口日均分流流量作为下游边界条件，每天划分一个流量级，对沙市、郝穴、新厂、石首四个水位站的水位进行验证。

　　计算网格为 600×115，沿河道方向平均间距为 170 m，河宽方向为 40 m，网格示意如图 9-12 所示。水流计算时间步长为 8 s。

　　在水位验证基础上对该河段 2002 年 10 月至 2004 年 7 月的地形冲淤进行验证。进口含沙量过程采用沙市站含沙量日均值，断面悬移质级配采用沙市站 1992—2002 年多年平均级配，床沙级配采用 2002 年平均级配，悬移质与推移质分界粒径为 0.5 mm，床沙级配调整中所分三层厚度分别设为 3 m，4 m，30 m，每层级配均采用床沙级配，其中悬移质含沙量计算包括 8 个粒径组，推移质计算为 1 个粒径组。泥沙计算时间步长为 24 s，在同样服务器上计算一次需要 5 天左右时间。床沙级配，悬移质级配见表 9-1、表 9-2，入口含沙量过程如图 9-13 所示。

表 9-1　床沙级配

| 站名 | 小于某粒径（mm）沙重百分数/（%） | | | | | | | | | 中值粒径 $d_{50}$/mm | 统计年份 |
|---|---|---|---|---|---|---|---|---|---|---|---|
| | 0.004 | 0.008 | 0.016 | 0.031 | 0.062 | 0.125 | 0.25 | 0.5 | 1 | | |
| 沙市 | 0 | 0 | 0 | 0.1 | 1.2 | 14.4 | 69.7 | 99.7 | 100 | 0.193 | 2002 |

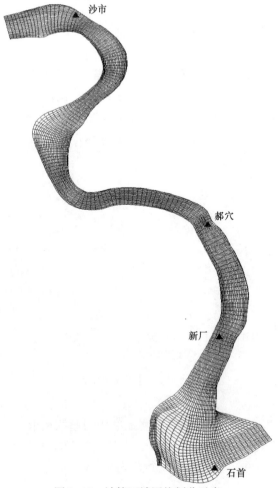

图 9-12　计算区域网格划分示意

表 9-2　悬移质多年平均级配

| 站名 | 小于某粒径（mm）沙重百分数/（%） | | | | | | | | 中值粒径 $d_{50}/\text{mm}$ | 平均粒径 $d_{cp}/\text{mm}$ | 统计年份 |
|---|---|---|---|---|---|---|---|---|---|---|---|
| | 0.004 | 0.008 | 0.016 | 0.031 | 0.062 | 0.125 | 0.25 | 0.5 | | | |
| 沙市 | 30 | 42.7 | 56.1 | 70.7 | 83.8 | 92 | 98.5 | 100 | 0.011 | 0.036 | 1992—2002 |

　　计算冲淤与实测冲淤统计见表 9-3，冲淤分布验证如图 9-13 至图 9-16 所示（图中坐标单位为 km），图 9-13 中太平口下游边滩和图 9-16 中藕池口河道处由于 2004 年地形缺失，所以实测冲淤分布明显的白色区域可以不予考虑。计算地形与实测地形比较如图 9-14 所示（图中坐标单位为 km）。典型断面冲淤分布验证如图 9-15 所示，从图中可以看出，沙市河段及石首河段验证有些偏差甚至定性错误，主要原因在于计算河道过长，又缺少实测河床组成、流速分布等资料，天然河道复杂的边界条件及二维模型的局限性，增加了验证的难度，但大部分河道冲淤分布定性上是合理的，然而对于沙市、石首等复杂河段需要单独进行模拟。

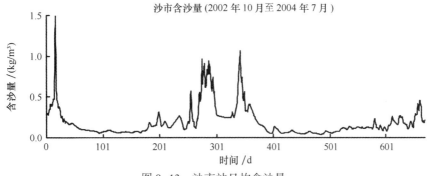

图 9-13　沙市站日均含沙量

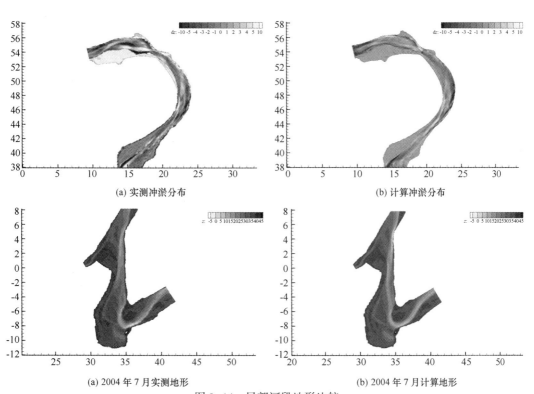

(a) 实测冲淤分布　　　　　　　　　　(b) 计算冲淤分布

(a) 2004 年 7 月实测地形　　　　　　(b) 2004 年 7 月计算地形

图 9-14　局部河段地形比较

表 9-3　沙市—石首河段冲淤统计

| 分段位置 | 沿程距离 /km | 分段距离 /km | 实测冲淤体积 /×10⁴ m³ | 计算冲淤体积 /×10⁴ m³ |
|---|---|---|---|---|
| 太平口—沙市 | 8.47 | 8.47 | −827.26 | −1 185.91 |
| 沙市—郝穴 | 58.65 | 50.19 | −1 705.39 | −1 730.82 |
| 郝穴—新厂 | 73.62 | 14.96 | −1 353.62 | −924.21 |
| 新厂—石首 | 93.38 | 19.76 | −1 508.87 | −1 719.86 |
| 石首—鱼尾洲 | 102.52 | 9.14 | −723.33 | −557.39 |
| 太平口—鱼尾洲 | 102.52 | — | −6 118.47 | −6 118.20 |

注：“−”表示冲刷。

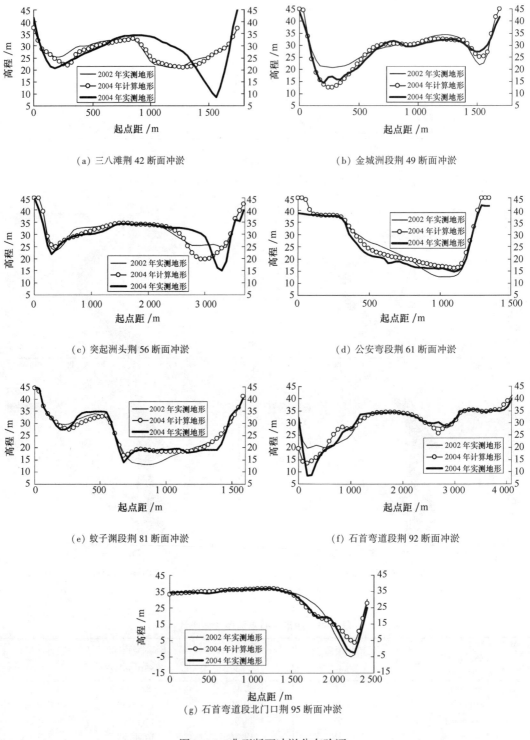

(a) 三八滩荆 42 断面冲淤

(b) 金城洲段荆 49 断面冲淤

(c) 突起洲头荆 56 断面冲淤

(d) 公安弯段荆 61 断面冲淤

(e) 蚊子渊段荆 81 断面冲淤

(f) 石首弯道段荆 92 断面冲淤

(g) 石首弯道段北门口荆 95 断面冲淤

图 9-15　典型断面冲淤分布验证

# 第 10 章　三维河流数学模型及应用

本章三维模型首先用于模拟室内概化河槽的平面河势演变过程，探讨不同水沙条件下，河道演变的复杂响应过程。后将模型用于模拟长江中游荆江局部典型河段的河道摆动过程，数值试验充分表明三维数学模型在准确模拟复杂水沙过程中的优势。

## 10.1　河流水动力三维数学模型

### 10.1.1　控制方程

浑水模型不考虑泥沙对于水流的影响，因此水流运动方程与单相流一致，只是需要给定浑水的密度和黏性系数。

连续方程：

$$\frac{\partial u}{\partial x} + \frac{\partial v}{\partial y} + \frac{\partial w}{\partial z} = 0 \tag{10-1}$$

运动方程：

$$\frac{\partial u}{\partial t} + \frac{\partial uu}{\partial x} + \frac{\partial vu}{\partial y} + \frac{\partial wu}{\partial z} = -\frac{1}{\rho}\frac{\partial p}{\partial x} + \nu_t\left(\frac{\partial^2 u}{\partial x^2} + \frac{\partial^2 u}{\partial y^2} + \frac{\partial^2 u}{\partial z^2}\right) + f_x \tag{10-2}$$

$$\frac{\partial v}{\partial t} + \frac{\partial uv}{\partial x} + \frac{\partial vv}{\partial y} + \frac{\partial wv}{\partial z} = -\frac{1}{\rho}\frac{\partial p}{\partial y} + \nu_t\left(\frac{\partial^2 v}{\partial x^2} + \frac{\partial^2 v}{\partial y^2} + \frac{\partial^2 v}{\partial z^2}\right) + f_y \tag{10-3}$$

$$\frac{\partial w}{\partial t} + \frac{\partial uw}{\partial x} + \frac{\partial vw}{\partial y} + \frac{\partial ww}{\partial z} = -g - \frac{1}{\rho}\frac{\partial p}{\partial z} + \nu_t\left(\frac{\partial^2 w}{\partial x^2} + \frac{\partial^2 w}{\partial y^2} + \frac{\partial^2 w}{\partial z^2}\right) + f_z \tag{10-4}$$

其中总压 $p$ 是动压 $p_d$ 和静压之和：

$$p = p_d + g\int_{z_0}^{\zeta}\rho(x,\ y,\ z,\ t)\mathrm{d}z \tag{10-5}$$

通常含沙量变化较小的水体，忽略密度 $\rho(x,\ y,\ z,\ t)$ 垂向变化所导致的静压差异，上式变为

$$p = p_d + \rho g(\zeta - z) \tag{10-6}$$

同样，三维河流数学模型的湍流模型与流体力学的湍流控制方程一致，可采用一方程、零方程和 $k$-$\varepsilon$ 双方程湍流模型，使用较多的湍流模型为二方程 $k$-$\varepsilon$ 模型。

$k$ 方程：

$$\frac{\partial k}{\partial t} + u\frac{\partial k}{\partial x} + v\frac{\partial k}{\partial y} + w\frac{\partial k}{\partial z} = \frac{\partial}{\partial x}\left[\left(\nu + \frac{\nu_t}{\sigma_k}\right)\frac{\partial k}{\partial x}\right] + \frac{\partial}{\partial y}\left[\left(\nu + \frac{\nu_t}{\sigma_k}\right)\frac{\partial k}{\partial y}\right]$$
$$+ \frac{\partial}{\partial z}\left[\left(\nu + \frac{\nu_t}{\sigma_k}\right)\frac{\partial k}{\partial z}\right] + G - \varepsilon \tag{10-7}$$

$\varepsilon$ 方程：

$$\frac{\partial \varepsilon}{\partial t} + u \frac{\partial \varepsilon}{\partial y} + v \frac{\partial \varepsilon}{\partial y} + w \frac{\partial \varepsilon}{\partial z} = \frac{\partial}{\partial x}\left[\left(v + \frac{v_t}{\sigma_\varepsilon}\right)\frac{\partial \varepsilon}{\partial x}\right] + \frac{\partial}{\partial y}\left[\left(v + \frac{v_t}{\sigma_\varepsilon}\right)\frac{\partial \varepsilon}{\partial y}\right]$$

$$+ \frac{\partial}{\partial z}\left[\left(v + \frac{v_t}{\sigma_\varepsilon}\right)\frac{\partial \varepsilon}{\partial z}\right] + \frac{C_1 \varepsilon}{k}G - C_2 \frac{\varepsilon^2}{k} \qquad (10-8)$$

其中 $G$ 为脉动动能产生项，用下式来表示：

$$G = v_t \left\{ 2\left[\left(\frac{\partial u}{\partial x}\right)^2 + \left(\frac{\partial v}{\partial y}\right)^2 + \left(\frac{\partial w}{\partial z}\right)^2\right] + \left(\frac{\partial u}{\partial y} + \frac{\partial v}{\partial x}\right)^2 + \left(\frac{\partial v}{\partial z} + \frac{\partial w}{\partial y}\right)^2 + \left(\frac{\partial w}{\partial x} + \frac{\partial u}{\partial z}\right)^2 \right\}$$

$$(10-9)$$

以上各式中，$u$、$v$、$w$ 为沿 $x$、$y$、$z$ 方向的流速；$\rho$ 为密度；$p$ 为压强；$v_e$ 为有效黏性系数：$v_e = v + v_t$；$v$ 为水流黏性系数；$v_t$ 为脉动黏性系数：$v_t = C_\mu \frac{k^2}{\varepsilon}$；$k$ 为湍流动能；$\varepsilon$ 为湍流动能耗散率。湍流常数：$C_\mu = 0.09$，$C_1 = 1.44$，$C_2 = 1.92$，$\sigma_k = 1.0$，$\sigma_\varepsilon = 1.3$。

## 10.1.2 方程离散

采用与动量插值方法相结合的同位网格（非交错网格）技术，利用有限体积法对控制方程进行积分，对积分后结果进行离散化整理得

$$a_P \phi_P = a_E \phi_E + a_W \phi_W + a_N \phi_N + a_S \phi_S + a_T \phi_T + a_B \phi_B + b \qquad (10-10)$$

其中：

$$a_E = D_E A(|P_E|) + [[-F_E, 0]], \qquad a_W = D_W A(|P_W|) + [[F_W, 0]]$$

$$a_N = D_N A(|P_N|) + [[-F_N, 0]], \qquad a_S = D_S A(|P_S|) + [[F_S, 0]]$$

$$a_T = D_T A(|P_T|) + [[-F_T, 0]], \qquad a_B = D_B A(|P_B|) + [[F_B, 0]]$$

$$a_P = a_E + a_W + a_N + a_S + a_T + a_B + a_P^0 - S_P \Delta V$$

$$a_P^0 = \frac{\rho \Delta V}{\Delta t}, \qquad P_i = \frac{F_i}{D_i}(i = E、W、N、S、T、B)$$

式中：$a$ 为离散系数；$D$ 表示界面的扩散传导性；$F$ 为对流质量流量；$p$ 表示对流与扩散的强度之比，其中下标 E、W、N、S、T、B 分别代表与网格点 P 相邻的网格点；$b$ 为离散后的源项；$\Delta V$ 为控制体的体积；$\Delta t$ 为时间步长；$S_P$ 为源项线性化处理后的负斜率；函数 $A(|P|)$ 取决于离散格式；符号"$[[\ ]]$"表示取最大值。根据流动控制方程的特点，对于源项使用二阶中心差分离散。

## 10.1.3 边界条件处理

（1）进、出口边界

计算中，给定计算域中进口边界计算节点上各变量的取值。流速依据已知条件给定，即先按给定的流量及水深来确定垂向平均流速的横向分布，然后再按垂向流速的分布公式来确定沿垂线每一点的流速值；湍流动能及湍流动能耗散率则由下式给定：

$$k_{in} = 0.005 u_{in}^2 \qquad \varepsilon_{in} = \frac{C_\mu k_{in}^2}{0.05h} \qquad (10-11)$$

式中：$k_{in}$、$u_{in}$、$\varepsilon_{in}$ 分别表示进口处的湍流动能、流速以及湍流动能耗散率；$h$ 表示相应网格节点处的水深。

出口边界条件：将出口边界设在远离所关心的区域，保证出流边界水流平顺，流动为单一流向，采用自由出流条件，不同变量 $\phi$ 沿流向的一阶导数均为 0，即

$$\frac{\partial \phi}{\partial n} = 0 \tag{10-12}$$

（2）壁面边界

采用 Launder 和 Spalding（1974）提出的壁面函数法，把靠近壁面的第一个计算节点布置在黏性底层之外的完全湍流区，即要求第一个计算节点与壁面间的无因次距离为 30～100。靠近壁面的第 1 网格点距壁面距离为 $z_p$，在计算边界上平行于壁面的流速 $u_p$ 满足对数关系式：

$$\frac{u_p}{u_*} = \frac{1}{\kappa}\ln(z_p^+ E) \tag{10-13}$$

壁面处脉动动能由下式计算：

$$\frac{k_p}{u_*^2} = \frac{1}{\sqrt{C_\mu}} \tag{10-14}$$

壁面处耗散率：

$$\varepsilon_p = \frac{C_\mu^{3/4} k_p^{3/2}}{\kappa z_p} \tag{10-15}$$

以上各式中，$E$ 为床面粗糙系数，它应随粗糙雷诺数 $k_s^+ = u_* k_2/\upsilon$ 而变化，即

$$E = \exp[\kappa(B - \Delta B)] \quad (B = 5.2,\ \kappa = 0.4 \sim 0.41) \tag{10-16}$$

$\Delta B$ 为粗糙函数，由下式计算（Cebeci et al，1977）：

$$\Delta B = \begin{cases} 0, & k_s^+ < 2.25 \\ \left\{\left(B - 8.5 + \dfrac{1}{\kappa}\ln k_s^+\right)\sin[0.428\,5(\ln k_s^+ - 0.811)]\right\}, & 2.25 \leqslant k_s^+ < 90 \\ B - 8.5 + \dfrac{1}{\kappa}\ln k_s^+, & k_s^+ \geqslant 90 \end{cases} \tag{10-17}$$

对于粗糙高度 $k_s$，可由下式确定（Van Rijn，1984b）：

$$k_s = 3d_{90} + 1.1\Delta[1 - \exp(-25\Delta/\lambda)] \tag{10-18}$$

式中：$\Delta$ 和 $\lambda$ 分别为沙波高度和长度。

$$\frac{\Delta}{\lambda} = 0.001\,5\left(\frac{d_{50}}{h}\right)^{0.3}[1 - \exp(-0.5T)](25 - T) \tag{10-19}$$

式中：$\lambda = 7.3h$；$T = \dfrac{[u_*^2 - u_{*cr}^2]}{u_{*cr}^2}$；$u_{*cr}$ 为 Shield 曲线上临界起动速度。

（3）干湿边界

当滩地出露后，滩地上同样布置网格，然后采用大系数法与壁函数法相结合来处理滩地区域的网格。即滩地内的网格采用大系数法处理，亦即在计算时，令其计算式的分母为

一大系数（如$10^{30}$），则其各值的计算结果即为0；而与滩地壁面相邻的网格节点则采用壁函数法来进行处理。这样做既可以避免复杂的网格生成，又能够准确地拟合出露的滩地边界，很好地实现了干湿边界的处理。

（4）自由水面

自由水面位置可由沿水深平均的连续方程所确定，即

$$\frac{\partial \eta'}{\partial t} + \frac{\partial}{\partial x}(\eta' - Z_b)U + \frac{\partial}{\partial y}(\eta' - Z_b)V = 0 \qquad (10-20)$$

式中：$\eta'$为自由水面水位；$U$、$V$分别为沿$x$、$y$方向的沿水深平均流速；$Z_b$为河底高程。

在自由水面上，除$\varepsilon$外的其他变量沿垂向的一阶导数均取为0，$\varepsilon$的值则由经验公式直接给定，即

$$\frac{\partial \varphi}{\partial z} = 0, \qquad \varepsilon_s = \frac{k_s^{1.5}}{0.43H} \qquad (10-21)$$

式中：$k_s$、$\varepsilon_s$分别为自由水面处湍流动能以及其耗散率；$H$为当地总水深。

### 10.1.4　模型求解

模型采用SIMPLE算法，利用Stone（1968）提出的SIP方法来求解同位网格条件下三维水流离散方程。以各变量的误差均小于给定的值作为判断迭代收敛的依据，即

$$\max(Error1, Error2, \cdots, Errorn) \leq Error \qquad (10-22)$$

式中：$Error1$，$Error2$，$\cdots$，$Errorn$为各变量的误差；$Error$为最大的允许误差。

具体求解步骤如下：

1）根据初始自由水面和河道地形生成三维计算网格，计算坐标转换系数，同时根据边界条件给模型中的各变量赋初值；

2）根据旧的流速场和压力场求解水流动量方程得到新的流场；

3）根据流场求解压力修正值，然后修正压力和流场；

4）垂向积分流速并求解沿水深平均的连续方程得出自由水面的分布；

5）求解$k$、$\varepsilon$方程，更新脉动黏性系数$v_t$；

6）根据新的自由水面重新划分垂向网格，计算坐标转换系数并插值变量；

7）重复2）至6）步直至达到预定收敛的程度或迭代步数。

## 10.2　泥沙输移及河床变形方程

### 10.2.1　悬沙输移方程

对于非均匀悬沙，按其粒径大小分为$n_s$组，对于第$l$组粒径的含沙量，同无滑移模型中的泥沙颗粒相模型，其三维悬移质输移基本方程在笛卡儿坐标系下表示为

$$\frac{\partial s_l}{\partial t} + \frac{\partial}{\partial x}(us_l) + \frac{\partial}{\partial y}(vs_l) + \frac{\partial}{\partial z}(ws_l) \tag{10-23}$$

$$= \frac{\partial}{\partial x}\left(\varepsilon_s \frac{\partial s_l}{\partial x}\right) + \frac{\partial}{\partial y}\left(\varepsilon_s \frac{\partial s_l}{\partial y}\right) + \frac{\partial}{\partial z}\left(\varepsilon_s \frac{\partial s_l}{\partial z}\right) + \frac{\partial}{\partial z}(\omega_{sl}s_l)$$

式中：$s_l$ 为第 $l$ 组粒径的含沙量；$\omega_{sl}$ 为相应泥沙沉速；$\varepsilon_s$ 为泥沙扩散系数，$\varepsilon_s = v + v_t/\sigma_s$；$\sigma_s$ 为 Schmidt 数，Van Rijn（1987）在其泥沙数值模型计算中建议取 $\sigma_s = 0.6$；Celik 和 Rodi（1998）取 $\sigma_s = 0.5$；Wu 和 Rodi（2000）在其三维水流泥沙数学模型中取 $\sigma_s = 1.0$。

泥沙沉速的计算公式采用根据阻力叠加原则，得到的各区统一计算公式：

$$\omega_{sl} = \sqrt{\left(13.95\frac{v}{d_l}\right)^2 + 1.09\frac{\gamma_s - \gamma}{\gamma}gd_l} - 13.95\frac{v}{d_l} \tag{10-24}$$

式中：$\gamma_s$、$\gamma$ 分别为泥沙、水体的比重；$d_l$ 为第 $l$ 组泥沙代表粒径。

## 10.2.2　推移质不平衡输沙方程

推移质不平衡输沙方程：

$$\frac{1}{L_s}(q_{bl} - q_{bl*}) + D_b - E_b + \frac{\partial q_{blx}}{\partial x} + \frac{\partial q_{bly}}{\partial y} = 0 \tag{10-25}$$

式中：$q_{bl}$ 及 $q_{bl*}$ 分别为第 $l$ 组实际推移质输沙率和平衡推移质输沙率；$D_b$、$E_b$ 分别表示悬移质与推移质运动交界面上的泥沙下沉通量及上浮通量；$q_{blx}$ 及 $q_{bly}$ 分别表示沿 $x$ 和 $y$ 方向的推移质输沙率：$q_{blx} = q_{bl}u_x / \sqrt{u_x^2 + u_y^2}$，$q_{bly} = q_{bl}u_y / \sqrt{u_x^2 + u_y^2}$，其中 $u_x$、$u_y$ 为近底水流沿和方向的流速；$L_s$ 为推移质不平衡输沙距离。

平衡推移质输沙率公式实验室工况时采用 Van Rijn（1984a）公式：

$$q_{b*} = 0.053\sqrt{\frac{\gamma_s - \gamma}{\gamma}g}\, d_{50}^{1.5}\frac{T^{2.1}}{D_*^{0.3}} \tag{10-26}$$

式中：$D_*$ 为颗粒参数；$d_{50}$ 为泥沙中值粒径；$T$ 为相对剩余切应力无量纲数。

对长江中下游河段进行冲淤模拟时，平衡推移质输沙率由长江科学院唐日长（1990）提出的推移质输沙经验公式求得。

推移质不平衡输沙距离 $L_s$，按 Van Rijn（1984a）方法有：$L_s = 3d_{50}D_*^{0.5}T^{0.9}$；Phillips 和 Sutherland（1989）则认为其取值和泥沙颗粒的跳跃长度相当，相当于 $L_s \approx 100d_{50}$；Rahuel 等（1989）认为其大小和两倍网格长度相当。

（1）河床坡度对临界起动切应力的影响

河床坡度较小时，临界起动切应力 $\tau_{b,cr}$ 可根据希尔兹（Shields）曲线进行计算确定。床面坡度较大时，根据 Van Rijn（1993）的研究成果，对床面纵向及横向坡度的影响加以修正。

（2）河床坡度对推移质输沙率的影响

河床底坡的存在会影响推移质输沙率的计算，因此需对其进行修正：

推移质沿纵向、横向的输沙率可分别表示为：$q_{bs} = q_b u_s / \sqrt{u_s^2 + u_n^2}$，$q_{bn} = q_b u_n / \sqrt{u_s^2 + u_n^2}$，其中 $u_s$、$u_n$ 为近底处沿纵、横方向的流速分量。

纵向推移质输沙率按下式进行修正：

$$q'_{bs} = \frac{\tan\varphi}{\cos\beta_l(\tan\varphi - \tan\beta_l)}q_{bs} \tag{10-27}$$

式中：$q'_{bs}$ 为修正后的纵向推移质输沙率。

横向推移质输沙率按下式进行修正：

$$q'_{bn} = \left[\frac{u_n}{u_s} + \varepsilon\left(\frac{\tau_{b,cr}}{\tau_{b,s}}\right)^{0.5}\tan\alpha\right]q'_{bs} \tag{10-28}$$

式中：$q'_{bn}$ 为修正后的横向推移质输沙率；$\tau_{b,s}$ 为床面剪切应力在纵向的分量；$\varepsilon$ 为率定参量，其建议值为：$\varepsilon = 1.5$。

### 10.2.3 河床变形方程

河床变形方程根据网格内泥沙通量守恒来确定，即

$$\gamma'_s \frac{\partial Z_b}{\partial t} + \frac{\partial q_{Tx}}{\partial x} + \frac{\partial q_{Ty}}{\partial y} = 0 \tag{10-29}$$

式中：$\gamma'_s$ 为泥沙干容重；$q_{Tx}$ 和 $q_{Ty}$ 分别为通过沿水深积分得到的沿 $x$ 和 $y$ 方向的总的泥沙（包括悬沙和推移质）通量。

$$q_{Tx} = \sum_{l=1}^{n_s}\int_a^h\left(us_l - \frac{\nu_t}{\sigma_c}\frac{\partial s_l}{\partial x}\right)dz + \sum_{l=n_s+1}^{n}\alpha_{bx}q_{bl} \tag{10-30}$$

$$q_{Ty} = \sum_{l=1}^{n_s}\int_a^h\left(vs_l - \frac{\nu_t}{\sigma_c}\frac{\partial s_l}{\partial y}\right)dz + \sum_{l=n_s+1}^{n}\alpha_{by}q_{bl} \tag{10-31}$$

其中由悬沙输移部分引起的河床变形亦可表示为

$$\gamma'_s \frac{\partial Z_b}{\partial t} = D_b - E_b \tag{10-32}$$

从悬沙引起的河床变形方程可以看出，其河床变形量主要取决于底层交界面上沉降通量 $D_b$ 以及该层面上泥沙的上扬通量 $E_b$，可由下式给定：

$$D_b = \omega_s s_b, \quad E_b = \omega_s s_{b*} \tag{10-33}$$

此时悬沙引起的河床变形公式可写为

$$\gamma'_s \frac{\partial Z_b}{\partial t} = \omega_s(s_b - s_{b*}) \tag{10-34}$$

夏云峰（2002）认为 $D_b$ 等于交界面上泥沙相对水流有效下沉速度乘以泥沙沉降概率 $P_r$ 和床面附近含沙量 $s_b$，这样沉降通量 $D_b$ 为

$$D_b = P_r\omega_s s_b \frac{(1 - s_b/\rho_s)^m}{1 + \left(\frac{\rho_s - \rho_w}{\rho_w}\right)s_b/\rho_s} \tag{10-35}$$

当 $s_b$ 较小时，上式可简化为

$$D_b = Y\omega_s s_b \tag{10-36}$$

式中：$Y = P_r \dfrac{(1 - s_b/\rho_s)^m}{1 + \left(\dfrac{\rho_s - \rho_w}{\rho_w}\right) s_b/\rho_s}$。

由床面泥沙交换条件可知，河底冲起的泥沙将悬浮于水体中，即

$$E_b + \varepsilon_s \frac{\partial s_b}{\partial z} = 0 \tag{10-37}$$

在极限平衡条件下，河底冲起的泥沙上扬通量等于沉降通量，于是可得

$$E_b = \begin{cases} 0, & \tau_b \leqslant \tau_c \\ Y\omega_s s_{b*}, & \tau_b > \tau_c \end{cases} \tag{10-38}$$

将式（10-36）及式（10-38）代入（10-32）式，可得

$$\omega_s s + \varepsilon_s \frac{\partial s}{\partial z} = D_b - E_b = Y\omega_s(s_b - s_{b*}) \tag{10-39}$$

式中：

$$Y_c = \begin{cases} 1, & s_b \geqslant s_{b*} \\ s_b/s_{b*}, & s_b < s_{b*} \text{ 和 } \tau_b \leqslant \tau_c \\ 1, & s_b < s_{b*} \text{ 和 } \tau_b > \tau_c \end{cases} \tag{10-40}$$

则由悬沙引起的河床变形方程为

$$\gamma'_s \frac{\partial Z_b}{\partial t} = Y\omega_s(s_b - Y_c s_{b*}) \tag{10-41}$$

## 10.2.4　初始及边界条件

（1）初始条件

给定计算域各点初始速度场、$k$、$\varepsilon$ 分布和含沙量空间分布，输沙率沿程变化，给定水位初值。

（2）边界条件

水流边界条件已在前文给出，这里只给出泥沙计算边界，包括进口边界、出口边界、自由水面边界以及床面边界。

（3）进口边界

给定进口断面推移质单宽输沙率以及悬移质含沙量的横向分布，其中含沙量沿垂线分布依据张瑞瑾、丁君松方法确定（中国水利委员会，1992）。

（4）出口边界

出口边界推移质的单宽输沙率及含沙量沿流向的梯度均为 0。

（5）自由表面处边界

水面处无泥沙交换，则该处含沙量边界为

$$\omega_{sl} s_l + \varepsilon_s \frac{\partial s_l}{\partial z} \bigg|_{z = z_s} = 0 \tag{10-42}$$

（6）床面处边界

1）床面附近含沙量 $s_b$。

数值计算中，已知床面以上某一节点的含沙量 $s_p$，需推求床面附近的含沙量：

$$s_b = s_p + s_{b*} \left[ 1 - e^{-\frac{\omega}{\varepsilon_s}(z_l - \delta_b)} \right] \quad (10-43)$$

式中：$z_l$ 为壁面到第 1 个有效网格节点的垂直距离；$\delta_b$ 为推移质运动厚度；$s_{b*}$ 为床面附近挟沙力。

2）床面附近挟沙力 $s_b^*$。

Van Rijn（1984b）法是目前三维泥沙数学模型比较常用的方法：

$$s_{vb}^* = K \frac{d_{50} T^{1.5}}{a D_*^{0.3}} \quad (10-44)$$

式中：$K$ 为率定系数；$a$ 为距河床的高度；$D_* = d_{50} \left( \dfrac{\dfrac{\gamma_s - \gamma}{\gamma} g}{v^2} \right)^{1/3}$ 为颗粒参数；$\gamma_s$、$\gamma$ 分别为泥沙、水体的容重；$T = (\tau'_b - \tau_{b,cr})/\tau_{b,cr}$ 为相对剩余切应力无量纲数；$\tau_{b,cr}$ 为临界河床剪切应力；$\tau'_b$ 为有效河床剪切应力，受河床粗糙高度的影响，$\tau'_b = \alpha_b \tau_b$；$\alpha_b = (\sqrt{g}/C')^2$；$C' = 18\log(12R_b/3d_{90})$；$\tau_b$ 为河床剪切应力；$R_b$ 为水力半径；$d_{90}$ 为泥沙粒径组成中 90% 较之要小的粒径。

## 10.2.5　分组挟沙力级配及床沙级配调整

一般情况下，挟沙力的大小及挟沙力级配与当地水流条件、上游来沙的悬沙级配和当地的床沙级配等因素密切相关。

对于三维非均匀泥沙模型来说，其求解则需给定近底处各组泥沙的挟沙力。即：$s_{bl}^* = p_{sl} s_b^*$。因此其关键在于确定三维泥沙数值模型中底部分组挟沙力级配的处理方法。针对不同方法确定近底挟沙力时所采用的水流参数（如：流速、剪切力）有所差异，分别采用如下方法计算各分组挟沙力级配。

因当地水体中的泥沙一方面是由上游随水流而来，另一方面则是由于水流的脉动扩散作用从床面上扩散上来，当采用流速概念的断面平均挟沙力和含沙量沿垂线分布公式来反求底部挟沙力时，采用下述方法对三维泥沙数值模型中的分组挟沙力级配进行求解：

$$P_{sl} = \frac{\alpha_b P_{ul} + \alpha_u P_{sl,u}}{\sum_{l=1}^{n_s} (\alpha_b P_{ul} + \alpha_u P_{sl,u})} \quad (10-45)$$

式中：$P_{sl}$ 为分组挟沙力级配；$P_{ul}$ 为当地床沙级配；$P_{sl,u}$ 为水流迎风方向的悬沙级配；$\alpha_b$、$\alpha_u$ 分别为当地级配及水流迎风方向上级配所占比例。

在冲刷较强烈时，挟沙力级配主要取决于当地床沙级配，即系数 $\alpha_b$ 较大，而系数 $\alpha_u$ 较小；与此相反，在纯淤积情况下，水流的挟沙力级配主要取决于水流迎风方向悬沙级配，即系数 $\alpha_u$ 较大，而当地级配所占比例系数 $\alpha_b$ 较小；冲淤基本平衡时，两比例系数的取值则介于上述两情况之间。

采用 Van Rijn（1984b）法来确定三维泥沙数学模型中近底平衡含沙量时，由于采用了临界起动剪切应力的概念，即当水流未达到临界起动条件时其近底平衡含沙量为 0，只有当水流超过其临界起动条件时才存在一有效近底平衡含沙量。可见此时其分组挟沙力级配主要与当地水流条件及床沙级配有关，采用下述方法对三维泥沙数值模型中的分组挟沙力级配进行求解：

$$P_{sl} = \frac{P_{ul}(\tau'_b - \tau_{b,cr,l})^{m_p}}{\sum\limits_{l=1}^{n_s} P_{ul}(\tau'_b - \tau_{b,cr,l})^{m_p}} = \frac{P_{ul}T_l^{m_p}}{\sum\limits_{l=1}^{n} P_{ul}T_l^{m_p}} \qquad (10-46)$$

式中：$\tau'_b$ 为有效河床剪切应力；$\tau_{b,cr,l}$ 为第 $l$ 组泥沙的代表临界河床剪切应力；$T_l = (\tau'_b - \tau_{b,cr,l})/\tau_{b,cr,l}$ 为第 $l$ 组泥沙的相对剩余切应力无量纲数；$m_p$ 为水流的剩余剪切力指数，代表水流强度所占比重，取与 Van Rijn 近底平衡含沙量公式中一致时，$m_p = 1.5$。

床沙级配调整同二维模型。

## 10.3　河道摆动模型验证

### 10.3.1　实验概况

采用 Nagata 等（2000）所做的弯道演变实验来进行模拟，实验水槽及横断面形状如图 10-1、图 10-2 所示，水槽长 10 m，宽 1 m，水槽深 0.2 m，弯道的初始形态采用正弦派生形态，弯道波长为 2 m，初始横断面为梯形，断面的底宽为 14 cm，顶宽 30 cm，河岸高为 4 cm。水槽中泥沙比较均匀，$\sqrt{d_{84}/d_{16}} = 1.28$，平均粒径为 1.42 mm。实验弯道共包括四个波长，边岸变形的实验数据从第二波长河段获取。计算过程中水流时间步长为 0.1 s，泥沙的时间步长为 2 s。

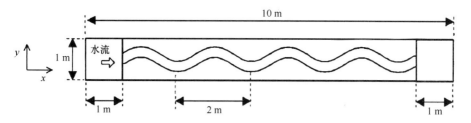

图 10-1　实验水槽平面尺寸

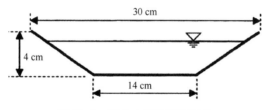

图 10-2　实验水槽横断面形状

## 10.3.2　大流量

图 10-3 为流量为 0.001 98 m³/s 时计算边界与实测边界的比较，从图 10-3 中可以看出，各时间段边岸的变形模拟结果与实测值还是相当一致的。在该水流条件下，弯道展宽的同时其曲度不断变小，同时弯道的顶点位置也不断往下游发展，弯道第一个凸岸顶点由初始时刻的 0 位置下移到了 125 min 时刻的 30 cm 处。

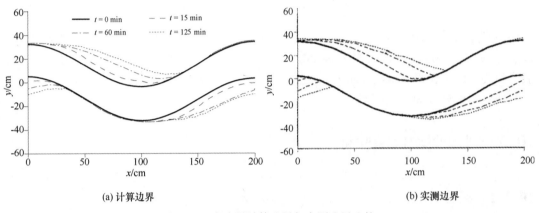

图 10-3　大流量计算边界与实测边界比较

## 10.3.3　小流量

图 10-4 为流量为 0.000 63 m³/s 时计算边界与实测边界的比较，从图 10-4 中可以看出，各时间段边岸的变形模拟结果与实测值还是比较吻合。在该水流条件下，弯道展宽的同时其弯曲度不断增加，展宽速率随着时间的推移而不断变缓，同时弯道的顶点位置也不断往下游发展，弯道第一个凹岸顶点由初始时刻的 0 位置下移到了 120 min 时刻的 20 cm 处。

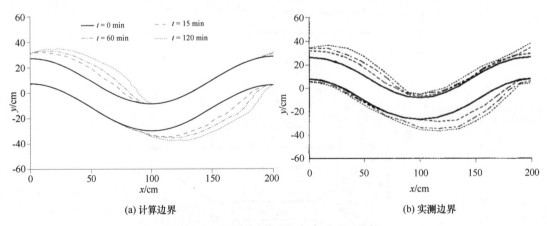

图 10-4　小流量计算边界与实测边界比较

## 10.3.4　大、小流量下演变差异分析

大、小流量下，边岸可冲时弯道的演变存在显著的差异，弯道弯曲度计算值随时间的变化过程如图 10-5 所示，可以清晰地看到：开始阶段，弯曲度的变化率均较大，随后有所减小；不同来水条件下，弯道摆动的趋势有所不同，大流量下，弯曲度不断减小，而小流量时，弯曲度则持续增加。

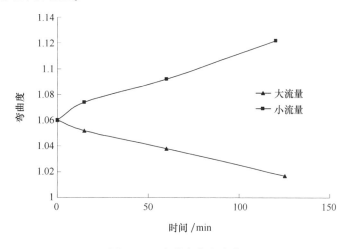

图 10-5　弯道弯曲度变化

由图 10-6 可见，大、小流量下弯道内流场分布规律存在显著差异，由于水流惯性的作用，呈现出典型的"小水坐弯，大水趋中"现象，从而使弯道摆动的响应过程有所不同。从图 10-6（a）中可以看出，流量为 0.001 98 m³/s 时，水流惯性大，弯顶附近最大流速靠近凸岸，且凸岸处流速明显大于凹岸处流速，因此凸岸处冲刷较多，而凹岸处则由于流速较小，凹岸顶点靠上游处边岸基本未发生变化，从而造成在该水流条件下，弯道展宽的同时其弯曲度不断减小。流量为 0.000 63 m³/s 时流场分布如图 10-6（b）所示，由图可见，水流惯性小时，弯顶附近最大流速靠近凹岸，因此在凹岸处冲刷较多，而凸岸处则由于流速较小，其边岸基本未发生变化，在该水流条件下，促使了弯道弯曲度的持续增加。

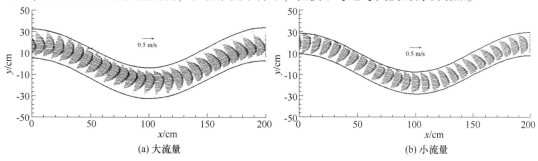

图 10-6　大、小流量下沿水深平均流场分布（$t=2$ min）

## 10.4 典型弯道摆动模拟：石首河段

### 10.4.1 河段概况

石首河段位于长江中游下荆江之首，上起茅林口，下至南碛子湾，全长约 31 km，由顺直过渡段与急弯段组成，并在本河段进口附近右岸有藕池口分流入洞庭湖，河道形态较为复杂，如图 10-7 所示。历史上石首河段河势不稳定，崩岸频繁且剧烈，河弯在演变成弯曲率较大的平面形态后容易产生自然裁弯或切滩撇弯。近年来，由于受上游来水来沙条件、藕池口分流分沙变化以及人类活动等因素的影响，石首河段仍处于调整变化之中，滩槽变化大，深乱不稳定，年际间摆幅较大，给防洪、航运以及沿江涉水工程的正常运行带来一定影响。三峡工程 2003 年蓄水运用以来，石首河段冲刷较为剧烈，加之河势的变化调整，石首河段崩岸时有发生，主要位于未护险工段。因此对石首河段河势的研究具有重要的实际意义。

图 10-7 石首河段

该河段发育在深厚的全新世的松散冲积物上。河床由中细沙组成，床沙中值粒径约为 0.17 mm，最大粒径为 10 mm 左右。河岸为黏土和沙组成的二元结构，上层黏土覆盖层较薄（1~4 m）。下层沙层顶板高程较高，一般在枯水位以上，卵石深埋床面以下，河岸抗冲性差。

## 10.4.2　河段河势变化复演

模型所选取的计算河段上起古丈堤，下至鱼尾洲，长约 15 km，其间有石首水文站。河段 1996 年 10 月实测地形如图 10-8 所示。计算河段平面网格总数为 151×81，如图 10-9 所示，垂向则根据水位高低分为 12～20 层。计算过程中，水流时间步长 5 s，泥沙时间步长为 20 s。

计算中以 1996 年 10 月的地形作为初始地形；模型进口流量、含沙量以及悬沙级配采用 1996 年 10 月至 1998 年 10 月沙市站实测资料；流量、含沙量按藕池口分流、分沙比给予相应调整；出口边界由水位控制，按石首站实测水位和该河段实测比降插值得到。

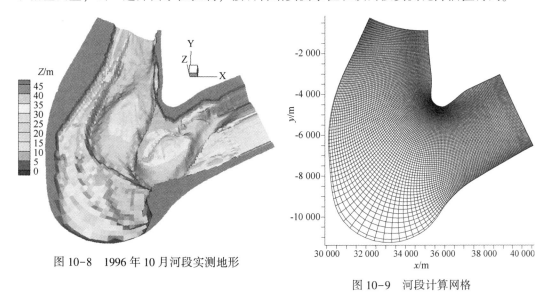

图 10-8　1996 年 10 月河段实测地形

图 10-9　河段计算网格

（1）水流模拟结果分析

河段内典型流量下沿水深平均的流速分布如图 10-10 所示。从图中可以看出，流量较小时，心滩出露；流量较大时，心滩则被水流淹没。模型能够较好地处理由于水位升降而引起的干湿边界变化。

图 10-11 为流量为 12 000 m³/s 时弯道底层及表层流速的分布情况，从图中可见，流速分布呈现出典型弯道水流的特点。底层流速流向弯道的凸岸，而表层流速则流向弯道的凹岸，在急弯处两者的夹角可达 40°左右。

图 10-12 为流量为 12 000 m³/s 时弯道顶点处 A-A 断面（图 10-11）的横向流速分布图，由图 10-12 可见，弯道二次流主要表现为底层流速流向凸岸，表层流速指向凹岸。环流强度近底及表层较大，中间较小。

流量 12 000 m³/s 时弯道顶点处 A-A 断面的含沙量分布如图 10-13 所示。该横断面上的含沙量等值线大致与凸岸斜坡平行，凹岸一侧含沙量较小，凸岸一侧较大，与流速横向分布不同，最大垂线平均流速出现在深槽附近，而含沙量最大值出现在凸岸边滩附近。上

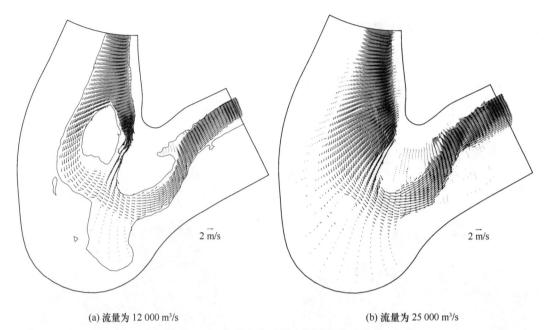

(a) 流量为 12 000 m³/s　　　　　　　　(b) 流量为 25 000 m³/s

图 10-10　典型流量下沿水深平均流速分布

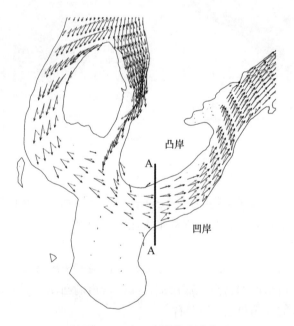

图 10-11　表、底层流速分布

述含沙量分布特点，与断面环流（图 10-12）直接相关，由于环流的存在，上层含沙量较小的水流流向凹岸后插入河底，攫取底部泥沙，由下部指向凸岸的环流带往凸岸，使凸岸一侧的含沙量较大，且垂线分布不均匀。

　　根据上述验证及模拟结果分析可知，水流模型水位的模拟结果与实测值较为一致，计

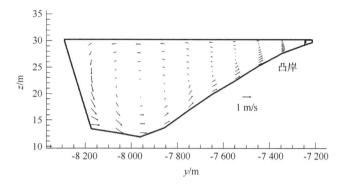

图 10-12　A-A 断面环流

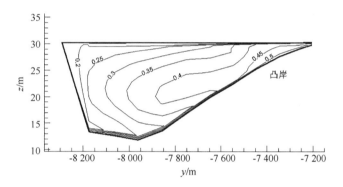

图 10-13　A-A 断面悬沙浓度（kg/m³）

算水流及含沙量分布符合典型弯道水沙运动规律。

（2）平面河势变化

1994 年 6 月 11 日，向家洲狭颈处崩穿过流，石首弯道上段主流线仍贴左岸，至弯顶处，主流线过渡到凹岸贴岸而行，弯顶主流曲率半径调整增大。弯道下段主流在北门口处受顶冲，逐渐向左岸鱼尾洲尾部过渡。

从图 10-14 中可以看出，在此时段内，该河段主要表现为淤滩及深泓线的变化。1996 年主流线走心滩右汊，由于左汊持续受到水流冲刷，不断得到发展，随之深泓线左移，到 1998 年 10 月时，深泓线已完全进入左汊。同时石首弯顶处顶冲点也不断下移，由原来的东岳山下移到北门口，下移约 1 km。由 30 m 等高线对比图可见（图 10-15），随着主支汊易位，位于河道中间的新生滩不断向右下游移动，同时从图 10-5 中亦能看出弯顶下游河道左岸的淤进过程及右岸的崩退过程。弯顶下游河段主流线 1996 年以来呈现为逐渐右摆的趋势，1996—1998 年深泓线向右最大摆幅达 500 m 左右，见图 10-16。

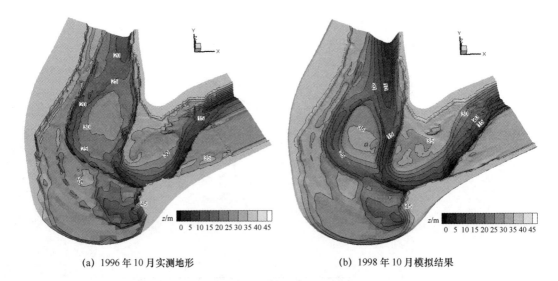

(a) 1996 年 10 月实测地形　　　　　　　　(b) 1998 年 10 月模拟结果

图 10-14　1996—1998 年河势变化

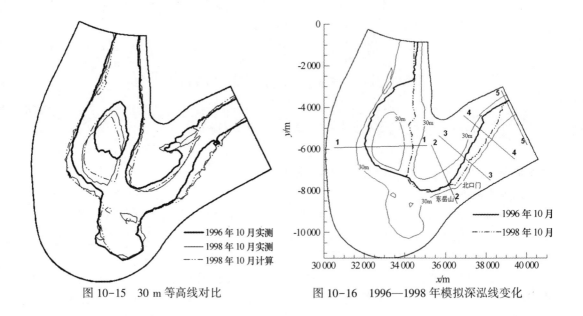

图 10-15　30 m 等高线对比　　　　图 10-16　1996—1998 年模拟深泓线变化

（3）典型横断面变化

1-1 断面位于石首弯道上段，断面形态呈"W"形。变化主要表现为左岸崩退，左汊不断冲深。随着深泓线的左摆，断面中部的心滩及右槽以淤积为主；随着左岸崩退，左槽形成并左移，经过 1998 年大水后，左槽已成为主槽，见图 10-17。

2-2 断面位于弯顶处，断面形态为典型的偏"V"形。由于东岳山天然节点的控制作用，河道不能向右摆动，变化主要表现为左边滩有所淤积，深槽有所冲深，但量不大。断面形态相对比较稳定（图 10-18）。

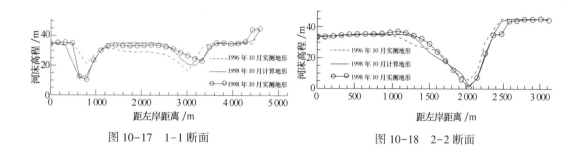

图 10-17　1-1 断面　　　　　　　　　　　图 10-18　2-2 断面

3-3 断面位于弯顶以下，断面形态亦为典型的偏"V"形。变化主要表现为左边滩的淤长和右边滩消退，由于撇弯后主流顶冲点下移，主流右摆，左岸鱼尾洲边滩淤长迅速，而右岸北门口边滩则迅速消退，但断面形状相对比较稳定，深槽冲淤不明显。见图 10-19。

4-4 断面为石首弯道下游断面。断面形态为偏"V"形。1996 年，主流贴左岸，左深槽迅速冲深缩窄；1998 年，由于上游石首弯顶处主流顶冲点不断下移，此处主流逐年右摆，左深槽逐渐回淤，右边滩逐渐冲深缩窄，断面形态由左偏"V"形调整到之后的右偏"V"形，见图 10-20。

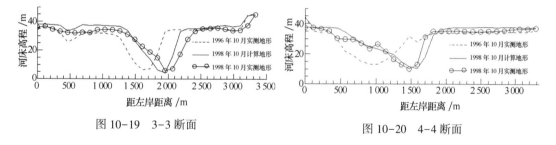

图 10-19　3-3 断面　　　　　　　　　　　图 10-20　4-4 断面

5-5 断面为石首弯道的出口断面，靠近下游北碾子湾处，断面形态亦为偏"V"形，深槽居左。岸线向左略有崩塌后退，右岸则有所淤积，深槽位置变化不大，见图 10-21。

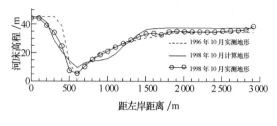

图 10-21　5-5 断面

从以上各典型断面的对比可知，除滩地上的淤积量偏多外，模拟值与实测值吻合较好，模型能够复演时段内河段的剧烈河势变化过程（主支汊易位及河道摆动等）。断面的变化与主流及河势的变化是相应的。弯顶附近随着撇弯以来的河弯主流顶冲点的下移、主汊的右摆，断面左部鱼尾洲边滩逐渐淤积，右岸北门口边滩迅速消退，断面变得窄深；下游 4-4 断面，由于随着主流顶冲点的下移，主流平移右摆，断面深槽也右移，断面形态由左偏"V"调整到右偏"V"形。

## 10.5 准三维模型应用

准三维模型基于静压假定，对动量方程进行了简化，提高计算效率，但与二维模型相比，其可以计算水平流速的垂向差异。因此从准确性或计算效率比较，准三维模型都介于二维模型和三维模型之间。在垂向流速相对较小时，模型既可提高计算效率，又可满足工程准确性需要，因此在地表水计算中广为采用。准三维泥沙动力方程及求解类似全三维模型。具体控制方程及求解见 7.1 节。

### 10.5.1 工程和水文条件

（1）工程概况

北本水电站位于湄公河上游河段，是湄公河水电开发规划的第一级电站，电站位于老挝北部乌多姆赛省北本县境内，坝址在北本县城上游约 14 km 处。具体位置如图 10-22 所示。工程开发任务为发电，并具有通航、过鱼等综合利用要求。

工程为 I 等大（2）型工程，主要水工建筑物为 2 级建筑物。电站采用径流式开发，枢纽工程由混凝土重力坝、泄洪冲沙闸、河床式电站、冲沙底孔、船闸和鱼道等建筑物组成（见图 10-23）。水库为日调节水库，正常蓄水位 340 m，死水位 334 m，总库容约 7.8×$10^8$ m³，电站装机容量 912 MW。

拦河坝为混凝土重力坝，坝顶高程 346 m，最大坝高约 69 m，坝顶长 894.5 m。主要泄水建筑物为泄洪冲沙闸，初拟布置 14 孔宽 15 m、高 23 m 的闸孔。电站厂房为河床式，初拟布置 16 台贯流式机组，单机容量 57 MW。每两台机组间布置一个冲沙底孔，共布置 8 个冲沙底孔。通航建筑物为单线单级船闸，船闸级别为 IV 级，设计最大通航船舶吨级为 500 t，船闸最大工作水头 32.48 m，船闸单向年过闸船舶总吨位约 150×$10^4$ t。为便于引航道冲沙，船闸右侧布置 1 孔航道冲沙闸。

下引航道长约 700 m，宽约 100 m，底部高程为 302.45 m，位于库区下游右侧。

（2）防洪建筑及调度方式

泄水建筑物由泄洪冲沙闸和冲沙底孔组成。泄洪冲沙闸位于右岸滩地，是枢纽主要泄水排沙建筑物。冲沙底孔位于厂房坝段，主要用于排泄厂房进水口前淤积的悬移质泥沙，以确保电站进水口"门前清"。初拟布置 14 孔泄洪冲沙闸。

根据规划，当入库流量小于 3 年一遇洪水流量 13 200 m³/s 时，水库水位尽量维持在 340 m 运行，其中泄洪冲沙闸（12 孔）、冲沙底孔和机组过流，船闸通航；当入库流量大于 3 年一遇洪水流量 13 200 m³/s、小于 5 年一遇洪水流量 14 900 m³/s 时，船闸停止使用，水库水位尽量维持在 340 m 运行，通过泄洪冲沙闸（12 孔）、冲沙底孔和机组过流、航道冲沙闸打开泄水（2 孔）。

（3）水文和泥沙条件

根据北本电站坝址所在位置以及湄公河流域的暴雨径流特性分析，一般 5 月就进入雨

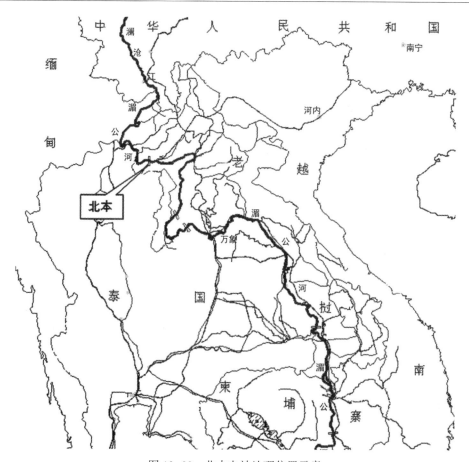

图 10-22　北本电站地理位置示意

季，6—10 月为主雨期，雨量比较集中。汛期最早出现在 7 月上旬，最晚出现在 10 月下旬，其中以 8 月最多，根据洪水量级可将 6 月定为汛前过渡期，11 月定为汛后过渡期。

北本电站的坝址径流采用考虑小湾、糯扎渡水库调节后 1960 年 6 月至 2004 年 5 月的日径流系列，北本电站的坝址月平均径流系列为 1960—2004 年，多年平均流量为 3 160 m³/s，坝址多年月平均流量见表 10-1。2 年一遇流量大小为 11 600 m³/s，3 年一遇流量大小为 13 200 m³/s。

表 10-1　北本水电站坝址多年月平均流量

| | 1 | 2 | 3 | 4 | 5 | 6 | 7 | 8 | 9 | 10 | 11 | 12 | 年 |
|---|---|---|---|---|---|---|---|---|---|---|---|---|---|
| 平均流量/（m³/s） | 1 350 | 1 060 | 912 | 973 | 1 440 | 2 740 | 5 450 | 7 770 | 6 770 | 4 490 | 2 950 | 1 870 | 3 160 |
| 分配比/（%） | 3.56 | 2.80 | 2.41 | 2.57 | 3.80 | 7.23 | 14.4 | 20.5 | 17.9 | 11.8 | 7.78 | 4.93 | 100 |

北本坝址位于清盛水文站和琅勃拉邦水文站之间，坝址的设计洪水量采用清盛水文站和琅勃拉邦水文站的频率洪水成果按区间面积内插而得，北本电站设计洪水量见表 10-2。

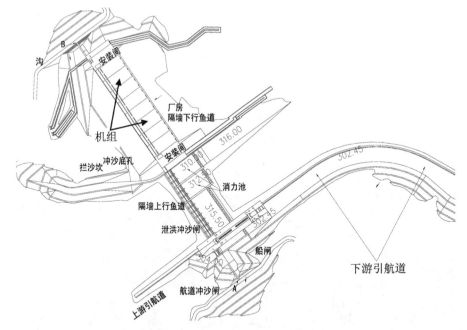

图 10-23 北本电站地理位置示意

**表 10-2 北本水电站坝址设计洪水量**

| P/（%） | 洪峰流量/（m³/s） | 上游水位/m | 下游水位/m | 泄洪闸泄量/（m³/s） | 航道冲沙闸泄量/（m³/s） | 冲沙底孔泄量/（m³/s） | 机组过流量/（m³/s） | 枢纽总泄量/（m³/s） |
|---|---|---|---|---|---|---|---|---|
| 0.05 | 30 200 | 343.54 | 342.86 | 28 043 | 2 157 | – | – | 30 200 |
| 0.1 | 28 700 | 342.52 | 341.87 | 26 650 | 2 050 | – | – | 28 700 |
| 0.2 | 27 000 | 341.35 | 340.73 | 25 071 | 1 929 | – | – | 27 000 |
| 0.5 | 24 800 | 339.81 | 339.22 | 23 029 | 1 771 | – | – | 24 800 |
| 1 | 23 100 | 338.59 | 338.02 | 21 450 | 1 650 | – | – | 23 100 |
| 2 | 21 400 | 337.33 | 336.79 | 19 871 | 1 529 | – | – | 21 400 |
| 5 | 18 900 | 335.47 | 334.97 | 17 550 | 1 350 | – | – | 18 900 |
| 10 | 17 000 | 334.02 | 333.56 | 15 786 | 1 214 | – | – | 17 000 |
| 20 | 14 900 | 332.35 | 331.93 | 13 836 | 1 064 | – | – | 14 900 |
| 33.33 | 13 200 | 340.00 | 330.29 | 6 672 | – | 808 | 5 720 | 13 200 |
| 50 | 11 600 | 340.00 | 328.61 | 5 004 | – | 876 | 5 720 | |

天然情况下坝址多年平均悬移质沙量为 14 268×10⁴ t，澜沧江—湄公河干流各水文站均无实测推移质资料，考虑与上游小湾、糯扎渡、景洪等设计的一致性，采用推悬比 3%

计算北本坝址推移质沙量为 $428×10^4$ t。

澜沧江中下游河段规划的八个梯级电站中小湾、糯扎渡为巨型水库，拦沙作用非常显著。目前漫湾、大朝山已经建成，景洪、小湾电站分别于 2008 年、2009 年蓄水发电，糯扎渡 2011 年蓄水发电，从以上电站开发时序看，北本电站应在小湾、糯扎渡之后建成投产。考虑上游梯级电站拦沙影响，北本坝址悬移质沙量为 $3\,799×10^4$ t，占天然情况的 26.6%。景洪坝址以上推移质沙量全部被拦截，北本坝址推移质沙量仅来自景洪—北本坝址区间，按区间悬移质沙量的 3% 估算为 $103×10^4$ t，占天然情况的 24.2%。

悬移质泥沙颗粒级配曲线见图 10-24。

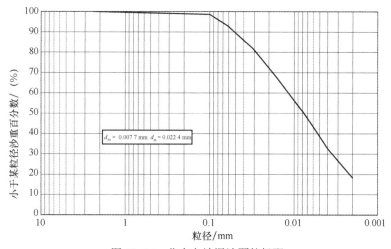

图 10-24　北本电站泥沙颗粒级配

## 10.5.2　水动力计算

（1）水库下游流速计算结果

图 10-25 分别给出了入库流量为 3 160 m³/s（年平均流量）与 13 200 m³/s（3 年一遇洪水流量）两种典型工况下计算域表层及近底 1/5 水深处流速分布。

总体上，计算区域内流速从表层至底层呈逐渐减小趋势，但河道与引航道流态呈现不同特点。主河道流速分布比较规则；而引航道流速较小时，口门存在较大回流，其原因是河道泄流流速较大，可能影响航道正常运行；流量达到 3 年一遇洪水流量时，航道泄洪（船闸关闭），此时由于流速较大，航道口门回流不明显，直至消失。

（2）引航道流场分析

为了更详细地分析引航道的水动力条件，下面分别对正常通航和泄洪冲沙两种情况进行分析。

根据设计方案，当入库流量不大于 3 年一遇洪水流量 13 200 m³/s 时，船闸正常运行，而大于 13 200 m³/s 时，下引航道进行泄洪冲沙。计算分别选取了最小通航流量、年平均流量、2 年一遇流量以及 3 年一遇流量作为典型流量，分析船闸正常运行时不同典型流量条件下的流速变化。典型流量条件见表 10-3，具体调度方式如表 10-4 所示。

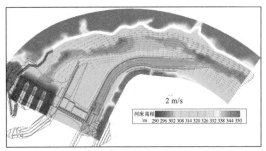

(a) 年平均流量时表层流场分布　　　　　　　　(b) 年平均流量时近底1/5 *h*处流场分布

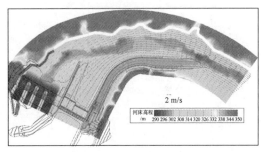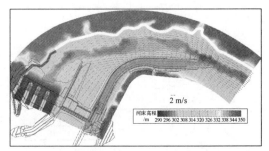

(c) 3年一遇洪水流量时表层流场分布　　　　　(d) 3年一遇洪水流量时近底1/5 *h*处流场分布

图 10-25　计算全域三维流场分布

**表 10-3　典型流量（m³/s）条件**

| 序号 | 1 | 2 | 3 | 4 |
|---|---|---|---|---|
| 流量特征 | 最小通航流量 | 年平均流量 | 2 年一遇流量 | 3 年一遇流量 |
| 多年实测 | 1 260 | 3 160 | 11 600 | 13 200 |

**表 10-4　船闸正常运行时典型流量工况**

| 序号 | 流量（m³/s） | | | | | 下游水位 /m |
|---|---|---|---|---|---|---|
| | 总下泄流量 | 机组过流量 | 冲沙底孔 | 航道冲沙 | 泄洪冲沙总泄量 | |
| 1 | 1 260 | 0 | 1 260 | 0 | 0 | 311.60 |
| 2 | 3 160 | 1 606 | 1 554 | 0 | 0 | 315.10 |
| 3 | 11 600 | 5 720 | 876 | 0 | 5 004 | 328.61 |
| 4 | 13 200 | 5 720 | 808 | 0 | 6 672 | 330.29 |

　　计算结果显示，船闸正常运行时，不同流量下航道口门均有回流。引航道纵向大致可分为三个区域：①准静水区域（A 区），位于坝下近 300 m 区域；②中部次生反向弱回流区（B 区），位于引航道中段；③口门回流区（C 区），位于引航道口门上游 100～300 m 范围。图 10-26 给出不同流量下航道正常运行时计算区域的流速分布。

　　在船闸正常运行时，不同流量对于 A 区航道段影响较小，该段流速一般小于 0.1 m/s。

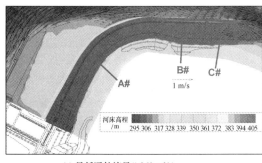

(a) 最低通航流量(1 260 m³/s)

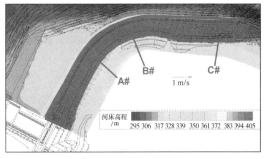

(b) 年平均流量(3 160 m³/s)

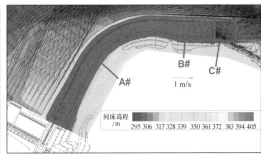

(c) 2年一遇流量(11 600 m³/s)　　　　　　　　　　　(d) 最大通航流量(13 200 m³/s)

图 10-26　不同典型流量下航道流速分布示意

B 区次生反向回流位于引航道中段，主要是口门回流的剪切作用导致，其范围因口门回流大小而相对消长，流速一般在 0.1~0.3 m/s 变化。

位于口门附近的 C 区存在回流。当主河道下泄流量 3 000 ~ 6 000 m³/s 时，回流速度约为 0.2~0.5 m/s，口门回流的范围最大。口门回流流速因河道上游下泄流量的加大而增加，当上游流量达到 13 200 m³/s 时，口门最大回流速度可达到 0.8 m/s。

船闸正常运行时，航道的横向流速（垂直于主航线）直接影响船只的安全航行。下面针对上述通航最低流量、年平均流量、2 年一遇流量以及通航最大流量四种条件下引航道的横向流速进行分析。航道口门区水面最大流速限值如表 10-5 所示，其中，北本水电站通航建筑物为单线单级船闸，船闸级别为 Ⅳ 级。

表 10-5　口门区水面最大流速限值

| 船闸级别 | 平行航线的纵向流速 / (m/s) | 垂直航线的横向流速 / (m/s) | 回流流速 / (m/s) |
|---|---|---|---|
| I ~ Ⅳ | ≤2.0 | ≤0.30 | ≤0.4 |
| V ~ Ⅶ | ≤1.5 | ≤0.25 | |

图 10-27 结果显示引航道横向流速分布可大致分为两个区域，其中 B 区近口门回流段，位于航道内口门上游 100~300 m 处；A 区为 B 区上游，即引航道近坝区域，横向流速接近为零。由于 A 区横向流速很小，对船舶航行没有不利影响，下面仅对 B 区进行分析。

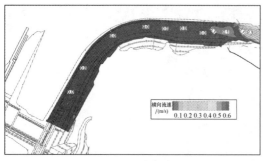

(a) 最低通航流量(1 260 m³/s)　　　　　　　　(b) 年平均流量(3 160 m³/s)

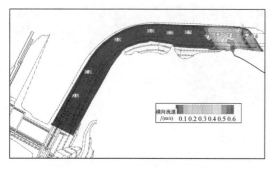

(c) 2年一遇洪水流量(11 600 m³/s)　　　　　　(d) 最大通航流量(13 200 m³/s)

图 10-27　不同流量引航道横向流速分布

由图 10-27 可以看出,航道内横向流速随着河道下泄流量增加而增大。在最低通航流量和年平均流量时,B 区横向流速为 0.1 m/s 左右,对船只的安全航行无不利影响,回流流速小于 0.4 m/s,尚能满足通航要求,但已有碍航趋势;当流量达到 2 年一遇流量 11 600 m/s 时,航道内 B 区最大横向流速达 0.5~0.6 m/s,超过口门区最大横向流速限值 0.3 m/s,无法满足通航条件。

（3）引航道冲沙期航道流场分析

根据电站设计方案,电站共布置 16 台贯流式机组,满发流量为 6 424 m³/s。当入库流量大于 3 年一遇洪水流量 13 200 m³/s 时,船闸停止使用,航道冲沙闸开放。

如表 10-6 所示,为了研究不同流量下冲沙效果,选取大于满发流量的四级不同流量进行冲沙计算,以对比分析不同流量下航道的冲沙效果。

表 10-6　引航道泄洪冲沙时不同特征流量下水库调度方式

| 序号 | 流量（m³/s） | | | | | 下泄沙量 / (10³ kg/s) | 下游水位 /m |
| --- | --- | --- | --- | --- | --- | --- | --- |
| | 总下泄流量 | 机组过流量 | 冲沙底孔 | 航道冲沙 | 泄洪闸泄量 | | |
| 1 | 7 764 | 6 424 | 0 | 1 340 | 0 | 1.030 | 322.98 |
| 2 | 9 000 | 6 424 | 335 | 1 340 | 901 | 0.612 | 325.56 |
| 3 | 11 600 | 6 424 | 876 | 1 340 | 2 960 | 0.779 | 328.40 |
| 4 | 13 200 | 6 424 | 808 | 1 340 | 4 628 | 0.737 | 329.99 |

　　当引航道进行泄洪冲沙时,引航道流速增大,引航道口门回流逐渐减小,直至消失。引航道流场分布如图 10-28 所示。在引航道冲沙流量相同时,引航道流速随着河道下泄流量的增加而减小,其原因是引航道出口河道水位抬高导致对引航道内水流产生壅水作用,使引航道的流速减小。

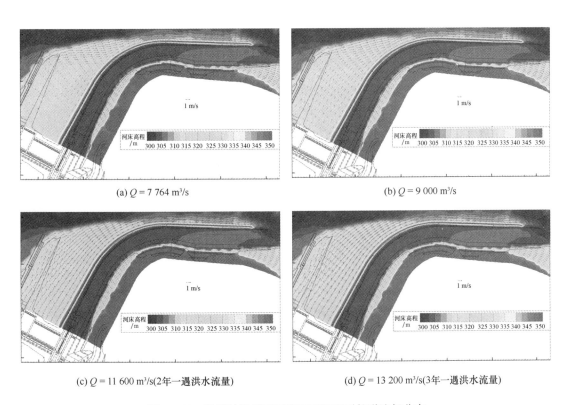

(a) $Q = 7\ 764\ \mathrm{m^3/s}$

(b) $Q = 9\ 000\ \mathrm{m^3/s}$

(c) $Q = 11\ 600\ \mathrm{m^3/s}$(2年一遇洪水流量)

(d) $Q = 13\ 200\ \mathrm{m^3/s}$(3年一遇洪水流量)

图 10-28　航道冲沙时不同流量工况下引航道流场分布

## 10.5.3　河道和引航道冲淤分布

　　由图 10-29 可以看出,电站运行后,水库下游河道沿深泓线均有不同程度的冲刷,断面冲刷由深泓线向两岸递减。其中,最大冲深位置位于坝下游 300 m 处深槽位置,水库运行 1 年后,最大冲深达 1.0 m 左右,后冲刷的速度逐渐减缓,运行 1~9 年内,该点年平均冲刷深度 0.2 m,至第 9 年时冲淤基本平衡,河道深泓线平均冲刷 1.4~2.0 m 左右,局部达 3.0 m。当河道泄洪冲沙闸关闭时,泄洪冲沙闸下游形成局部回流和淤积,淤积厚度约为 0.7 m。

　　在电站运行十年内,下引航道呈累积性淤积趋势。淤积程度由口门向船闸呈递减趋势,5 年末船闸附近淤积厚度为 1.0 m 左右,口门最大淤积厚度达 3.6 m 左右,将会出现碍航现象。

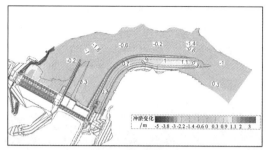

(a) 电站运行1年冲淤分布

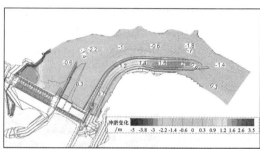

(b) 电站运行第2年冲淤分布

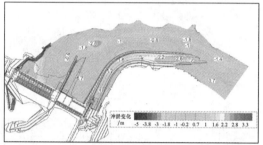

(c) 电站运行第3年冲淤分布

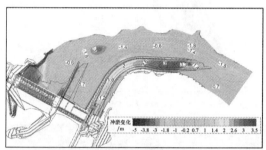

(d) 电站运行第4年冲淤分布

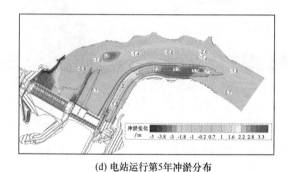

(d) 电站运行第5年冲淤分布

图 10-29 电站运行不同时段后下游河道冲淤分布图

# 参考文献

窦国仁 . 1960. 论泥沙启动流速 . 水利学报,4:22-31.

窦国仁 . 1963a. 潮汐水流中的悬沙运动及冲淤计算 . 水利学报,(4):13-18.

窦国仁 . 1963b. 泥沙运动理论 . 南京:南京水利科学研究所,5:1-38.

窦国仁 . 1987. 河道二维全沙数学模型的研究 . 南京水利水运科学研究,(2):1-12.

费俊祥 . 1994. 浆体与粒状物料输送水力学 . 北京:清华大学出版社.

韩其为 . 1972. 水库不平衡输沙的初步研究//水库泥沙报告汇编.

韩其为 . 1979. 非均匀悬移质不平衡输沙的初步研究 . 科学通报,17(7):804-808.

韩其为 . 2003. 水库淤积 . 北京:科学出版社.

韩其为 . 2007. 非均匀沙不平衡输沙的理论研究 . 水利水电技术,(1):14-23.

韩其为,何明民 . 1996. 非均匀沙起动机理及起动流速 . 长江科学院院报,13(3):14-17.

黑鹏飞,方红卫,陈稚聪,等 . 2013. 数值切割单元法在河流数值模型中的应用前景展望 . 水利学报,44(2):
173-182.

黑鹏飞,假冬冬,冶运涛,等 . 2016. 计算河流动力学理论体系框架探讨 . 水科学进展,27(1):152-164.

侯晖昌 . 1982. 河流动力学基本问题 . 北京:水利出版社.

假冬冬 . 2010. 非均质河岸河道摆动的三维数值模拟 . 北京:清华大学.

李义天 . 1987. 冲淤平衡状态下床沙质级配初探 . 泥沙研究,(1):83-87.

欧阳洁,李静海,崔俊芝 . 2004. 颗粒轨道模型中相间耦合关系及曳力计算的研究 . 动力工程,24(6):857
-862.

欧阳洁,李静海 . 2004. 确定性颗粒轨道模型在流化床模拟中的研究进展 . 化工学报,55(10):1582-1592.

钱宁,万兆惠 . 1983. 泥沙运动力学 . 科学出版社 . 北京:科学出版社 .

秦荣昱 . 1981. 不均匀沙的推移质输沙率 . 水力发电,(8):22-27.

沙玉清 . 1965. 泥沙运动学引论 . 北京:中国工业出版社.

唐存本 . 1963. 泥沙起动规律 . 水利学报,(2):1-12.

唐日长 . 1990. 泥沙研究 . 北京:水利水电出版社.

陶文铨 . 2001. 数值传热学 . 西安:西安交通大学出版社.

涂启华,杨赉斐 . 2006. 泥沙设计手册 . 北京:中国水利水电出版社.

王兴奎,邵学军,李丹勋 . 2002. 河流动力学 . 北京:中国水利水电出版社.

韦直林,赵良奎,付小平 . 1997. 黄河泥沙数学模型研究 . 武汉水利电力大学学报,30(5):21-25.

魏文礼,王德意 . 2001. 计算水力学理论及应用 . 西安:陕西科学技术出版社.

武汉水利水电学院 . 1961. 河流动力学 . 北京:中国工业出版社.

夏军强,王光谦,吴宝生 . 2005. 游荡型河流演变及其数值模拟 . 北京:中国水利水电出版社.

夏云峰 . 2002. 感潮河道三维水流泥沙数学模型研究与应用 . 南京:河海大学.

张启舜 . 1980. 明渠水流泥沙扩散过程的研究及其应用 . 泥沙研究,(1):37-42.

张瑞瑾 . 1989. 河流泥沙动力学 . 北京:水利电力出版社.

张瑞瑾 . 1996. 悬移泥沙在二维等速明流中的平衡情况下是怎样分布的//张瑞瑾文集,北京:中国水利水
电出版社.

张幸农,应强,陈长英 . 2007. 长江中下游崩岸险情类型及预测预防 . 水利学报,(增刊):246-250.

中国水利学会泥沙专业委员会 . 1992. 泥沙手册 . 北京:中国环境科学出版社.

周力行 . 2002. 多相湍流反应流体力学 . 北京:国防工业出版社.

Alder B J, Wainwright T E. 1957. Phase transition for a hard sphere system. Journal of Chemical Physics, 27: 1208−1209.

Baxter L L, Smith P J. 1993. Turbulent Dispersion of Particles: The STP Model. Energy & Fuels, 7:852−859.

Campbell C S, Brennen C E. 1985. Computer Simulations of Granular Shear Flows1 Journal of Fluid Mechenics, 151 (1) : 167−188.

Cebeci T, Bradshaw P. 1977. Momentum Transfer in Boundary Layers. Hemisphere Publishing Corporation, New York.

Celik I, Rodi W. 1998. Modeling of suspended sediment in non−equilibrium situations. Journal of hydraulic engineering,114( 10):115−130.

Chang−Lae J, Shimizu, Y. 2005. Numerical simulation of relatively wide, shallow channels with erodible banks. Journal of Hydraulic Engineering, 131(7):565−575.

Cooke G D, Welch E B, Peterson S A, et al. 1993. Restoration and management of Lakes and reservoirs, second ed. Lewis Publishers, Boca Raton.

Crowe C, Sommerfeld M, Tsuji Y. 1998. Multiphase Flow with Droplets and Particles. New York : CRC Press.

Dalla Valle J M. 1948. Micromeritics. Pitman, London.

Daly B J , Harlow F H. 1970. Transport Equations in Turbulence. Phys. Fluids, 13:2634−2649.

De Vriend H J. 1977. A mathematical model of steady flow in curved shallow channel. Journal of Hydraulic Research, 15(1):37−54.

Dupont V, Porkashanian M, Williams A, et al. 1993. Reduction of Nox formation in natural gas burner flames. Fuel,72(4):497−503.

Einstein H. 1950. The bed−load function for sediment transportation in open channel flows. United states department of agriculture soai conservation server Washington D C.

Ergun S. 1952. Fluid flow through packed columns. Chem Eng Prog,48(2):89−94.

Falconer R A. 1984. Temperature distributions in tidal flow field. Journal of Enviromental Engineering, 110(6): 1099−1116.

Fenimore C P. 1971. Formation of Nitric Oxide in Premixed Hydrocarbon Flames. In 13th Symp. on Combustion, The Combustion Institute :373−379.

Fu S, Launder B E, Leschziner M A. 1987. Modeling strongly swirling recirculating jet flow with Reynolds−Stress transport closures. In sixth symposium on turbulent shear flows, Toulouse, France.

Fukuoka Shoji. 1996. 赵渭军译. 自然堤岸冲蚀过程的机理. 水利水电快报, (2):29−33.

Gibson M M, Launder B E. 1978. Ground effects on pressure fluctuations in the atmospheric boundary layer. Jounal of Fluid mechnics, 86:491−511.

Gilbert S. 2007. Computational Science and Engineering. Wellesley MA: Wellesey−Cambridge Press.

Gosman A D. 1981. Ioannides E. AIAA 19th Aerospace Science meeting.

Grosshandler W L. 1993. RADCAL: a narrow−band model for radiation calculations in a combustion environment. Technical Report NIST Technical Note 1402, National Institute of Standards and Technology( NIST).

Growe C T, Sharma M P, Stock D E. 1977. The particle−source−in−cell( PSIC) method gas−droplet flows, Journal of Fluid engineering, 99(2):325−332.

Haider A, Levenspiel O. 1989. Drag coefficient and terminal velocity of spherical and nonspherical particles. Powder Technology, 58:63−70.

Hei P F, Zhou G , Jia D D. 2014. σ−sharpen immersed boundary method ( σ−SIBM)—New method for solving the horizontal pressure−gradient force (PGF) problem of σ−coordinat. Science China (Earth Sciences),2014,

57(7):1681-1692.

Helland E, Occelli R, Tadrist L. 2002. Computation study of fluctuating motion and cluster structures in gas particle flows. International Journal of Multiphase Flow,28 (2) :199-223.

Hinze J O. 1975. Turbulence,McGraw.

Ikeda S, Paker G, Sawai K. 1981. Bend theory of river meanders. Part I. Linear development. Journal of Fluid Mechanics, 112:363-377.

International commission on large dams ( ICOLD). 1998. World register of large dams.

Jain S. 1995. Three-Dimensional Simulation of Turbulent Particle Dispersion. PhD thesis. Utah : University of Utah.

Kohler J, Hilt S, Adrian R. 2005. Long-term response of a shallow, moderately flushed lake to reduced phosphorus and nitrogen loading. Freshwater Biol. 50:1639-1650.

Launder B E,Spalding D B. 1974. The numerical computation of turbulent flows. Computer Methods in Applied Mechanics and Engineering, 3:269-289.

Li L, Barry D A, Stagnitti F, et al . 2000. Beach water table fluctuations due to spring-neap tides:moving boundary effects. Advance in Water Reasurces,23:817-824.

Lien F S, Leschziner M A. 1994. Assessment of turbulent transport models including non-linear RNG eddy-viscosity formulation and second-moment closure. Computers and Fluids, 23(8): 983-1004.

Lien H C, Hsieh T Y, Yang J C, et al. 1999. Bend-flow simulation using 2D depth-averaged model. Journal of Hydraulic engineering, 123(10):1097-1108.

Litchford R J,Jeng S M. 1991. Efficient statistical transport model for turbulent particle dispersion in sprays. AIAA Journal,29:1443.

Lun C K K, Savage F B, Jeffrey D J, et al. 1984. Kinetic theories for granular flow inelastic particles in couette flow and slightly inelastic particles in a general flow field. Journal of Fluid Mechanics, 140: 223-256.

Madala R V, Piacsek S A. 1977. A semi-implicit numerical model for baroclinic oceans. Journal of Computational Physics, 23, 167-178.

Nagata N, Hosoda T, Muramoto Y. 2000. Numerical analysis of river channel processes with bank erosion. Journal of Hydraulic Engineering, 126(4):243-252.

Nielsen P. 1990. Tidal dynamics of the water table in beaches. Water Resource Research. 26:2127-2134.

Ogawa S, Umemura A, Oshima N. 1980. On the equation of fully fluidized granular materials. Journal of Applied Physics,31:483-493.

Oseen C W. 1927. Neuere Methoden und Ergebnisse in der Hydrodynamik. Akadem. Verlagsgesellschaft, Leipzig.

Osman A M, Thorne C R. 1988. Riverbank stability analysis I: theory. Journal of Hydraulic Engineering, 114 (2):134-150.

Parlange J Y, Brutsaert W. 1987. A capillarity correction for free surface flow of groundwater. Water Resources Research,23(5):805-808.

Parlange J Y,Stagnitti F,Starr J L,et al. 1984. Free-surface flow in porous media and periodic solution of the shallow-flow approximation. Journal of Hydrology,70(1/4) :251-263.

Peskin C S. 1972. Flow patterns around heart valves: A digital computer method for solving the equations of motion. Albert Einstein college of medicine,University microfilms.

Phillips B C. Sutherland A J. 1989. Spatial lag effects in bed load sediment transport. Journal of Hydraulic Research,27(1):115-133.

Pizzuto J E. 1990. Numerical simulation of gravel river widening. Water Resource Research. 26(9):1971-1980.

Rahuel J L, Holly F M, Chollet J P. 1989. Modelling of river bed evolution for bed load sedment mixtures. Journal Hydraulic Engineering,115(11):1521-1542.

Richardson J R, Zaki W N. 1954. Sedimentation and fluidization: part I. Transactions of the Institution of Chemical Engineers, 32(1):35-53.

Rubey W W. 1933. Settling velocities of gravel,sand and silt particles, American Journal of Science,25(148): 325-338.

Schiller L,Naumann Z. 1935. A drag coefficient correlation, Ver Deutsch Ing, 77:318-325.

Smagorinsky J. 1963. General Circulation Experiments with the Primitive Equations. I. The Basic Experiment. Monthly Weather Review, 91:99-164.

Smoot L D,Smith P J. 1985. Coal combustion and gasification, Plenum Press.

Søndergaard M, Jensen J P, Jeppesen E. 1999. Internal phosphorus loading in shallow Danish lakes. Hydrobiologia,408, 145-152.

Søndergaard M, Jensen J P, Jeppesen E. 2005. Seasonal response of nutrients to reduced phosphorus loading in 12 Danish lakes. Freshwater Biol,50: 1605-1615.

Soo S L. 1967. Fluid Dynamics of multiphase systems,Blaisdell(Ginn).

Stephen B P. 2000. Turbulent flows. Cambridge University Press.

Stokes G G. 1951. On the effect of the internal friction of fluids on the notion of pendulums. Cambridge Philosophical Transactions, 9(1): 8-106.

Stone H L. 1968. Iterative solution of implicit approximations of multi-dimensional partial differential equations. SIAM Journal of Numerical Analysis, 5:530-558.

Syamlal M, O'Brien T J. 1989. Computer Simulation of Bubbles in a Fluidized Bed. AIChE Symposium Series,85: 22-31.

Syamlal M. 1987. The Particle-particle drag term in a multiparticle model of fluidization. National Technical Information Service, Springfield, VA, DOE/MC/21353-2373, NTIS/DE87006500.

Tran T. 1991. Two-dimensional morphological computations near the hydraulics structrures[PHD dissertation]. Asian institute of technology,Bangkok,Tailand.

Tsuji Y, Tanaka T. 1998. Yonemura S. Cluster patterns in circulating fluidized beds predicted by numerical simulation (discrete particle model versus two-fluid model),Powder Technology, 95: 254-264.

Van Rijn L C. 1984a. Sediment transport. Part I:Bedload transport. Journal of Hydraulic Engineering,110(10): 1430-1456.

Van Rijn L C. 1984b. Sediment transport. Part II: Suspended load transport. Journal of Hydraulic Engineering, 110(11), 1613-1641.

Van Rijn L C. 1986. Mathematics modeling of suspended sediment in non-uniform flow, Journal of Hydraulic Engineering,112:435-455.

Van Rijn L C. 1987. Mathematical modeling of morphological processes in the case of suspended sediment transport. Delft Hydraulics Communication No. 382, Delft Hydraulics Laboratory, Delft, The Netherlands.

Van Rijn L C. 1993. Principles of sediment transport in rivers,Estuaries and coastal seas. AQUA publications, Amsterdam, The Netherlands.

Wei Shyy, Mark E, Braaten. 1986. Three-dimesional analysis of the flow in a curved hydraulic turbine draft tube. International Journal for Numerical Methods in Fluids,6:861-882.

Wei Shyy, Thi C V. 1991. On the adoption of velocity variable and grid system for fluid flow computation in curvilinear coordinates. Journal of Computational Physics. 92:82-105.

Welch E B, Cooke G D. 1999. Effectiveness and longevity of phosphorus inactivation with alum. Lake Reservoir Manage,15 (1), 5-27.

Wen C Y, Yu Y H. 1966. Mechanics of fluidization. chemical engineering progress, 62 (62) : 100-111.

Wu W M, Rodi W. 2000. 3D Numerical modeling of flow and sediment transport in open channels. Journal of Hydraulic Engineering,126(1):4-15.

Xu B H, Yu A B, Chew S J, et al. 2000. Numerical simulation of the gas-solid flow in a bed with lateral gas blasting. Powder Technology , 109 (123) : 13-26.

Yakhot A, Orszag S A, Yakhot V. 1989. Renormalization Group Formulation of Large-Eddy Simulation. Journal of Scientific Computing, 4:139-158.

Zhou J J, Zhang M, Lin B L. 2015. Lowland fluvial phosphorus altered by dams. Water Resource Research,51: 2211-2226.

Zhou L X, Liao C M,Chen T. 1994. A unified second-order moment two-phase turbulence model for simulating gas-particle flows, ASME-FED, 185: 307-313.